AWS認定資格試験テキスト&問題集

AWS認定 ソリューション アーキテクト ［プロフェッショナル］

トレノケート株式会社
山下光洋

本書に関するお問い合わせ

この度は小社書籍をご購入いただき誠にありがとうございます。小社では本書の内容に関するご質問を受け付けております。本書を読み進めていただきます中でご不明な箇所がございましたらお問い合わせください。なお、お問い合わせに関しましては下記のガイドラインを設けております。恐れ入りますが、ご質問の際は最初に下記ガイドラインをご確認ください。

ご質問の前に

小社Webサイトで「正誤表」をご確認ください。最新の正誤情報をサポートページに掲載しております。

▶ **本書サポートページ**
URL https://isbn2.sbcr.jp/09061/

上記ページの「正誤情報」のリンクをクリックしてください。なお、正誤情報がない場合、リンクをクリックすることはできません。

ご質問の際の注意点

- ご質問はメール、または郵便など、必ず文書にてお願いいたします。お電話では承っておりません。
- ご質問は本書の記述に関することのみとさせていただいております。従いまして、○○ページの○○行目というように記述箇所をはっきりお書き添えください。記述箇所が明記されていない場合、ご質問を承れないことがございます。
- 小社出版物の著作権は著者に帰属いたします。従いまして、ご質問に関する回答も基本的に著者に確認の上回答いたしております。これに伴い返信は数日ないしそれ以上かかる場合がございます。あらかじめご了承ください。

ご質問送付先

ご質問については下記のいずれかの方法をご利用ください。

▶ **Webページより**
上記のサポートページ内にある「この商品に関する問い合わせはこちら」をクリックすると、メールフォームが開きます。要綱に従って質問内容を記入の上、送信ボタンを押してください。

▶ **郵送**
郵送の場合は下記までお願いいたします。

〒106-0032
東京都港区六本木2-4-5
SBクリエイティブ　読者サポート係

- 本書の記述は、筆者、SBクリエイティブ株式会社の見解に基づいており、Amazon Web Services, Inc. およびその関連会社とは一切の関係がありません。
- 本書内に記載されている会社名、商品名、製品名などは一般に各社の登録商標または商標です。本書中では®、™マークは明記しておりません。
- 本書の出版にあたっては正確な記述に努めましたが、本書の内容に基づく運用結果について、著者およびSBクリエイティブ株式会社は一切の責任を負いかねますのでご了承ください。

©2021 Mitsuhiro Yamashita
本書の内容は、著作権法による保護を受けております。著作権者および出版権者の文書による許諾を得ずに、本書の内容の一部あるいは全部を無断で複写、複製することは禁じられております。

はじめに

　本書を手にとっていただきましてありがとうございます。

　本書はAWS認定ソリューションアーキテクト－プロフェッショナルの資格試験対策本です。AWS認定ソリューションアーキテクト－プロフェッショナルの資格取得のために知識を増やしていただくことを目標としております。知識習得の過程において、システム構築に携わるエンジニアの皆さまが、様々な複雑な要件・課題に直面したときに、1つでも多くのよりよい設計・ベストプラクティス・アーキテクチャリファレンスをご活用いただくことを願いながら執筆しました。

　今は最適なアーキテクチャでも、もしかすると数か月後にはもっと最適な選択肢となる機能が登場して、レガシーなアーキテクチャになるかもしれません。また、お客様のニーズの変化により新たな制約が生まれるかもしれませんし、その逆に今までの制約がなくなるかもしれません。社会の大きな変化により、何よりもスピードを重視して構築しなければならないこともあるかもしれません。

　ニーズ、ユースケース、技術の進化、時代背景、企業の要件など様々な要因によって、アーキテクチャも様々で多岐にわたります。この場合はこう、このケースはこうといった正解がないかもしれません。運用してはじめて結果がわかるものも多くあります。

　本書では個別のサービス、機能については、必要最低限の解説に留め、実際的な課題をベースに取り上げて解説することで、ソリューションアーキテクトとしての最適な選択を導くことを優先しています。

　設定については、具体的にイメージしていただくためにマネジメントコンソールの画面を一部掲載しています。マネジメントコンソールの画面は手順を覚えていただくために載せているのではありません。それに、画面が変わることも多々あります。あくまでもイメージしていただくために掲載していることをご了承ください。

　AWS認定資格試験では、問題を丸暗記しても本試験には用をなしません。仮に暗記できても、それで合格できた試験の価値は、学習して理解した方とは大きな乖離が生じてしまい、認定の価値を下げることにもなりかねません。

　AWS認定ソリューションアーキテクト－プロフェッショナルの試験勉強を

される皆さまには、本書だけではなく、より多くのトレーニング、ハンズオン、
ドキュメント、動画などに触れていただくことを推奨いたします。

　なお、本書内の情報は執筆時点である2021年9月現在の情報です。

トレノケート株式会社　山下 光洋

目次

はじめに iii

第1章　AWS認定ソリューションアーキテクト−プロフェッショナル　1

1-1　試験の概要 2
AWS認定の全体像 2
AWS認定ソリューションアーキテクト−プロフェッショナル 4
検証される能力 5
推奨される知識と経験 6
試験分野 7
関連サービス 8

1-2　お勧めの学習方法 21
模擬試験 21
検証用のAWSアカウント 22
Well-Architected Framework 22
AWSブログ 22
ユーザーガイド、開発ガイド 23
デジタルトレーニング 23
その他お勧めの公式ソース 23
アウトプット 24
非公式ソース 24

第2章　組織の複雑さに対応する設計　25

2-1　組織の認証とアクセス戦略 26
クロスアカウントアクセス 26
AWS Directory Service 33
SSO 35

2-2　組織のネットワーク設計 42
VPCエンドポイント 42
クライアントVPN 45
AWS Site-to-Site VPN 49
AWS Direct Connect 55
VPCピア接続 64
AWS Transit Gateway 66
Route 53プライベートホストゾーンとRoute 53 Resolver 74

2-3　マルチアカウント環境 78
AWS Organizations 78
AWS CloudFormation StackSets 86

v

	AWS CloudTrail	87
	AWS Service Catalog	89
	AWS Control Tower	90
2-4	確認テスト	93
	問題	93
	解答と解説	98

第3章 新しいソリューションの設計 103

3-1	セキュリティ	104
	AWS KMS	104
	AWS CloudHSM	114
	AWS Certificate Manager	116
	Amazon Cognito	117
3-2	信頼性	121
	EC2 Auto Scaling	121
	Route 53	131
	Kinesis	134
3-3	事業継続性	142
	RPOとRTO	142
	バックアップ＆リカバリー（バックアップと復元）	143
	パイロットランプ	148
	ウォームスタンバイ（最小構成のスタンバイ）	149
	マルチサイトアクティブ/アクティブ	150
3-4	パフォーマンス	152
	EC2のパフォーマンス	152
	ジャンボフレーム	155
	ストレージのパフォーマンス	158
3-5	導入戦略	164
	デプロイサービス	164
	デプロイメントパターン	178
3-6	確認テスト	185
	問題	185
	解答と解説	191

第4章 移行の計画 195

4-1	移行可能なワークロードの選択	196
	AWS Cloud Adoption Readiness Tool	196
	AWS Application Discovery Service	197
4-2	移行ツール、移行ソリューション	199
	AWS Snowファミリー	199

目次

AWS Server Migration Service（SMS）.. 203
AWS Database Migration Service（DMS）................................... 204

4-3 移行後の設計 209

S3を中心としたデータレイク 210
Amazon Simple Email Service（SES）....................................... 215
AWS Transfer Family 217
IPアドレスに依存した設計 219
低遅延を実現するサービス 221

4-4 移行戦略 226

7つのR 226

4-5 確認テスト 230

問題 230
解答と解説 234

第5章 コスト管理 237

5-1 料金モデルの選択 238

Amazon EC2のコスト 238
Amazon S3のコスト 243
Amazon DynamoDBのコスト 246
その他リザーブドオプション 248

5-2 コスト管理、モニタリング 249

コスト配分タグ 249
AWS Cost Explorer 250
AWS Cost Anomaly Detection 252
AWS Budgets 253
請求アラーム 254

5-3 コスト最適化 256

マネージドサービスの利用 256
データ転送料金の削減 259
AWS Compute Optimizer 261

5-4 確認テスト 263

問題 263
解答と解説 269

第6章 継続的な改善 273

6-1 トラブルシューティング 274

AWS Healthイベント 274
AWS X-Ray 277
Amazon VPCのモニタリング 278

vii

6-2 運用の優秀性 　281

AWS Systems Manager　281
S3バッチオペレーション　286
異常検出　287

6-3 信頼性の改善 　290

EC2インスタンスをステートレスに　290
疎結合化による信頼性の改善　293
データベースへのリクエスト改善　294

6-4 パフォーマンスの改善 　296

Amazon CloudFront　296
AWS Global Accelerator　301
Amazon ElastiCache　302
Amazon API Gateway　304

6-5 セキュリティの改善 　309

AWS Secrets Manager　309
AWS WAF　311
AWS Shield　314
AWS Network Firewall　315
AWS Firewall Manager　316

6-6 デプロイメントの改善 　318

AWS CDK　318
コンテナ　319

6-7 確認テスト 　323

問題　323
解答と解説　329

第7章 模擬テスト 　333

7-1 模擬テスト問題 　334

7-2 解答と解説 　388

索引　409

viii

第 1 章

AWS認定ソリューションアーキテクト－プロフェッショナル

　この章では、AWS認定ソリューションアーキテクト－プロフェッショナルの公式試験ガイドに基づいて、試験の概要を説明します。本試験ではどのような能力・知識・経験が求められるのかについて、わかりやすく整理します。

1-1　　試験の概要

1-2　　お勧めの学習方法

1-1

試験の概要

公式の試験ガイドに基づいて、AWS認定ソリューションアーキテクト−プロフェッショナル試験の概要を解説します。

📖 AWS認定ソリューションアーキテクト−プロフェッショナル試験ガイド
URL https://d1.awsstatic.com/ja_JP/training-and-certification/docs-sa-pro/AWS-Certified-Solutions-Architect-Professional_Exam-Guide.pdf

AWS認定の全体像

まず、AWS認定の全体像を示します。AWS認定は、クラウドシステムに関する専門知識を持っていることを証明します。各認定には、役割・レベル・専門知識の違いによって設計された試験が用意されています。

これらの中でもプロフェッショナルレベルは、実務経験2年間以上の人が対象となっています。単純な課題要件だけではなく、アソシエイトレベルではあまり問われないような、制約に基づいたトレードオフを考えなければならない長文問題が頻出します。実際の現場で発生しそうな課題が提示され、それに対してAWSを利用する場合、何が最適であるかを見極める判断力が問われます。

1-1 試験の概要

❏ AWS認定試験の概要

AWS認定ソリューションアーキテクト－プロフェッショナル

　AWS認定ソリューションアーキテクト－プロフェッショナルは、AWSを使用したシステムの管理や運用の2年以上の実務経験がある「ソリューションアーキテクト」が対象になります。「ソリューションアーキテクト」を直訳すると「課題解決の設計者」ですが、AWSにもソリューションアーキテクトという役割があり、公式サイトには次のように書かれています。

> ソリューションアーキテクトは、お客様訪問先でAWSを語るに相応しい人材であり、お客様のシニアクラスな方々（CxOレベルも含まれる）と議論した上でお客様のクラウド戦略に影響を与え、クラウド戦略・クラウドジャーニーをリードします。また一方で、技術的に確固たるバックグラウンドを持ち、お客様のアーキテクト及びソフトウェア開発者の方々と技術的な議論を交わし、実現可能性を顧客と共に確認しながら、クラウドを利用した既存システムの移行および新しいテクノロジーを活用したイノベーションをリードするポジションです。
>
> URL https://aws.amazon.com/jp/careers/teams/solutionsarchitect/

　ビジネスにおける様々な課題や要件のうち、AWSクラウドで解決できる選択肢を最適に提供できるポジション、そのプロフェッショナルレベルがAWS認定ソリューションアーキテクト－プロフェッショナル資格に求められると読み取れます。

　これは、AWS社のソリューションアーキテクトだけではなく、AWSのパートナーの皆さまはもちろん、スタートアップの担当者、エンタープライズ企業のシステム担当者、情報システム部門の担当者などなど、AWSを使い様々な課題に立ち向かう方々が対象ということです。

　本節ではこれ以降、試験ガイドに基づいて、本試験によって検証される能力、推奨される知識、および試験内容を解説します。試験対策

❏ AWS認定ソリューションアーキテクト－プロフェッショナル

1-1 試験の概要

に大きく影響することはないと思いますので読み飛ばしていただいてもかまいませんが、受験する目的やご自身の経験と合致しているかどうかを判断するために有効な内容です。

検証される能力

試験ガイドには、大きく5つの能力を評価すると書かれています。

1. AWSで、動的なスケーラビリティ、高可用性、耐障害性、信頼性を備えたアプリケーションを設計し、デプロイする。
2. 提示された要件に基づくアプリケーションの設計と、デプロイに適したAWSのサービスを選択する。
3. AWSで複雑な多層アプリケーションを移行する。
4. AWSでエンタープライズ規模のスケーラブルな運用を設計し、デプロイする。
5. コストコントロール戦略を導入する

1. は主にAWS認定ソリューションアーキテクト－アソシエイトでも問われてきた、AWSのベストプラクティスに基づいた設計と構築です。

2. は、**1.** を実現するために最適なAWSサービスを選択する能力です。そして **5.** はコストの最適化です。これらもアソシエイトで問われるテーマですが、アソシエイトよりもさらに広い範囲で問われると考えて準備したほうがいいでしょう。

最後に **3.** と **4.** です。より複雑なアプリケーションの移行や、エンタープライズ規模の設計・構築が問われます。中には、簡単にサーバーをステートレスにすることはできない、そんな要件もあると考えられます。ベストプラクティスだけが正解ではない、といったトレードオフが発生することも考えられます。しかし、ベストプラクティスをあえて選択しないケースには、何らかの事情や理由があるはずです。それを課題や要件から的確に読み取ることが求められます。

1

AWS認定ソリューションアーキテクト－プロフェッショナル

推奨される知識と経験

　ある知識が推奨されているということは、それを知っていれば試験の問題に解答しやすいということです。具体的にどのような知識が推奨されているのか、見ていきましょう。

- **AWSでのクラウドアーキテクチャの設計およびデプロイに関する2年以上の実践経験**：これは言葉どおりで、2年間の実務で経験しうるボリュームレベルです。
- **クラウドアプリケーション要件を評価し、AWSでアプリケーションの実装、デプロイ、プロビジョニングを行うためのアーキテクチャを提案する能力**：長文からポイントを読み取って、設計提案する能力です。
- **AWS CLI、AWS API、AWS CloudFormationテンプレート、AWS請求コンソール、AWSマネジメントコンソールについての知識**：言葉どおりと捉えていいでしょう。各コンポーネントについての知識です。
- **AWS Well-Architectedフレームワークの5本の柱を説明し適用する**：AWS Well-Architectedフレームワークのドキュメントの理解、およびWell-Architected Toolを使用したレビューと改善プロセスの理解です。
- **主要なAWSテクノロジー（VPN、AWS Direct Connectなど）を使用して、ハイブリッドアーキテクチャを設計する**：ハイブリッドアーキテクチャに利用されるサービスに関する知識です。ネットワークサービスだけではなく、データを扱うハイブリッドサービスについても理解しておきましょう。
- **エンタープライズの複数のアプリケーションやプロジェクトのアーキテクチャ設計に対し、共通するベストプラクティスガイダンスを提供する能力**：AWSのベストプラクティスや設計原則についてです。
- **スクリプト言語についての知識**：ソースコードが提示されて問われる可能性は低いと考えられるので、SDKやCLIの使い方レベルの基礎知識と見ていいでしょう。
- **WindowsおよびLinux環境についての知識**：ADやDNSなどサーバーの周辺機能についての知識です。
- **ビジネスの目標をアプリケーションおよびアーキテクチャ要件に関連付ける**：トレードオフする能力を担保する知識です。
- **継続的インテグレーションおよびデプロイのプロセスを設計する**：CI/CDパイプラインよりもマイクロサービスやリファクタリングにおけるアーキテクチャの進化についての知識です。

1-1 試験の概要

試験分野

本書では、試験ガイドの「内容の概要」に記載されている試験分野に沿って、AWSのサービス、機能、設計、ベストプラクティスについて解説していきます。各分野は以下のとおりです。

○ **分野1：組織の複雑さに対応する設計**

- ○ **1.1**：複雑な組織に対応するクロスアカウントの認証およびアクセス戦略を決定する。
- ○ **1.2**：複雑な組織に対応するネットワークの設計方法を決定する。
- ○ **1.3**：複雑な組織に対応するマルチアカウントのAWS環境の設計方法を決定する。

○ **分野2：新しいソリューションの設計**

- ○ **2.1**：ソリューションの設計と実装にあたり、セキュリティの要件および制御を決定する。
- ○ **2.2**：信頼性に関する要件を満たすソリューションの設計および実装戦略を決定する。
- ○ **2.3**：事業継続性を確保するためのソリューション設計を決定する。
- ○ **2.4**：パフォーマンス目標を達成するソリューション設計を決定する。
- ○ **2.5**：ソリューションの設計および実装にあたり、ビジネス要件を満たす導入戦略を決定する。

○ **分野3：移行の計画**

- ○ **3.1**：クラウドへの移行が可能な既存のワークロードおよびプロセスを選択する。
- ○ **3.2**：AWSに関する詳細な知識に基づいて、新規の移行先ソリューションに適した移行ツールやサービスを選択する。
- ○ **3.3**：既存のソリューションに適した新しいクラウドアーキテクチャを決定する。
- ○ **3.4**：既存のオンプレミスのワークロードをクラウドに移行するための戦略を決定する。

○ **分野4：コスト管理**

- ○ **4.1**：ソリューションにおいてコスト効率に優れた料金モデルを選択する。

- **4.2**：コストを最適化するためにどのような管理を設計し、導入するかを決定する。
- **4.3**：既存のソリューションでコストを削減できる可能性を特定する。
- **分野5：既存のソリューションの継続的な改善**
  - **5.1**：ソリューションアーキテクチャのトラブルシューティングを行う。
  - **5.2**：オペレーショナルエクセレンスの実現に向けて既存のソリューションを改善する戦略を決定する。
  - **5.3**：既存のソリューションの信頼性を改善する戦略を決定する。
  - **5.4**：既存のソリューションのパフォーマンスを改善する戦略を決定する。
  - **5.5**：既存のソリューションのセキュリティを改善する戦略を決定する。
  - **5.6**：既存のソリューションのデプロイメントを改善する方法を決定する。

　これだけでは意味がわからないものや、何を勉強するべきかわかりにくいものもあるかもしれません。第2章以降で各分野について解説していきます。

関連サービス

　試験ガイドの付録に「試験に出る可能性のあるツールとテクノロジー」として記載のあるサービスを紹介します。これだけのサービスの詳細設定、機能のすべてを網羅的に試験対策として学習する時間を確保するのはなかなか難しいとは思いますが、少なくとも何のためのサービスかは知っておくことを推奨します。以下にサービスの概要を示します。

アナリティクス

- **Amazon Athena**：S3に保存しているデータ（たとえばCSV、JSON、Parquet）にSQLで検索、抽出、集計などができます。
- **Amazon OpenSearch Service**：Amazon Elasticsearch Serviceの後継サービスです。テキストや非構造化データの全文検索や視覚化、分析が可能です。
- **Amazon EMR**：EMR（Elastic Map Reduce）は、Apache Hadoop、Apache Spark、Apache Hive、Apache HBase、Apache Flink、Apache Hudi、Prestoなどのオープンソースをマネージドサービスで提供します。ビッグデータの分析をAWSのキャパシティをフルに活用してスケーラブルに実現できます。

○ **AWS Glue**：ETL（Extract・抽出、Transform・変換、Load・格納）サービスです。データを指定した方法で変換して、S3などストレージやデータベースに保管できます。

○ **Amazon Kinesis**：以下のものがあります。どの機能もニアリアルタイム（なるべくすぐ）にデータが発生するごとに処理を行っていく、ストリーミング処理のためのサービスです。

　○ **Kinesis Data Streams**：秒あたり数GBのデータをリアルタイムにストリーミング処理する。

　○ **Kinesis Data Firehose**：最低60秒のバッファでデータをS3などに簡単に格納する。

　○ **Kinesis Data Analytics**：ストリーミングデータを、SQLなど使い慣れた言語を使ってリアルタイムに抽出検索する。

　○ **Kinesis Video Streams**：監視カメラなどからリアルタイム検知のために動画データをストリーミングアップロードする。

○ **Amazon QuickSight**：ビジネスインテリジェンス（BI）サービスです。データソースにAWSサービスを連携させることができます。機械学習（Machine Learning、ML）を利用して分析提案を行うことも可能です。

AWSの請求情報とコスト管理

○ **AWS Budgets**：予算額を設定し、予算に対するAWS利用料金の分析が行えます。月ごとに変化していく予算設定や対象とする請求金額やリソースのフィルタリング、通知も可能です。

○ **AWS Cost Explorer**：グラフなど使いやすいインターフェイスで、AWSのコストと使用量の時間に対する変化を可視化し、理解しやすい状態で管理できます。

アプリケーション統合

○ **Amazon MQ**：オープンソースのApache ActiveMQまたはRabbitMQをマネージドサービスとして利用できます。主にオンプレミスからの移行ケースで利用されます。

○ **Amazon Simple Notification Service（Amazon SNS）**：通知サービスです。Eメール、SMS、Lambda、外部HTTP（S）、SQS、Chatbotなどにメッセージを並列で送信します。

- **Amazon Simple Queue Service (Amazon SQS)**：フルマネージドなキューサービスです。キューに送信したメッセージをコンシュマーアプリケーションが受信して利用できます。疎結合化を実現するために非常に重要なサービスです。
- **AWS Step Functions**：マイクロサービスを組み合わせたワークフローを構築できます。プロセスの状態を管理し、データや処理結果による分岐、並列、配列繰り返し、再試行などの制御をパラメータの設定と入出力データの管理で実現できます。LambdaをはじめAWSの様々なサービスやアクティビティとして、モノリシックなアプリケーションとも連携できます。

ビジネスアプリケーション

- **Amazon Alexa**：音声アシスタントです。Lambdaとの親和性が高く「アレクサ」と声をかけることでLambdaにデプロイした任意のコードを実行することができ、処理結果のレスポンスを音声で返答できます。
- **Amazon Alexa for Business**：Amazon Alexaをオフィスのアシスタントとして会議室や会議の管理をしたり、Eメールやカレンダーと連携することが可能です。
- **Amazon Simple Email Service (Amazon SES)**：Eメール送受信のマネージドサービスです。通常の送受信の他、ダイレクトメールなどのキャンペーンメールの送信にも利用できます。

ブロックチェーン

- **Amazon Managed Blockchain**：オープンソースのHyperledger FabricやEthereumを使用してマネジードなブロックチェーンネットワークの作成と管理を簡単に行えます。

コンピューティング

- **AWS Batch**：バッチ処理を簡単にセットアップできます。コンテナイメージを指定して実行できます。Fargate、EC2、スポットインスタンスなどを組み合わせることができます。
- **Amazon EC2**：大量のクラウドリソースから、好きなときに、好きな量だけ、好きな性能の仮想サーバーを利用することができます。WindowsやLinuxなど、OSに対する完全な管理者権限があるので、好きなソフトウェアをインストールすること

ができる反面、OS レベルの運用管理はユーザーが行う必要があるアンマネージド
サービスです。

○ **AWS Elastic Beanstalk**：開発者がAWS、OS、ミドルウェアなどアプリケーシ
ョンの実行環境のセットアップを詳しく学習しなくても、簡単にアプリケーショ
ン環境を構築することができ、開発に専念することができます。Web環境として
Application Load Balancer と EC2 Auto Scaling など、ワーカー環境として SQS
と EC2 Auto Scaling などの環境が構築でき、継続的なデプロイも実現できます。

○ **Amazon Elastic Container Service（Amazon ECS）**：コンテナオーケストレー
ションサービスです。コンテナを実行管理するために複雑な操作や設定作業を必要
とせず、まとめて設定実行が可能です。AWSでコンテナを使用する場合の一般的
な選択肢です。

○ **Amazon Elastic Kubernetes Service（Amazon EKS）**：コンテナの実行管理に
オープンソースのKubernetesをマネージドで提供します。AWSでコンテナを使
用するためにKubernetesを使う場合の選択肢です。

○ **Elastic Load Balancing**：ロードバランサーのマネージドサービスです。ユーザー
がロードバランサー自体の可用性などを考えなくてもすぐに使い始めることがで
きます。Webアプリケーション向けのApplication Load Balancer、サードパーテ
ィネットワークアプライアンス製品向けのGateway Load Balancer、それら以外の
Network Load Balancer、過去互換性のためのClassic Load Balancerがあります。

○ **AWS Fargate**：ECS、EKS から使用することのできる、サーバーレスなコンテナ
実行環境です。ユーザーがコンテナを実行するためのEC2の運用管理やスケーリ
ングを調整する必要がありません。

○ **AWS Lambda**：サーバーレスコンピューティングサービスで、ユーザーはNode.
js、Python、Go、Ruby、Java、C# などのソースコードを用意して、パラメータや
イベントを設定すればコードの実行準備は完了します。実行環境としてのサーバー
の運用管理、準備を行う必要がありません。様々なイベントトリガーによって実行
され、実行されている間だけ実行環境が用意され、請求料金が発生します。呼び出
しの数だけ並列的に実行されるので、ユーザーがスケーラビリティを設定する必要
もありません。

○ **Amazon Lightsail**：シンプルで低額な月額プランのVPSサービスです。ユーザー
が操作できることはEC2よりも限られますが、使用したいWebアプリケーション
（Redmineなど）やWebサイト環境（WordPressなど）が決まっているときの選
択肢です。

○ **AWS Outposts**：AWSのいくつかのサービスをユーザーが指定した物理施設で利用できます。低レイテンシーやデータをクラウドに移行できない場合などに選択します。

コンテナ

○ **Amazon Elastic Container Registry (Amazon ECR)**：ECS、EKS、Batchと連携することができる、コンテナイメージを保管するレジストリサービスです。リポジトリという単位で管理し保存することができます。

データベース

○ **Amazon Aurora**：MySQLまたはPostgreSQLと互換性のある高性能なリレーショナルデータベースサービスです。使用したいバージョンや機能に不足がなければ、MySQLまたはPostgreSQLを使用する場合に選択します。性能だけでなくリードレプリカ、グローバルデータベースなど様々な機能もあります。サーバーレスタイプもあります。

○ **Amazon DynamoDB**：フルマネージドなNoSQL（非リレーショナル）データベースサービスです。ユーザーはリージョンを選択してテーブルを作成します。すべてAWS APIへのリクエストで操作します。

○ **Amazon ElastiCache**：RedisまたはMemcachedをマネージドサービスとして提供するインメモリデータストアサービスです。クエリーのキャッシュや、外部API問い合わせ結果のキャッシュ、計算結果などのキャッシュをすばやく返すことでアプリケーションのパフォーマンスを向上させます。Redisは単独のデータベースとして選択される場合もあります。

○ **Amazon Neptune**：高速で信頼性が高いフルマネージド型のグラフデータベースサービスです。ソーシャルネットワークサービスなどの複雑な関連性を管理するのに最適です。

○ **Amazon RDS**：マネージドなリレーショナルデータベースサービスです。MySQL、PostgreSQL、MariaDB、Oracle、Microsoft SQL Serverを提供します。MySQL、PostgreSQLについてはAuroraを優先的に検討するケースが多くあります。OSの管理が不要なので、この5種類のデータベースエンジンを使用するケースで利用しますが、逆にOSをコントロールしなければならないなどの理由やRDSがサポートしていないオプションを使うなどのために、EC2にこれらのデータベ

ースをインストールして利用するケースもあります。

○ **Amazon Redshift**：高速なデータウェアハウスサービスです。頻繁に分析するデータはS3に保存したデータをロードして使用して、分析頻度の低いデータ、ちょっと時間がかかってもよいデータはRedshift SpectrumでS3のデータを保存したまま透過的に使用することもできます。

デベロッパーツール

○ **AWS Cloud9**：ブラウザさえあればすぐに使用できる統合開発環境（IDE）を提供します。各言語のランタイムも用意済みで、AWS CLIやSAMなどのコマンドツールもあらかじめ用意されています。IAMユーザーを指定して共有することも可能です。

○ **AWS CodeBuild**：ソースコードを実行可能な形式にしたり、必要なモジュールをインストールして準備します。テストを実行させることもできます。このようなビルドのためのサーバーを用意しなくてもCodeBuildを使うことでビルドが実現できるので、何度でも繰り返しのビルドや、スケールさせなければならない大量のビルドプロセスにもすぐに対応できます。

○ **AWS CodeCommit**：マネージドなGitサービスを提供します。ソースコードのバージョン管理、承認、コミット、マージ、レビューといった一連の機能を提供します。IAMポリシーで認証管理できます。

○ **AWS CodeDeploy**：テスト環境、本番環境へデプロイをします。デプロイ設定によりカナリアリリースやローリング更新、ブルーグリーンデプロイなど多彩なデプロイを提供します。EC2、Auto Scaling、ECS、Lambdaへのデプロイが可能です。

○ **AWS CodePipeline**：CodeCommitやECRなどAWSのリポジトリサービス、GitHubなど外部のGitサービスでブランチやファイルが更新されたことをイベントとして、ビルド、デプロイを実行させることができます。CI/CDパイプラインの構築に非常に役立ちます。

エンドユーザーコンピューティング

○ **Amazon AppStream 2.0**：デスクトップアプリケーションを仮想化して実現できます。

○ **Amazon WorkSpaces**：仮想デスクトップを提供します。高価で複雑なシンクライアントサービスを構築しなくてもすぐに利用を開始できます。ユーザーはActive

Directory Serviceで管理するので、既存のAD環境があれば、AD Connectorでそのまま利用することもできます。

フロントエンドのWebとモバイル

○ **AWS AppSync**：GraphQL APIの開発を簡単にするサービスです。AWSでGraphQL APIが必要なときに選択します。

機械学習

○ **Amazon Comprehend**：世界中の様々な言語の自然言語処理（NLP）ができます。解析したいテキストをリクエストに含めるだけで、トピックや単語の抽出、感情分析などが可能です。

○ **Amazon Forecast**：過去の実績データに対して分析を行い予測結果を提供します。過去データだけではなく、予測に影響を与えるデータも追加できます。データに対して自動的に精査し、何が重要かを識別して自動的に予測モデルを構築して予測できます。

○ **Amazon Lex**：音声やテキストを使用して、Alexaと同じ会話型AIでチャットボットや対話型のインターフェイスを作成することができます。音声のテキスト変換には自動音声認識（ASR）、テキストの意図認識には自然言語理解（NLU）という高度な深層学習機能が使用されます。

○ **Amazon Rekognition**：画像分析ができます。同一人物の可能性を検出したり、有名人を検出したり、表情から感情を分析したり、わいせつ画像を禁止するために抽出するなどができます。Rekognition Videoは動画に対する自動検出が可能です。

○ **Amazon SageMaker**：機械学習のための開発、学習のための環境構築、ジョブの実行、推論モデルのデプロイやAPIの構築管理をまとめて提供します。必要な環境をSageMakerが一気に作成して、Notebookなどを使った開発、学習ジョブの実行、推論エンドポイントのデプロイが可能です。

○ **Amazon Transcribe**：音声をテキストに変換できます。Amazon Connectと連携してコールセンターでの通話記録をテキスト管理したり、音声コミュニケーションの記録に活用できます。

○ **Amazon Translate**：リアルタイムな翻訳サービスです。翻訳元の言語を自動検出することも可能です。

1-1　試験の概要

マネジメントとガバナンス

○ **AWS Auto Scaling**：EC2、ECS、DynamoDB、Auroraなどの自動スケール（増減）が可能です。

○ **AWS Backup**：AMI、EBS、RDS、DynamoDB、EFS、FSx for Windows、FSx for Lustre、Storage Gatewayのボリュームゲートウェイの一元管理したバックアップが可能です。別のリージョンにコピーすることも可能です。

○ **AWS CloudFormation**：JSON、YAML形式で書かれたテンプレートをCloud Formationエンジンが読み込んで、スタックとして実際のAWSリソースを自動構築します。何度でも同じ構成が構築できるIaC（Infrastructure as Code）サービスです。自動構築により整合性が高まり（手動によるミスや漏れが減り）、効率化が図れます。

○ **AWS CloudTrail**：AWSアカウント内のAPIリクエストの詳細記録が残ります。追跡可能性を有効にするサービスです。S3オブジェクト、DynamoDBアイテムなどのデータAPIリクエストは有効化することで記録が残せます。

○ **Amazon CloudWatch**：性能などを数値化したメトリクス、OSやアプリケーションから出力されるログなどを管理するモニタリングサービスです。メトリクスはダッシュボードでグラフによる可視化ができます。メトリクスに対して閾値を設定することでアラームが作成できます。ログは、文字列を抽出したりログ内の数値をメトリクスにできます。

○ **AWS Compute Optimizer**：使用中のEC2、EBS、Lambdaのサイズ設定が最適かを自動分析して、最適な設定を提案してくれます。

○ **AWS Config**：AWSリソースの設定と変更履歴を管理できます。ルールを設定すると、ルールに非準拠なリソースを抽出してアラートしたり、自動修正することも可能です。

○ **AWS Control Tower**：Organizations、Config、SSO、CloudFormation、Service Catalogなどと連携して、複数アカウントを組織として管理するランディングゾーンと呼ばれるベストプラクティスな構成を自動作成できます。予防的ガードレールというアクセス制御、検知的ガードレールという検出と通知も構成されます。

○ **Amazon EventBridge**：AWS内外のイベントをルール条件によりイベントトリガーとして設定できます。イベントのターゲットでは、SNS、Lambda、Systems Manager Automationと連携して、イベントに対する通知や自動処理が可能です。

1

AWS認定ソリューションアーキテクト―プロフェッショナル

15

- **AWS License Manager**：Microsoft、SAP、Oracle、IBMといったベンダー提供ライセンスを、組織内でまとめて管理することができます。

- **AWS Organizations**：複数アカウントを組織として管理することができ、複数アカウントの一括請求、新規アカウント作成の自動化、OU（組織単位）による複数アカウントの管理、OUに対するSCPを適用したアクセス制限の一括適用、その他様々なサービスと連携した組織管理が可能です。

- **AWS Resource Access Manager**：AWSサービスの各リソース（トランジットゲートウェイ、サブネット、AWS License Managerライセンス設定、Amazon Route 53 Resolverルールなど）を複数アカウントで共有設定できます。

- **AWS Service Catalog**：CloudFormationと連携して、AWSリソースで構築されたアプリケーションサービスをエンドユーザーに最小権限で構築実行してもらうことが可能です。

- **AWS Systems Manager**：EC2インスタンスやオンプレミスのサーバー管理を一元化できます。コマンドセットの実行や、パッチ適用の管理、状態管理、セッションマネージャによるSSHなしの対話ターミナルの実行などが可能です。

- **AWS Trusted Advisor**：コスト、パフォーマンス、セキュリティ、耐障害性、現在のサービス制限値に対して、AWSアカウント内で自動的にいくつかのチェックを行い、アドバイスをレポートします。既存AWS環境の改善に役立ちます。

- **AWS Well-Architected Tool**：Well-Architected Frameworkの質問をフォーム上で回答でき、マイルストーンレポートを作成することができます。定期的に確認することで、今の状態、今後の対応を明確化することができ、チームのベストプラクティスに対する意識を向上できます。

メディアサービス

- **Amazon Elastic Transcoder**：動画ファイルなどメディアファイルの変換が可能です。試験ガイドにはメディアサービスとしてElastic Transcoderだけが記載されていますが、試験対策としては、**Elemental Media Convert**（ファイルなどコンテンツ変換）、**Elemental MediaLive**（ストリーミングライブビデオコンテンツの変換）、**Elemental MediaStore**（メディア向けストレージ）なども確認しておくことをお勧めします。

移行と転送

○ **AWS Database Migration Service（AWS DMS）**：データベースを簡単に移行できます。継続的な差分移行にも対応しています。Schema Conversion Tool（SCT）も利用することで、異なるスキーマの移行やさらなるデータ変換も可能です。

○ **AWS DataSync**：EFS、FSx for Windows、S3、Snowcone（オンプレミス）などのデータコピーを、DataSyncエージェントとDataSyncサービスで高速に安全に実現できます。

○ **AWS Migration Hub**：移行に必要な検出や移行などの一連のプロセスを統合管理できます。Application Discovery Serviceを検出に使用して、他の移行サービスを移行に使用できます。

○ **AWS Server Migration Service（AWS SMS）**：仮想サーバーをAMIに移行することができます。継続的な差分移行もサポートしています。

○ **AWS Snowball**：物理的なストレージ筐体を移送することでデータをAWSとオンプレミス間で移行できます。強固でセキュアな仕組みを使うことで安全に移行でき、合計サイズが大容量のデータ移行時間を短縮できます。

○ **AWS Transfer Family**：SFTP、FTPS、FTPプロトコルを使用して、S3、EFSへデータをアップロードできます。

ネットワークとコンテンツ配信

○ **Amazon API Gateway**：REST APIやWebSocket APIを構築、管理できます。データの変換やセキュリティ機能、CognitoやLambda、IAMと連携した認証機能もあります。

○ **Amazon CloudFront**：全世界のエッジロケーションを使用してキャッシュを配信できるCDN（Content Delivery Network）のサービスです。グローバルに展開することも簡単ですし、近くのユーザーにも計算済みのコンテンツを高速に提供できるので、アプリケーションのパフォーマンスを飛躍的に向上できます。セキュリティ機能もあります。

○ **AWS Direct Connect**：オンプレミスとAWSの専用接続を提供します。必要な帯域幅に対して一定のパフォーマンスを提供できます。コンプライアンス要件やガバナンス要件の対応にも利用できます。データ転送コストの最適化にも使用できます。

○ **AWS Global Accelerator**：全世界のエッジロケーションを使用して、静的なエニーキャストIPアドレスが提供されます。ユーザーからレイテンシーの低いリージョンのリソースにアクセスを誘導できたり、マルチリージョンでのマルチサイトアクティブ/アクティブ構成で高速なフェイルオーバーも可能です。

○ **Amazon Route 53**：全世界のエッジロケーションの一部を使用して、高可用性を持ったDNSサービスを提供します。ドメインの購入、管理も可能ですし、一般的なDNSサーバーの機能に加えて多様なルーティング機能や、AWSサービスに対するエイリアスによる名前解決が可能です。パブリックDNSだけでなく、プライベートホストゾーン、リゾルバーなどの機能もあります。

○ **AWS Transit Gateway**：複数のVPC、オンプレミスとのVPN、Direct Connectとの接続を効率よくシンプルに集中管理できます。Network Managerでネットワークの可視化もできます。

○ **Amazon VPC**：AWS上にプライベートなネットワーク構成を実現します。IPv4だけではなくIPv6にも対応しています。

■ セキュリティ、アイデンティティ、コンプライアンス

○ **AWS Artifact**：ISO、SOC、PCIなど、AWSが準拠しているコンプライアンスレポートのダウンロードや、ユーザーとAWSとの契約情報をダウンロードできます。

○ **AWS Certificate Manager（ACM）**：ドメイン認証の証明書の発行、自動更新管理や、独自の証明書のインポートが可能です。CloudFront、Application Load Balancer、API Gatewayと連携して、所有ドメインのHTTPSアクセスを提供できます。

○ **Amazon Cognito**：Webアプリケーションやモバイルアプリケーションに安全な認証を実装できます。ユーザープールでエンドユーザーの認証情報が実現できます。IDプールで、IAMロールと連携したAWSリソースへのアクセス許可のための一時的認証が渡せます。

○ **AWS Directory Service**：マネージドなActive Directory Serviceです。機能とユーザー数が限定されたSimple AD、多機能なAWS Directory Service for Microsoft Active Directory、オンプレミスのActive Directoryをそのまま利用できるAD Connectorがあります。組織のユーザー認証の一元管理が可能です。

○ **Amazon GuardDuty**：CloudTrail、VPCフローログ、DNSクエリーログを自動的に検査して、脅威が発生している場合に検出結果をレポートしてくれます。

○ **AWS Identity and Access Management（IAM）**：認証と認可を管理します。IAMロールとSTS（Security Token Service）による一時的認証情報の提供により、よりセキュアな構成を実現できます。

○ **Amazon Inspector**：Inspectorエージェントによる EC2 インスタンスの脆弱性検査を定期的に自動化できます。

○ **AWS Key Management Service（AWS KMS）**：データやAWSリソースの暗号化のためのカスタマーマスターキー（CMK）を管理し、キーポリシーによってアクセス権限を詳細に設定できます。キーのローテーション管理も自動化できます。

○ **Amazon Macie**：S3の設定に脆弱性がないか、保存されたデータに機密情報は含まれていないかを自動検知できます。

○ **AWS Secrets Manager**：データベースのパスワードやAPIの認証キーなどのシークレット情報を管理できます。IAMポリシーによる制御、RDSデータベースのパスワードローテーション管理機能などが提供されます。

○ **AWS Security Hub**：セキュリティサービスによるレポートやセキュリティチェックの一元管理が可能です。

○ **AWS Shield**：DDoS攻撃からの保護を提供します。StandardとAdvancedの2種類があり、Standardは無料ですべてのAWSアカウントに適用されています。追加料金でAdvancedを使用することができ、より強力に攻撃から保護することができます。

○ **AWS Single Sign-On（AWS SSO）**：AWSアカウントやBox、Salesforceなどの外部サービスへの一元管理されたシングルサインオンポータルを提供します。認証のためのIDソースにDirectory Serviceを指定して、既存のActive Directory認証情報を利用することも可能です。

○ **AWS WAF**：Web Application Firewall機能を提供します。マネージドルールでは一般的な攻撃やSQLインジェクション、クロスサイトスクリプティングなどをすぐにブロックすることができます。独自のルール作成も可能です。

ストレージ

○ **Amazon Elastic Block Store（Amazon EBS）**：EC2にアタッチして使用するボリュームサービスです。SSD、HDDのボリュームタイプから選択できます。DLM（Data Lifecycle Manager）またはAWS Backupで定期的なスナップショットの作成が自動化できます。

○ **Amazon Elastic File System（Amazon EFS）**：複数のLinuxサーバーからマウントして使用できるファイルシステムサービスです。カスタマイズしたくないアプリケーションからAWSにデータを保存したくないケースなどで選択します。

○ **Amazon FSx**：FSx for WindowsとFSx for Lustreの2種類があります。FSx for Windowsは複数のWindowsサーバーからマウントして使用できます。FSx for Lustreはハイパフォーマンスコンピューティング（HPC）要件で選択されます。

○ **Amazon S3**：インターネットからアクセスできるストレージサービスです。「Simple Storage Service」という名前のとおり、ユーザーはシンプルに扱うことができますが、非常に多機能です。無制限にデータを保存できます。静的なサイト配信、画像、動画の配信、データレイク、バックアップ、アプリケーションファイルの保存先など、様々な用途に利用されます。

○ **Amazon S3 Glacier**：単独でボールトを作成して使用することもできますが、S3と連携してストレージクラスの1つとして使用されることが多いです。データをアーカイブすると取り出し処理が必要となりますが、保存料金を抑えられます。リアルタイムアクセスが必要なく、アクセス頻度も低い長期保存データに向いています。

○ **AWS Storage Gateway**：オンプレミスから透過的にS3やボリュームにデータを保存することができます。ファイルゲートウェイ、ボリュームゲートウェイ（キャッシュタイプ、保管タイプ）、テープゲートウェイが主な種類（FSx for Windows向けもあります）です。テープゲートウェイでは、対応バックアップソフトから仮想テープライブラリとして使用できるので、高価なテープチェンジャーハードウェアを購入することなくアーカイブデータの管理にS3が使用できます。

1-2

お勧めの学習方法

　本書を手にしている人は、AWS認定ソリューションアーキテクト－プロフェッショナル試験の合格を目指しているはずです。AWSシステムを構築する実経験をもとに、本書を読んでいただくだけでなく、AWSが提供する様々な情報で学ぶことが大切です。ここでは、試験対策としてお勧めの学習方法を紹介します。人それぞれ効率的な学習方法はあると思いますので、一例として参考にしてください。

模擬試験

　公式ページの模擬試験（有料）を受験することをお勧めします。ただし、模擬試験は何度受けても同じ問題が出題されるので複数回受ける理由はあまりありません。模擬試験によって、試験の傾向を感じていただくのはもちろんですが、それ以上に「文章のわかりづらさ」「答えの絞り込みづらさ」を知っていただく機会になるかと思います。

　よく「直訳しているからわかりにくい」という意見を聞きますが、明らかな誤訳を除いて、私はそれが理由ではないと考えています。実際の現場でも、わかりにくい要求仕様や、担当者たちの共通認識が省略されて抜け落ちた要件などもあるかと思います。認定試験でも、より実際の現場や実際の課題に対する解決策が提供できるかが問われると考えています。

　また問題の答えは問題を作った人次第です。もしかしたらまったく同じ問題も、問題作成者の意図ではAが正解かもしれませんし、別の作成者の意図ではBが正解になるかもしれません。これも実際の要件や課題を伝える人次第で、望むゴールが変わってしまうことがあるのと同じと考えています。誰が見ても正解、というよりも課題を伝えている人が望んでいることを汲み取って選択肢を選択することを、本試験同様のわかりづらい文章から読み取る練習に、模擬試験が最適と考えますのでお勧めです。

検証用のAWSアカウント

　会社、もしくは個人で使用できるAWSアカウントで実際に動かしてみることを推奨します。もちろんサービスや機能によってはコストもかかりますし、セキュリティの懸念もあるかもしれません。だからこそ本気で調べますし、本気で機能のオン/オフを判断したり、サービスの選択を行います。虎穴に入らずんば虎子を得ずではないですが、リスクを取ることで、より多くの価値が得られるのは学習でも同様です。では、何をどう動かせばAWS認定資格試験に役立つのかは本書で説明していきます。

Well-Architected Framework

　Well-Architected Frameworkの公式ドキュメントを概要だけでなく、5本の柱（信頼性、運用の優秀性、コスト、セキュリティ、パフォーマンス）のすべてを読むことを推奨します。

　Well-Architected Frameworkは、これまでAWSのユーザーが構築や設計のときに発生した課題に対して、よりよいソリューションが提供できたという結果を全世界のユーザーに共有しています。ですので、AWS認定資格試験で問われるレベルにより近い可能性が高いと考えられます。Well-Architected Frameworkに出てくるサービスとその使い方を理解しながら読み、よくわからない記載は、後述する各サービスのユーザーガイドや開発ガイドで調べます。そして可能であれば擬似的な構成でそのよくわからなかった機能を試します。Well-Architected Frameworkがどこにあるかは、「AWS Well-Architected Framework」でインターネットを検索してください。きっとすぐにアクセスできます。

AWSブログ

　「Amazon Web Servicesブログ」でインターネットを検索するとAWSのブログにアクセスできます。AWSのブログをフィードリーダーで購読しましょう。AWS認定資格試験の学習に対してすべてが役立つというわけではありません

が、時折、設計例や事例での設定紹介などがあります。ブログで発表するということは、課題に対してよりよいソリューションが提供できたケースだということです。ブログで発表された設計を理解しておいて損はありません。中には実際の設定内容が詳細に記載されているものもあるので、実際に試してみることもお勧めです。

ユーザーガイド、開発ガイド

　調べるときのお勧めは公式のガイドです。AWSの各サービスのサービス名と「ドキュメント」「document」などを組み合わせて検索するときっとアクセスできます。たとえば「kms document」などです。ほとんどのサービスで最初のほうに「開始方法」や「チュートリアル」があります。まったく触ったことのないサービスは、このチュートリアルを試すことを推奨します。

デジタルトレーニング

　AWSのトレーニングサイト（https://www.aws.training/）に、AWSの無料のデジタルトレーニングへのリンクがあります。検索も可能です。対象のサービスを検索して学習するのもいいでしょう。いつまであるかはわかりませんが、本書執筆時点では「Exam Readiness: AWS Certified Solutions Architect − Professional（Japanese）」というデジタルトレーニングがあります。これはAWS認定ソリューションアーキテクト−プロフェッショナルの試験対策デジタルトレーニングです。ほんの4時間ほどの動画ですので一度は視聴することをお勧めします。

その他お勧めの公式ソース

　次の2つがお勧めです。

○ AWS Black Belt
○ AWS FAQ

　どちらにもインターネットで検索すればアクセスできるでしょう。AWS

Black BeltはAWS SA（ソリューションアーキテクト）の人たちが主にサービス別に解説をしているWebセミナーです。過去の開催分がスライド資料や動画資料で残っているものもあります。AWS FAQはよくある質問です。ユーザーガイドなどを見てもなかなか見つからない情報などは、FAQのページを検索するとすぐに出てくることがあります。

アウトプット

　試したこと、勉強したことはどこかに書いておくことをお勧めします。筆者も試したことを忘れてしまうので、ブログに書き残しています。自分がやったことなので読み返すと思い出せます。プライベートな場所ではなく、インターネットブログというパブリックな場所に書いている理由は、人の目に見える場所だからです。他の人が読むかもしれない前提で整理して書いていくことで、自分自身の理解がより深まることになります。理解しないと解説が書けない場合もあります。

非公式ソース

　本書も含めて、非公式のソースはあくまでも参考程度に使用されることをお勧めします。元も子もないかもしれませんが、情報の正確さも含めてAWSから保障されたものではありません。もしかしたら書いてあるとおりの情報で試験に解答したのに間違えたなんてこともあるかもしれません。そして試験のためだけに学習をされるよりも、その先のために学習されることを推奨いたします。

第2章

組織の複雑さに対応する設計

組織でAWSを利用する場合、AWSアカウントは1つではなく、複数の
AWSアカウントを使用することになります。複数のAWSアカウントを個別
に使用していると、認証、ネットワーク、請求、ログ、運用などが複雑になり、
管理が煩雑になります。この章では、複雑な組織課題を解決するためにAWS
の各サービスをどう使うかについて解説します。

2-1　組織の認証とアクセス戦略

2-2　組織のネットワーク設計

2-3　マルチアカウント環境

2-4　確認テスト

2-1

組織の認証とアクセス戦略

　まず最初にAWSサービスへの認証です。各アカウントの各リソースに対しての認証を組織としてどのように構成するかを解説します。

クロスアカウントアクセス

組織内でのクロスアカウントアクセス

　複数のAWSアカウントに対しての認証が必要な場合、各アカウントにそれぞれ**IAMユーザー**を作成する方法では、どんな問題が発生するでしょうか？

❏ 複数アカウントにそれぞれIAMユーザーを作成

　次のような問題が考えられます。

- 権限変更や削除が必要な際に、各アカウントでの操作が必要になり、運用が重複する。
- ユーザーは各アカウントに対しての認証情報を個別に管理しなければならず、漏洩のリスクが増す。

　セキュリティ管理者にも、利用者にも、ともに課題があります。これを解決する方法が**クロスアカウントアクセス**です。

2-1　組織の認証とアクセス戦略

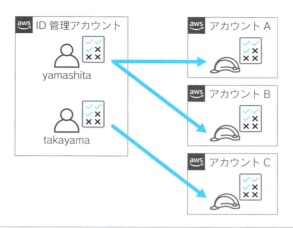

❏ クロスアカウントアクセス

　IAMユーザーは特定のAWSアカウントで一元管理をします。そして、組織内の各AWSアカウントには**IAMロール**を作成します。

　IAMユーザーは、アカウントIDとIAMロールを指定して**スイッチロール**します。IAMロールにアタッチされている**IAMポリシー**で許可/拒否されているアクション、リソースに基づいてAWSへのリクエストが行えます。

❏ スイッチロール

　スイッチロールするときに、**AWS STS**（Security Token Service）のAssume Roleアクションによって、IAMロールから一時的認証情報（アクセスキーID、シークレットアクセスキー、セッショントークン）を取得して使用します。

27

❏ 信頼関係

誰がIAMロールに対して、sts:AssumeRoleを実行できるかを許可しているのが信頼関係です。

❏ 信頼関係ポリシー

```
{
  "Version": "2012-10-17",
  "Statement": [
    {
      "Effect": "Allow",
      "Principal": {
        "AWS": "arn:aws:iam::123456789012:root"
      },
      "Action": "sts:AssumeRole",
      "Condition": {
        "Bool": {
          "aws:MultiFactorAuthPresent": "true"
        }
      }
    }
  ]
}
```

　IAMロールのリソースベースポリシーとも言えます。クロスアカウントアクセスの場合は、プリンシパルにIAMユーザーやAWSアカウントを限定できる**ARN**（Amazon Resource Name）を指定します。Conditionを指定することで、特定条件のもとで、AssumeRole（ロールの引き受け）アクションを許可できます。

　IAMロールを利用したクロスアカウントアクセスを利用することで、IAMユ

2-1 組織の認証とアクセス戦略

ーザーの認証情報は1つのアカウントで管理できます。

クロスアカウントアクセスは、IAMユーザーのマネジメントコンソールから
「スイッチロール」メニューで実行可能ですが、AWS CLIやSDKを使った引き
受けも可能です。

❖ AWS CLIを使用したIAMロールの引き受け例

❏ AWS CLIを使用したIAMロールの引き受け例

```
aws sts assume-role \
--role-arn "arn:aws:iam::123456789012:role/AccountARole" \
--role-session-name AccountASession
```

sts assume-roleコマンドで取得した認証情報を環境変数に設定します。

❏ 認証情報を環境変数に設定する

```
export AWS_ACCESS_KEY_ID=<取得したAccessKeyId>
export AWS_SECRET_ACCESS_KEY=<取得したSecretAccessKey>
export AWS_SESSION_TOKEN=<取得したSessionToken>
```

IAMロール引き受け前のIAMユーザーに戻すには、unsetコマンドで環境変
数を削除して無効化します。

❏ unsetコマンドで環境変数を削除する

```
unset AWS_ACCESS_KEY_ID AWS_SECRET_ACCESS_KEY AWS_SESSION_TOKEN
```

❖ SDK（boto3）を使用したIAMロールの引き受け例

❏ SDK（boto3）を使用したIAMロールの引き受け例

```
client = boto3.client('sts')
response = client.assume_role(
    RoleArn="arn:aws:iam::123456789012:role/AccountASession",
    RoleSessionName="AccountASession"
)
```

```
credentilas = response['Credentials']
session = Session(
    aws_access_key_id=credentilas['AccessKeyId'],
    aws_secret_access_key=credentilas['SecretAccessKey'],
    aws_session_token=credentilas['SessionToken'],
    region_name='us-east-1'
)

s3 = session.client('s3')
buckets = s3.list_buckets()
```

　これは、IAMロールから認証を引き受けた後、S3のバケット一覧を取得するコード例です。
　SDKでクロスアカウントアクセスすることにより、複数アカウントをまたがった自動化処理を安全に行うことができます。

カスタムIDブローカーアプリケーション

　クロスアカウントだけではなく、オンプレミスのアプリケーションからも同様にSDKを使ってIAMロールにリクエストを実行することにより、一時的認証情報を使用してAWSのサービスをアプリケーションから使用したり、マネジメントコンソールへのリダイレクトURLを生成することも可能です。

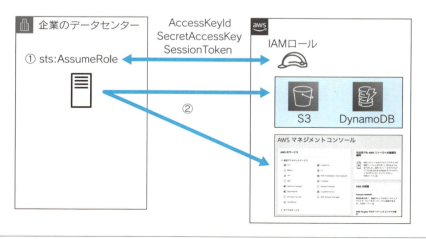

❏ IDブローカーアプリケーション

サードパーティ製品へのアクセス許可

クロスアカウントアクセスを利用して、外部のサービスに対して必要なリソースへの操作を許可することもできます。サードパーティ製品にIAMロールを伝えて、サードパーティ製品のAWSアカウントに信頼関係で引き受けを許可します。これにより、許可したサードパーティ製品に対して、特定の操作だけを許可できます。

ただしこの場合、1つの課題が発生します。公式ユーザーガイドで「**混乱した代理問題**」と表現されている課題です。

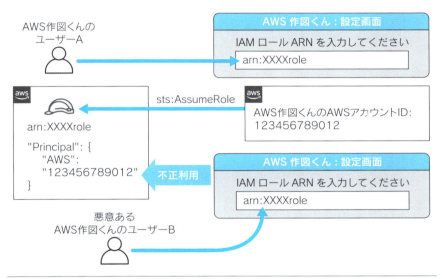

❏ 混乱した代理問題

架空のサードパーティ製品として、「AWS作図くん」というAWS構成図を書き出すアプリケーションがあるとします。「AWS作図くん」を利用しているユーザーAは、IAMロールのARNを「AWS作図くん」の設定画面に登録しました。そして、そのIAMロールの信頼関係で、「AWS作図くん」のAWSアカウントIDの123456789012からのsts:AssumeRoleを許可しました。

ユーザーAはこの構成を外部のブログに公開したため、全世界の人々がIAMロールのARNを知り得ることになりました。悪意あるユーザーBがこれを知り、「AWS作図くん」の設定画面で、ユーザーAのIAMロールARNを登録してし

まいます。これで、ユーザー B は「AWS 作図くん」を操作して、ユーザー A のリソース情報を覗き見することができました。

この場合は、IAM ロールの ARN が漏れてしまったことが直接的な原因ではありますが、ARN を構成する識別子のアカウント ID や IAM ロール名は、シークレットな情報でもランダムな文字列でもありません。漏れていなかったとしても、想像できる可能性は残されます。

この「混乱した代理問題」を解決するのが**外部 ID** です。

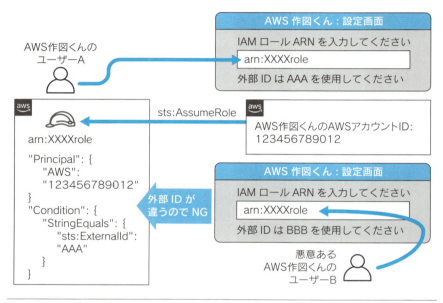

❏ 外部 ID を使用したサードパーティ製品の認証

「AWS 作図くん」は IAM ロールの ARN 登録ごとに一意の外部 ID を発行し、ユーザー側での変更は許可しません。外部 ID は IAM ロールの信頼ポリシーの Condition で sts:ExternalId として追加される条件となります。この状態であれば、悪意あるユーザー B がユーザー A の IAM ロールの ARN を登録しても、別の外部 ID が設定されて、IAM ロールは sts:AssumeRole を拒否します。

❏ 外部IDが必要な信頼関係の例

```
{
  "Version": "2012-10-17",
  "Statement": [
    {
      "Effect": "Allow",
      "Principal": {
        "AWS": "arn:aws:iam::123456789012:root"
      },
      "Action": "sts:AssumeRole",
      "Condition": {
        "StringEquals": {
          "sts:ExternalId": "AAA"
        }
      }
    }
  ]
}
```

AWS Directory Service

　サーバーの認証に、組織で管理している既存のActive Directoryを使用したい
ケースがあります。Active Directoryを使用する方法はいくつかありますので、
ケースに応じて使い分けてください。

○ AD Connector
○ Simple AD
○ AWS Directory Service for Microsoft Active Directory

AD Connector

　オンプレミスのデータセンターなどで稼働しているActive Directoryの認証
を、そのまま使うことができるサービスが**AD Connector**です。VPCのサブ
ネットに設置して、オンプレミスのActive Directoryに連携するので、ネットワ
ークが繋がっている必要があります。VPNやDirectConnectでVPCとオンプレ
ミスのネットワークを接続して使用します。

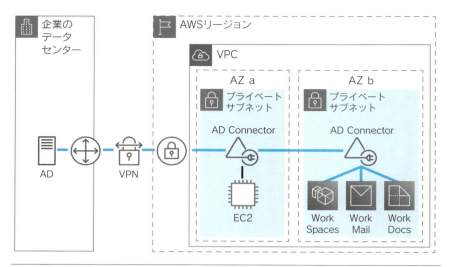

❏ AD Connector

　AD Connectorを使うことで、Amazon WorkSpaces、Amazon WorkDocs、Amazon WorkMail、Amazon QuickSightなどのAWSマネージドディレクトリと連携するサービスを、既存のActive Directoryのユーザー情報で利用できます。VPCで起動しているEC2インスタンスのドメイン参加を、起動時にシームレスに行うこともできます。

❏ EC2インスタンス起動時のシームレスなドメイン参加

　AWSへActive Directoryを移行する場合は、次に説明するSimple ADかAWS Managed Microsoft ADを選択できます。Simple ADとAWS Managed Microsoft ADは、ともにVPCで起動するマネージドなディレクトリサービスです。これらは規模と機能で使い分けます。

Simple AD

Simple ADの特徴は以下になります。

○ Samba 4 Active Directory Compatible Server
○ 最大5000ユーザー

5000ユーザーを超える場合はAWS Managed Microsoft ADを使用します。それ以外にもSimple ADでサポートされていない主な機能があり、次のような機能が必要な場合もAWS Managed Microsoft ADを使用します。

○ 他ドメインとの信頼関係
○ MFA（多要素認証）
○ Active Directory管理センター

AWS Managed Microsoft AD

AWS Managed Microsoft ADの代表的な特徴は以下のとおりです。

○ Windows Server 2012 R2によって動作
○ 5000を超えるユーザー
○ 他ドメインとの信頼関係
○ MFA（多要素認証）

SSO

IAMロールを使ったクロスアカウントアクセスを行う理由として、IAMユーザーなどのアイデンティティ（認証情報）の管理を一元化するという目的があります。もし、もともと組織が保持しているID基盤があるのであれば、それをそのまま使うほうが一元管理ができ、移行に必要な作業も最小限に抑えることができます。

このセクションでは、4つのSSO（Single Sign-On）のパターンについて解説します。

Active Directoryを使用したSSO

ADFS（Active Directory Federation Services）を使用して、AWSへのシングルサインオンを設定することができます。公式のユーザーガイドなどに処理内容の詳細解説がありますが、それよりも押さえておくべきは次の点です。

- SAML（Security Assertion Markup Language）2.0互換につきコーディングの必要なし
- ADセキュリティグループとIAMロールをマッピング

❖ SAML 2.0互換につきコーディングの必要なし

AWS側の設定は大きく以下の2点になります。

- IDプロバイダーの作成
- IAMロールの作成

AD側の設定は大きく以下の2点になります。

- ADFS管理ツールで証明書利用者の信頼と要求規則の作成
- ADセキュリティグループの作成

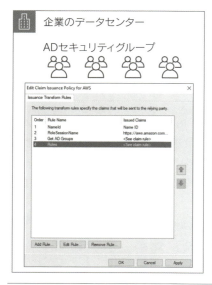

❏ ADFSとAWSのSSO設定内容

❏ ADFSからAWSへのSSO

両方ともGUIで設定することにより、SSOを実現できています。

ADセキュリティグループとIAMロールをマッピング

　ADFSのカスタムルールで下記のように記述することで、ADセキュリティグループの名前の一部をIAMロール名の一部にできます。サインインしたユーザーのグループ名を変換したIAMロールARNと、IDプロバイダーのARNをAWSに送ります。これにより、ADセキュリティグループとIAMロールのマッピングを行い、シングルサインオンしたユーザーに適切なIAMポリシーを適用できます。

❏ ADセキュリティグループ名の一部をIAMロール名の一部にする例

```
c:[Type == "http://temp/variable", Value =~ "(?i)^AWS-"] =>
issue(Type = "https://aws.amazon.com/SAML/Attributes/Role",
Value = RegExReplace(c.Value, "AWS-", "arn:aws:iam::123456789012:
saml-provider/addemo,arn:aws:iam::123456789012:role/ADFS-"));
```

❏ ADセキュリティグループとIAMロールをマッピング

SAMLサポートのIdPとのSSO構成

　ADFS同様に、SAML対応のIDプロバイダー（IdP、Identity Provider）をSAMLプロバイダーとして設定することで、シングルサインオンを実現できます。

❏ SAMLサポートのIdPとのSSO構成

AWS SSOでIDソースをAWS SSOとした構成

　AWS SSO（Single Sign-On）を有効化してセットアップすると、複数のアカウントにサインインするユーザーを一元管理できます。SSOユーザーに対して有効化したアカウントに、指定した権限のIAMポリシーがアタッチされたIAMロールとSAMLプロバイダーが作成されます。

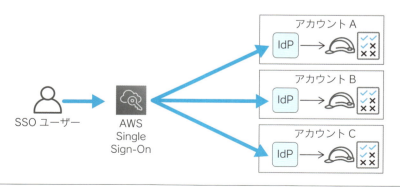

❏ AWS SSO

2-1 組織の認証とアクセス戦略

　ここまでの構成のために必要な手順（SAMLプロバイダーとIAMロールの設定など）が、AWS SSOによって自動化されます。ユーザーはAWS SSOにサインインすれば、許可されたアカウントに、許可された権限でアクセスできます。

　AWS SSOは、AWSアカウントだけではなく、Salesforce、Box、Office 365などのアプリケーションへのSSOもサポートしています。

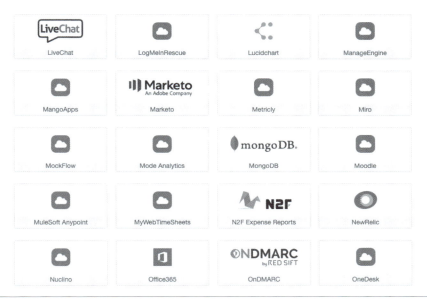

❏ AWS SSOアプリケーションカタログ

AWS SSOでIDソースをActive Directoryにする構成

　AWS SSOでは、IDソースの選択肢が3つあります。

○ AWS SSO IDストア
○ Active Directory
○ 外部IDプロバイダー（Azure AD、Okta、OneLoginなど）

　既存のオンプレミスのActive Directoryを使用したい場合は、AD Connectorを使用して移行しなくても、そのまま使用できます。他にAWS Managed Microsoft ADを指定することもできますが、現在、Simple ADはサポートされていません。

39

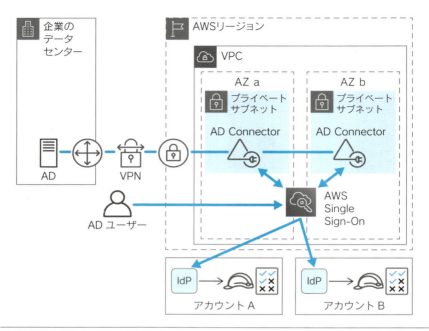

❏ AWS SSO Active Directory

組織の認証とアクセス戦略のポイント

- 複数アカウントではIAMロールによるクロスアカウントアクセスを使用することでIAMユーザーの一元管理ができる。
- SDKを使ったクロスアカウントアクセスにより複数アカウント運用の自動化ができる。
- オンプレミスからSTSによるリクエストでカスタムIDブローカーアプリケーションを開発できる。
- サードパーティ製品もクロスアカウントアクセスを利用するが、外部IDを発行することにより、混乱した代理問題を回避できる。
- AD Connectorを使用することでオンプレミスのActive Directoryの認証情報をAWSサービスに利用できる。
- Simple ADは最大5000ユーザーまで、かつ他ドメインとの信頼関係やMFAが必要ない場合に選択できる。
- AWS Managed Microsoft ADは5000を超えるユーザー、または他ドメインとの信頼関係やMFAが必要な場合に選択できる。
- オンプレミスActive DirectoryとのSSOでは、ADFSを使用して設定し、ADセキュリティグループとIAMロールをマッピングできる。
- SAML 2.0サポートのIDプロバイダーともSSO構成を設定できる。
- AWS SSOを使用して、複数のAWSアカウントやBox、Salesforceなど、様々なアプリケーションへのSSOを設定できる。
- AWS SSOのIDソースにActive Directoryや外部IDプロバイダーを設定できる。

2-2

組織のネットワーク設計

　この節では、VPCからAWSサービスAPIエンドポイントへの接続、複数のVPCの接続、オンプレミスとの接続、クライアントとの接続、大規模なネットワーク接続といった、ネットワーク設計について解説していきます。

VPCエンドポイント

AWSサービスのVPCエンドポイント

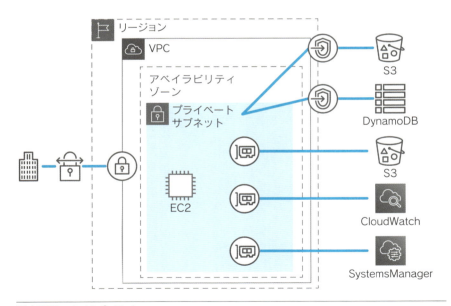

❏ VPCエンドポイント

　AWSサービスのAPIエンドポイントはパブリックなネットワークにあります。VPC内で起動しているEC2インスタンスからリクエストを実行するため

には以下のいずれかが必要です。

- インターネットゲートウェイがアタッチされたVPCのパブリックサブネット（インターネットゲートウェイにルートがある）でEC2を起動する。
- インターネットゲートウェイがアタッチされ、NATゲートウェイが起動しているVPCのプライベートサブネット（NATゲートウェイにルートがある）でEC2を起動する。
- VPCエンドポイントを設定する。

　VPCエンドポイントにはゲートウェイエンドポイントとインターフェイスエンドポイントがあります。名前のとおり、**ゲートウェイエンドポイント**はVPCのサービス専用のゲートウェイをアタッチします。ゲートウェイエンドポイントの対象サービスはS3とDynamoDBです。

　インターフェイスエンドポイントは、VPCのサブネットにENI（Elastic Network Interface）を作成します。ENIに割り当てられたプライベートIPアドレスを使用してサービスにアクセスします。ENIとサービスの間のプライベート接続を提供しているのが**AWS PrivateLink**という技術です。インターフェイスエンドポイントの対象サービスは数多くあり、S3にもインターフェイスエンドポイントがあります。

　それでは、S3のVPCエンドポイントを検討するときのコストと構成で比較を考えてみましょう。

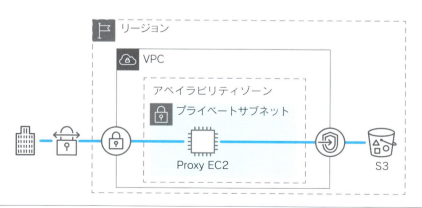

❏ S3ゲートウェイエンドポイント

　ゲートウェイエンドポイントは利用料金が発生しません。ゲートウェイなの

で、ルートテーブルにゲートウェイへのルートを設定する必要があります。ゲートウェイがアタッチされたVPCで起動しているEC2からのアクセスは可能ですが、オンプレミスや別リージョンからのゲートウェイエンドポイントへの直接的なアクセスはできません。

たとえば、オンプレミスからアクセスする場合は前ページの図にあるように、プロキシサーバーを経由してアクセスするようにします。プロキシサーバーの高可用性を考慮するとELB、EC2 Auto Scalingの使用も検討する必要があります。

インターフェイスエンドポイントは利用料金が発生します。インターフェイスエンドポイントは指定したサブネットにENIを作成します。インターフェイスエンドポイントが作成されるとDNS名が発行されます。このDNSをS3のサービスエンドポイントに指定して、アプリケーションなどからリクエストを実行します。

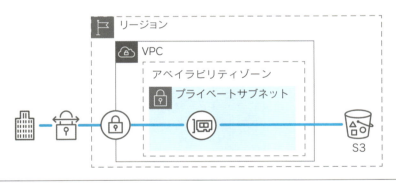

❏ S3インターフェイスエンドポイント

高可用性を考慮して、複数のアベイラビリティゾーン（AZ）のサブネットを指定します。オンプレミスからアクセスする際も、ゲートウェイエンドポイントのようにプロキシサーバーを介する必要はなくシンプルな構成になります。

エンドポイントと同一VPC内のEC2などからのアクセスであれば、コストが発生しない分、S3ゲートウェイエンドポイントにメリットがあります。一方、オンプレミスや他リージョンのVPCからのアクセスの場合は、S3インターフェイスエンドポイントのほうが構成がシンプルになるメリットがあります。

VPCエンドポイントにはエンドポイントポリシーがあり、エンドポイントを使用したリクエストのアクションやリソースを絞ることができます。エンドポ

イントポリシーはデフォルトではすべてのリソース、すべてのアクションを許可しています。

AWS PrivateLinkを使用したサードパーティ製品の提供

独自のソフトウェアサービスを**サードパーティ（第三者）サービス**と呼ぶことがあります。このサービスを構成しているNetwork Load Balancerを対象にエンドポイントサービスを作成できます。

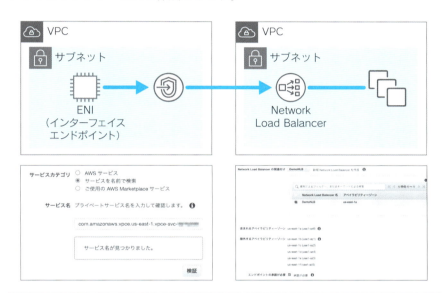

❏ サービスのPrivateLink

作成したエンドポイントサービスを使用するための、インターフェイスエンドポイントを作成することもできます。これによりプライベートネットワークからサードパーティサービスへのアクセスができます。

クライアントVPN

AWSクライアントVPNでは、クライアントからVPCへのアクセス、VPCを介したオンプレミスやインターネット、他のVPCへのOpenVPNベースのVPNクライアントを使用した安全なアクセスを可能にします。

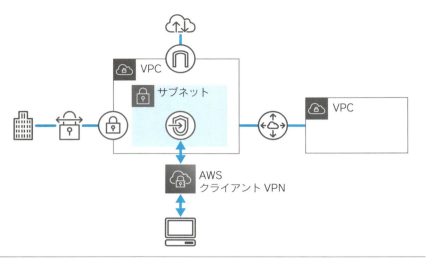

❏ AWSクライアントVPN

認証タイプ

AWSクライアントVPNでは、3つのタイプの認証が使用できます。

○ Active Directory認証（ユーザーベース）
○ シングルサインオン（SAMLベースのフェデレーション、ユーザーベース）
○ 相互認証（証明書ベース）

　Active Directory認証ではAWS Managed Microsoft ADまたはAD Connectorを使用します。SAMLベースのフェデレーションでは、IAM SAML IDプロバイダーを作成して、クライアントVPNエンドポイントの認証で指定します。相互認証では、AWS Certificate Managerにアップロードしたサーバー証明書とクライアント証明書を使用して認証します。

基本設定

　クライアントが使用するIPアドレス範囲をCIDRで指定します。関連付けるサブネットのVPCとは重複しないように決定します。
　AWSクライアントVPNにサブネットを関連付けます。関連付けたサブネットにはENIが作成され、ENIにはセキュリティグループがアタッチされます。

2-2　組織のネットワーク設計

❏ AWSクライアントVPNのサブネット

送信先をルートとして設定できます。

❏ AWSクライアントVPNのルート

送信先に対してのアクセス許可が設定できます。

❏ AWSクライアントVPNの認証

接続ログ

オプションでCloudWatch Logsに接続ログを記録することができます。

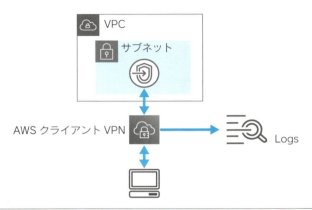

❏ AWSクライアントVPNの接続ログ

❏ 接続成功ログ

```
{
    "connection-log-type": "connection-attempt",
    "connection-attempt-status": "successful",
    "connection-attempt-failure-reason": "NA",
    "connection-id": "cvpn-connection-0858586fa04af3dc8",
    "client-vpn-endpoint-id": "cvpn-endpoint-0702364d39b4e5304",
    "transport-protocol": "udp",
    "connection-start-time": "2021-07-07 13:38:37",
    "connection-last-update-time": "2021-07-07 13:38:37",
    "client-ip": "192.168.0.130",
    "common-name": "client1.domain.tld",
    "device-type": "mac",
    "device-ip": "xxx.xxx.xxx.xxx",
    "port": "62349",
    "ingress-bytes": "0",
    "egress-bytes": "0",
    "ingress-packets": "0",
    "egress-packets": "0",
    "connection-end-time": "NA",
    "connection-duration-seconds": "0"
}
```

接続に失敗した場合はconnection-attempt-statusがfailedになり、connection-attempt-failure-reasonに理由が記録されます。切断の場合は、connection-log-typeにconnection-resetが記録され、ingress-bytes、egress-bytes、connection-duration-secondsなどの結果が記録されます。

接続ハンドラ

接続時にLambda関数で任意のプログラムを実行して、接続の許可/拒否判定ロジックを実装できます。

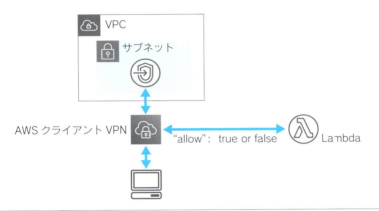

❏ AWSクライアントVPNのクライアント接続ハンドラ

AWS Site-to-Site VPN

VPCに仮想プライベートゲートウェイをアタッチして、データセンターなどのオンプレミスのルーターと、インターネットプロトコルセキュリティ（IPsec）VPN接続が可能です。

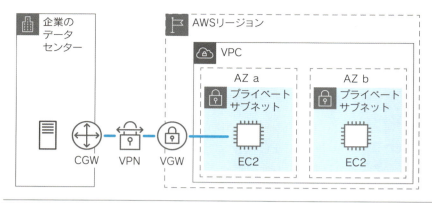

❏ VGWに接続したVPN

仮想プライベートゲートウェイ

仮想プライベートゲートウェイではASN（自律システム番号）を指定することもできます。指定しない場合はAmazonのデフォルトASN（64512）が使用されます。

❏ 仮想プライベートゲートウェイ

カスタマーゲートウェイ

カスタマーゲートウェイはオンプレミス側のルーターなどです。動的ルーティングでは、BGP（ボーダーゲートウェイプロトコル）ASNの指定が可能です。パブリックなASNがない場合は、プライベートASN（64512～65534）を指定できます。

2-2 組織のネットワーク設計

カスタマーゲートウェイの作成

ゲートウェイの外部インターフェイスのインターネットでルーティング可能な IP アドレスを指定します。このアドレスは静的である必要があります。また、ネットワークアドレス変換 (NAT) を実行するデバイスの背後のアドレスを使用できます。動的なルーティングでは、ゲートウェイのボーダーゲートウェイプロトコル (BGP) 自律システム番号 (ASN) も指定します。これはパブリックまたはプライベート ASN (64512～65534 の範囲内のものなど) とすることができます。

名前		ⓘ
ルーティング	⦿ 動的 ○ 静的	
BGP ASN*	65000　ⓘ	
IP アドレス	e.g. 1.1.1.1	ⓘ
Certificate ARN	Select Certificate ARN　▾	C ⓘ
Device	Optional	ⓘ

* 必須   キャンセル　**カスタマーゲートウェイの作成**

❑ カスタマーゲートウェイ

　証明書ベースではなく、事前共有キーで認証する場合は、インターネットから接続可能なIPアドレスが必要です。証明書ベースの認証を使用する場合は、AWS Certificate Managerにプライベート証明書をインポートして指定することも可能です。

静的ルーティングと動的ルーティング

　カスタマーゲートウェイデバイスがBGPをサポートしている場合は動的ルーティングを選択し設定します。一方、BGPをサポートしていない場合は静的ルーティングを選択し設定します。

AWS Site-to-Site VPN

　仮想プライベートゲートウェイとカスタマーゲートウェイのVPN接続を作成できます。次の機能がサポートされています。

○ **Internet Key Exchangeバージョン2（IKEv2）**：暗号化のための共通鍵を交換する仕組みです。2019年2月からIKEv2をサポートしています。

○ **NATトラバーサル（NAT-T）**：オンプレミス側でNATルーターを介したVPN接続が可能です。オンプレミス側でVPN機器を保護できます。

51

○ **デッドピア検出（DPD）**：接続先のデバイスが有効かどうかを確認します。トンネルオプションで、デッドピアタイムアウトが発生したときに接続をクリアするか、再起動するか、何もしないかのアクションの選択ができます。デフォルトはクリアです。

そして、次の制限があることに注意してください。

○ **IPv6トラフィックは、仮想プライベートゲートウェイのVPN接続ではサポートされません。**仮想プライベートゲートウェイはIPv4トラフィックのみをサポートしています。IPv6トラフィックが必要な場合は、AWS Transit Gatewayを使用してください。

○ **AWS VPN接続は、パスMTU検出をサポートしていません。**MTUはネットワーク接続の最大送信単位で、接続を介して渡すことができる最大許容パケットサイズ（バイト単位）です。2つのホスト間のパスMTUを検出する機能がパスMTU検出ですが、AWS VPN接続ではサポートされていません。

VPN接続を作成すると、仮想プライベートゲートウェイは2つのアベイラビリティゾーン（AZ）にそれぞれトンネルを作成します。トンネルにはそれぞれパブリックIPアドレスを使用します。カスタマーゲートウェイで2つのトンネルを設定することで冗長性が確保され、どちらかのトンネルが使用できなくなったときには、もう一方へ自動ルーティングされます。

	Name	▼	VPN ID	▲	状態	▼	仮想プライベートゲートウェイ	Transit G
■	DemoVPN		vpn-07539e1809cdd8af7		使用可能		vgw-0e732ad795828a0a6	ADT...	-

VPN 接続: vpn-07539e1809cdd8af7

詳細 ｜ **トンネル詳細** ｜ タグ

トンネルの状態

トンネル番号	外部IPアドレス	内部IPv4 CIDR	内部IPv6 CIDR
Tunnel 1	13.113.218.252	169.254.142.252/30	-
Tunnel 2	54.248.64.231	169.254.38.168/30	-

❏ VPNトンネル

トンネルエンドポイントの置換が発生する場合は、AWS Personal Health Dashboardに通知が送信されます。障害だけではなく、AWSによるメンテナン

スでトンネルが停止する場合もあります。

認証に使用される事前共有キー（Pre-Shared Key）は自動生成されますが、特定の文字列を指定することも可能です。利用開始後に事前共有キーが漏れた場合は、後からトンネルオプションの変更で再設定できます。

IKEネゴシエーションの開始はトンネルオプションで決定できます。デフォルトではカスタマーゲートウェイから開始されますが、AWSから開始するように設定することも可能です。AWSから開始する場合はカスタマーゲートウェイにIPアドレスが必要で、IKEv2のみでサポートされています。数分間の接続停止は発生しますが、作成済みのVPN接続のトンネルオプションも変更できます。

❖ 複数のSite-to-Site VPN接続

1つの仮想プライベートゲートウェイから、複数のカスタマーゲートウェイにVPN接続を作成できます。この設計はVPN CloudHubと呼ばれ、VPCを複数のオンプレミスネットワークのハブとして利用しています。各カスタマーゲートウェイには、個別のASNを使用する必要があります。

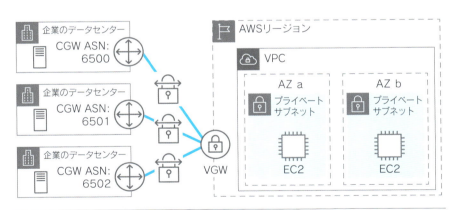

❏ 複数のSite-to-Site VPN接続

❖ 冗長なSite-to-Site VPN接続

カスタマーゲートウェイデバイスが何らかの障害などで使用できなくなってもVPN接続が失われないように、カスタマーゲートウェイデバイスとVPN接続を追加して冗長化ができます。

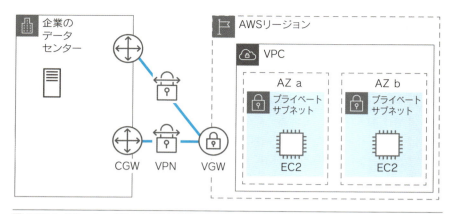

❏ 冗長なSite-to-Site VPN接続

❖ ソフトウェアVPN

　EC2インスタンスにソフトウェアVPNをセットアップして、インターネットゲートウェイ経由でVPN接続を実行することもできます。

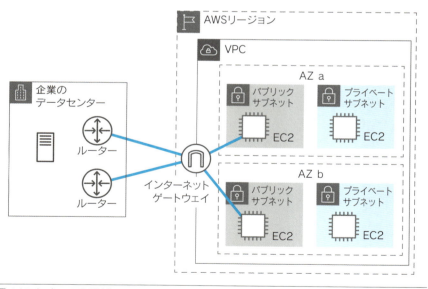

❏ ソフトウェアVPN

　次のような要件のときに使用します。

- コンプライアンス要件により、接続両端を完全にコントロールする必要がある場合。
- IPsec以外のVPNプロトコルが必要な場合。

EC2インスタンスやAZの障害時には、対応する必要があります。ソフトウェアはAWS MarketPlaceからパートナー提供のAMIを使用することもできます。

AWS Direct Connect

　AWS Direct Connect（DX）は、ユーザーまたはパートナーのルーター（Customer Router）からDirect Connectのルーター（DX Router）に、標準のイーサネット光ファイバケーブルを介して接続するサービスです。この接続を使用して、VPCやAWSパブリックサービスへの仮想インターフェイスを作成します。インターネットサービスプロバイダを利用する必要はなく、オンプレミス拠点間の専用線の代替として、AWSへの接続に使用できるサービスです。

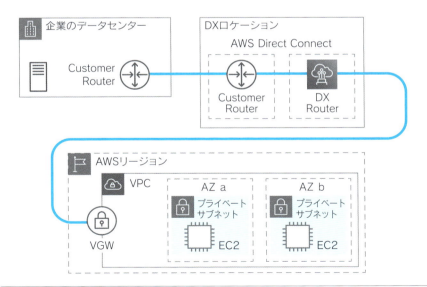

❏ AWS Direct Connect

　主要なコンポーネントに、接続と仮想インターフェイス（VIF）があります。

接続

専用接続とホスト接続があります。

❖ 専用接続

単一のアカウントに関連付けられた物理イーサーネット接続。ロケーション、ポートスピード（1Gbps、10Gbps、100Gbps）を指定して接続リクエストを作成します。72時間以内にAWSからLetter of Authorization and Connecting Facility Assignment（設備の接続割り当て書ならびに承認書＝LOA-CFA）がダウンロード可能になります。DXロケーション事業者へのクロスコネクトのリクエストにLOA-CFAが必要です。

❖ ホスト接続

AWS Direct Connectパートナーが運用している物理イーサーネット接続です。アカウントユーザーはパートナーにホスト接続をリクエストします。ロケーション、ポートスピード（50Mbps、100Mbps、200Mbps、300Mbps、400Mbps、500Mbps）を指定して接続リクエストを作成します。パートナーが接続設定したら、コンソールのConnectionsに接続が表示されるので、ホスト接続の承諾をして受け入れます。

VPNバックアップのDirect Connect

Direct Connectの接続などの障害時に、低い帯域幅になったとしてもコストを優先したい場合は、VPNバックアップを使用した構成が検討できます。VPNトンネルでは最大1.25Gbpsがサポートされるので、Direct Connectで1Gbpsを超える速度で使用するアーキテクチャでは推奨されていません。Direct ConnectもVPNも同じ仮想プライベートゲートウェイを使用します。Direct Connectのサービス自体の障害対策としても有効です。

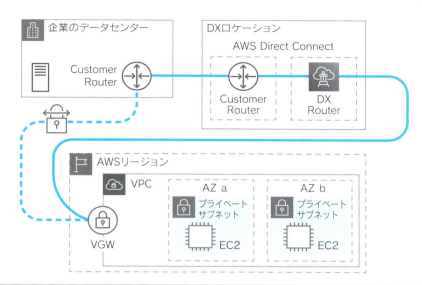

❏ VPNバックアップを使用したDirect Connect

回復性レベル

　Direct Connectのみで冗長化を実現する場合、接続作成時に接続ウィザードを使用して、SLAのレベルに合わせて回復力を備えた設計を選択できます。

❏ 回復性レベルの選択

❖ 最大回復性

　デバイスの障害、接続の障害、ロケーションの障害があっても回復できる構成です。ロケーションの障害があっても、その後、片方のロケーションでデバイスの冗長化が継続できます。重大でクリティカルなワークロードに向いています。

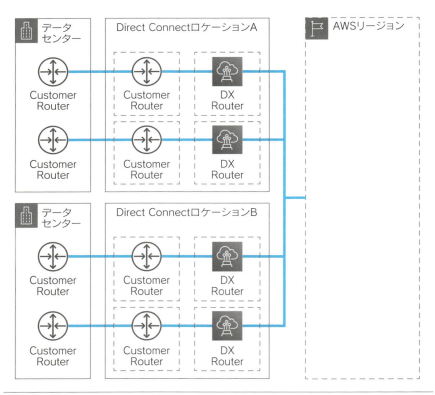

❏ 最大回復性の接続

❖ 高い回復性

　これもデバイスの障害、接続の障害、ロケーションの障害があっても回復できる構成です。ロケーションの障害が発生した際には冗長化は失われます。クリティカルなワークロードに向いています。

2-2 組織のネットワーク設計

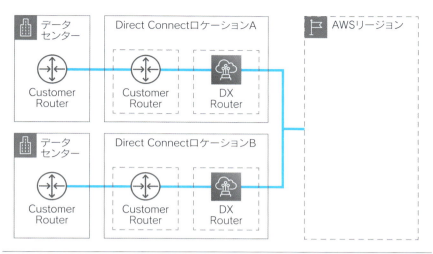

❏ 高い回復性の接続

❖ 開発とテスト

デバイスの障害、接続の障害があっても回復できますが、ロケーションの障害には対応していない構成です。開発およびテスト環境向けの回復性レベルモデルです。

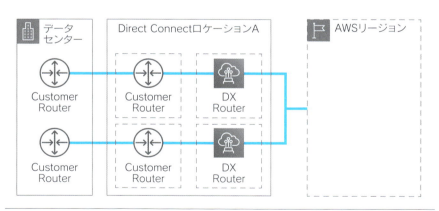

❏ 開発とテスト向けの接続

❖ クラシック

接続ウィザードではなく、クラシックを選択することで、1つずつの接続を作成することも可能です。

59

❖ AWS Direct Connectフェイルオーバーテスト

AWS Direct Connectのフェイルオーバーテスト機能を実行することで、回復性の要件が満たされていることを確認できます。

仮想インターフェイス

AWS Direct Connect接続を使用するには、仮想インターフェイス（VIF）の作成が必要です。

仮想インターフェイスには次の3種類があります。

- ○ プライベート仮想インターフェイス
- ○ パブリック仮想インターフェイス
- ○ トランジット仮想インターフェイス

仮想インターフェイスのタイプ

タイプ

◉ **プライベート**
プライベート IP アドレスを使用して、Amazon VPC にアクセスするには、プライベート仮想インターフェイスを使用する必要があります。

○ **パブリック**
パブリック仮想インターフェイスは、パブリック IP アドレスを使ってすべての AWS パブリックサービスにアクセスできます。

○ **トランジット**
トランジット仮想インターフェイスは、Direct Connect ゲートウェイから 1 つ、または複数のトランジットゲートウェイにトラフィックを転送する VLAN です。

❑ 仮想インターフェイスのタイプ

VIFを作成してVLANを生成します。接続を作成したアカウントを、他のアカウントの仮想インターフェイスで利用するためには、ホスト型仮想インターフェイスを作成します。

2-2 組織のネットワーク設計

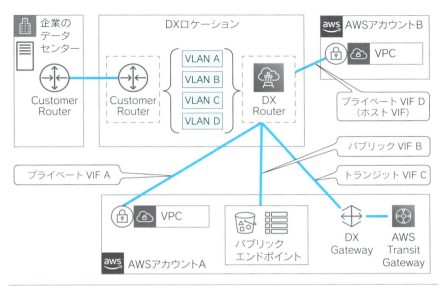

❏ VIFの種類

❖ **プライベート仮想インターフェイス**

VPCにアタッチされた仮想プライベートゲートウェイ、またはDirect Connect Gatewayに接続する仮想インターフェイスです。プライベートIPアドレスを使って接続します。プライベート仮想インターフェイスは、Direct Connectと同じリージョンの仮想プライベートゲートウェイに接続できます。異なるリージョンの仮想プライベートゲートウェイに接続する場合は、Direct Connect Gatewayに接続します。

○ **Direct Connect Gatewayを使用して複数リージョンの仮想プライベートゲートウェイに接続する**：Direct Connect Gatewayにプライベート仮想インターフェイスを接続して、複数リージョンのVPCにアタッチされた仮想プライベートゲートウェイを関連付けることができます。Direct Connect Gateway当たりの仮想プライベートゲートウェイの数は10に制限されています。さらに多くの仮想プライベートゲートウェイを関連付ける要件がある場合は、トランジット仮想インターフェイスを使用します。

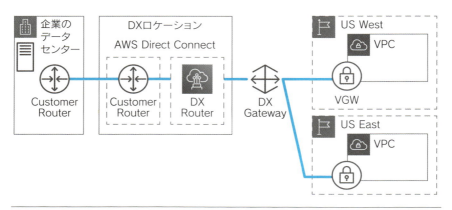

❏ Direct Connect Gateway

○ **オンプレミスからEFSファイルシステムを使用する**：Direct Connectプライベート仮想インターフェイスまたはVPN接続を介して、VPCサブネットに設置されたEFSマウントターゲットをオンプレミスのLinuxからマウントできます。これにより、オンプレミスのデータをAWSに保存して、AWSクラウド側の大量のコンピューティングリソースを使用した効率的な分析処理への拡張が可能になります。

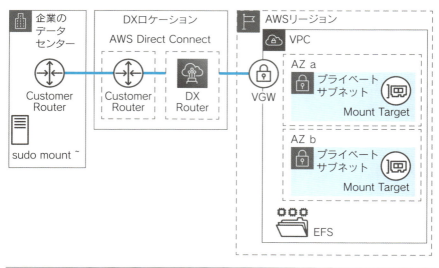

❏ Direct Connectを介してオンプレミスのLinuxからEFSをマウントする

❏ マウントコマンドの例（10.0.13.55はマウントターゲットのプライベートIP
アドレス）

```
sudo mount -t nfs4 -o nfsvers=4.1,rsize=1048576,wsize=1048576,hard,
➥timeo=600,retrans=2,noresvport 10.0.13.55:/ /var/efs
```

　データ転送の暗号化が必要な場合は、Amazon EFSマウントヘルパー
（amazon-efs-utils）をインストールして、ファイルシステムID.efs.region.
amazonaws.comを、マウントターゲットのプライベートIPアドレスで名前解
決する必要があります。-o tlsオプションを指定し、ファイルシステムIDを指
定してマウントコマンドを実行します。

❏ ファイルシステムIDを指定してマウントコマンドを実行する

```
sudo mount -t efs -o tls fs-12345678 ~/efs
```

❖ パブリック仮想インターフェイス

　パブリック仮想インターフェイスを使用すれば、パブリックなAWSのサー
ビス（S3、DynamoDBなど）にアクセスできます。

❖ トランジット仮想インターフェイス

　Direct Connect Gatewayに関連付けられたTransit Gatewayにアクセスでき
ます。1Gbps、2Gbps、5Gbps、10Gbpsの接続で使用できます。

LAG

　LAG（Link Aggregation Group）は複数の専用接続を集約して、1つの接続と
して扱えるようにする論理インターフェイスです。対象の接続は、100Gbps、
10Gbps、1Gbpsのみで、集約する接続は同じ速度で、同じDirect Connectエンド
ポイントを利用する必要があります。

　次の図では、2つずつの接続で2つのLAGを設定して、冗長化しています。
100Gbps未満なら最大4つの接続が使用でき、100Gbpsは最大2つです。

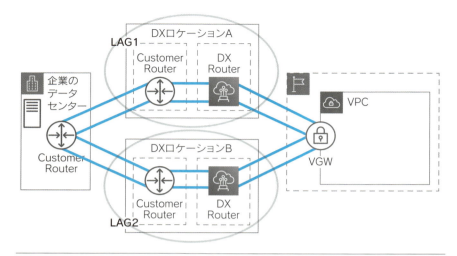

❏ LAG

Direct Connectの料金

Direct Connectの料金にはポート時間とデータ転送の2つがあります。

- **ポート時間**：容量（1Gbps、10Gbps、100Gbps、1Gbps未満）と、接続タイプ（専用接続、ホスト型接続）によって時間料金が決まります。ポート時間料金は、接続が作成されてから90日後か、Direct Connectエンドポイントとカスタマールーターの接続が確立されたときの早いほうから課金が開始されます。
- **データ転送**：プライベートVIFの場合は、データ転送を行うAWSアカウントに課金されます。パブリックVIFの場合は、リソース所有者に対して計算されます。

VPCピア接続

　VPCピア接続を使用することで、VPCが他のVPCとの接続をプライベートネットワークで行えます。

　次の図の例でリクエスタVPCがVPC Aで、アクセプタVPCがVPC Bの場合、VPC AがVPC Bを指定してピア接続を作成し、VPC Bが承諾してはじめてピア接続が有効になります。異なるアカウント、異なるリージョンでもピア接続を作成できます。

2-2 組織のネットワーク設計

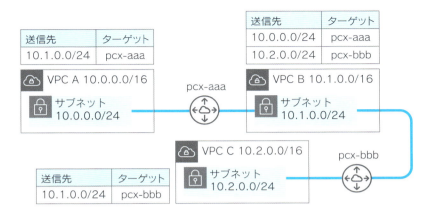

❏ VPCピア接続

　ピア接続作成後、サブネットに関連付いているルートテーブルにピア接続をターゲットとする送信先ルートを作成する必要があります。推移的なピア関係はサポートしていません。上図ではVPC AからVPC Cへ直接アクセスはできません。

　VPCを複数アカウントで共有したいだけの場合は、Resource Access Managerでサブネットを他アカウントと共有して、共有VPCとして使用することも可能です。

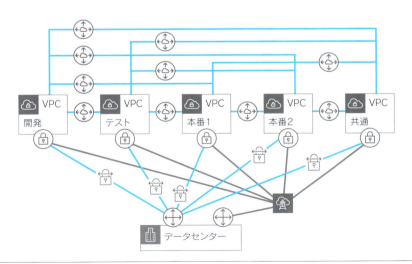

❏ 複雑なネットワーク構成

65

多くのVPCを相互接続し、オンプレミスとのハイブリッド構成が必要な場合、ネットワーク構成に接続数が増え、そのためのリソースも増えます。また、管理対象、モニタリング対象も増えます。このインフラストラクチャが拡張されるにつれ、さらに対象リソースは増幅していくことになります。

AWS Transit Gateway

以前はトランジットVPCソリューションというEC2上のCisco CSRなどを使用した実装で、ハブアンドスポークネットワークを作成して、接続設定を簡素化していました。現在は、**AWS Transit Gateway**があります。

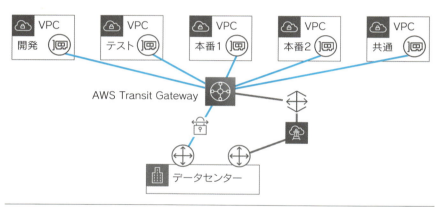

❏ AWS Transit Gateway

　AWS Transit Gatewayは、最大5000のVPCやオンプレミス環境の接続を簡素化します。VPCのサブネットにはアタッチメントとしてENIを作成し、Direct Connect Gatewayとも関連付けることができます。仮想プライベートゲートウェイの代わりにTransit Gatewayとカスタマーゲートウェイ間でVPN接続が作成できます。それぞれのアタッチメントにルートテーブルが関連付きます。

VPCアタッチメント

　VPCのサブネットを選択してアタッチメントを作成し、複数のAZ（アベイラビリティゾーン）を選択することで高可用性を実現できます。

2-2 組織のネットワーク設計

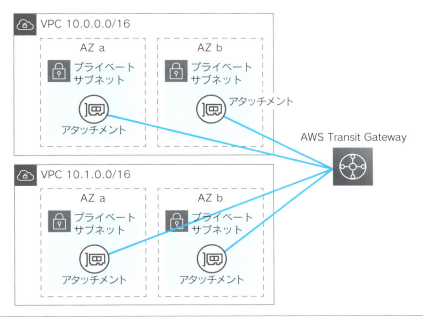

❏ Transit Gateway VPCアタッチメント

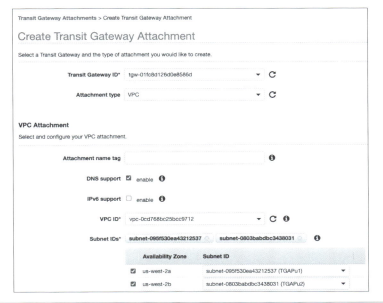

❏ Transit Gateway VPCアタッチメント設定

VPCアタッチメントにTransit Gatewayルートテーブルを関連付けてルートを設定します。

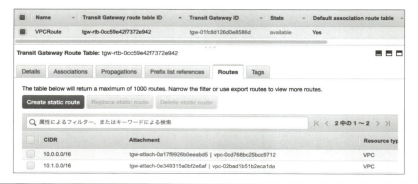

❏ Transit GatewayルートテーブルVPCアタッチメント

VPN接続

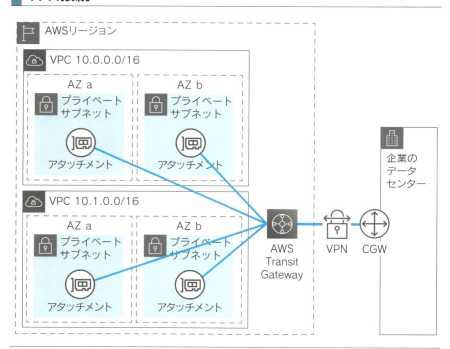

❏ Transit Gateway VPNアタッチメント

2-2 組織のネットワーク設計

　VPCの仮想プライベートゲートウェイではなく、Transit Gatewayに対して、オンプレミスのルーターなどのカスタマーゲートウェイとVPN接続ができます。サイト間VPN接続で、仮想プライベートゲートウェイの代わりにTransit Gatewayを選択しても作成可能です。また、Transit Gatewayからの接続作成で、アタッチメントタイプをVPNとして作成することもできます。

　VPN接続に対してのルートをTransit Gatewayで制御できます。複数のVPN接続を作成して、Equal Cost Multipath（ECMP）を接続間で有効にできます。また、ネットワークトラフィックが複数パスに負荷分散されて、帯域幅を広げることもできます。

❏ Transit GatewayルートテーブルVPN接続

Direct Connectトランジット仮想インターフェイス

　AWS Direct Connectのトランジット仮想インターフェイスでは、Direct Connect GatewayにTransit Gatewayをアタッチできます。複数のVPCやVPN接続に対して、1つのDirect Connect仮想インターフェイスで管理が可能です。

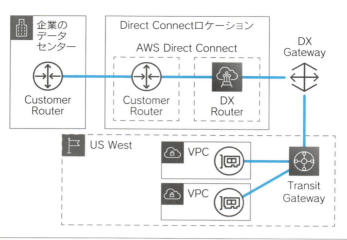

❏ Direct Connectトランジット仮想インターフェイス

Direct Connect GatewayにTransit Gatewayを関連付けて使用します。

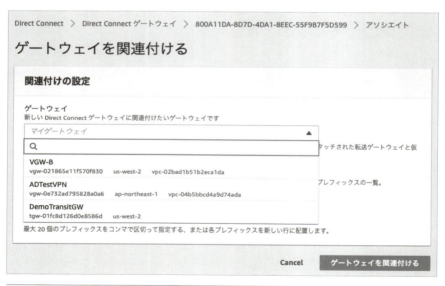

❏ Direct Connect GatewayへのTransit Gatewayの関連付け

Transit Gatewayピアリング接続

Transit Gatewayのピアリング接続(ピア接続)を使用すると、異なるリージョンでTransit Gatewayを介した接続ができます。VPCピアリング同様に、リクエスタとアクセプタとなるTransit Gatewayがあります。

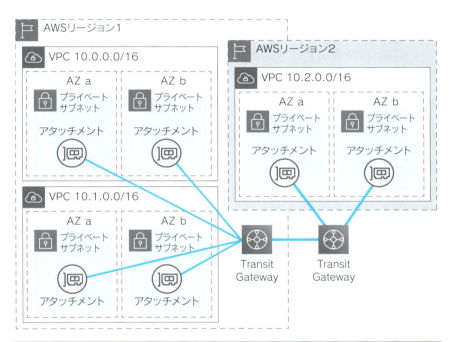

❏ Transit Gatewayピアリング接続

リクエスタがピアリング接続を作成し、アクセプタ側でアクセプトします。

❏ Transit Gatewayピアリング接続のアクセプト

Transit Gatewayルートテーブルでピアリング接続にルートが設定できます。

❏ Transit Gatewayピアリング接続ルート

　Transit Gatewayを他アカウントと共有したい場合は、Resource Access Managerで指定したアカウントと共有利用することが可能です。

Transit Gateway Network Manager

　Transit Gateway Network ManagerにTransit Gatewayを登録すると、ネットワークの視覚化、モニタリングができます。

　次の図はTransit Gatewayピアリング接続をオレゴンリージョンと東京リージョンで構築した場合の地域表示です。ピアリング接続が視覚化されています。

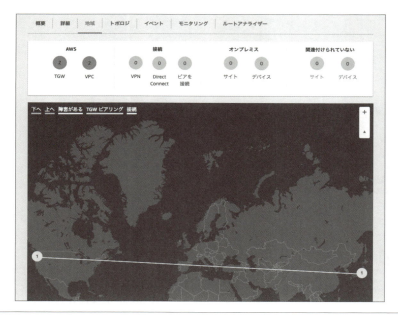

❏ Network Manager地域

Transit Gatewayを介した接続のルート分析には、Network Managerのルートアナライザーを使用します。これで、期待どおりのルートになっているかを検証できます。

❏ Network Manager ルートアナライザー

Global Accelerator連携のVPN高速化

Transit GatewayでVPN接続を作成する際に、Enable Accelerationを有効にすると、Acceleratedサイト間VPNを使用できます。Acceleratedサイト間VPNは、VPN接続の外部IDにエッジロケーションGlobal Acceleratorを使用することにより、VPN接続のパフォーマンスと、ネットワークの安定性を向上させることができます。

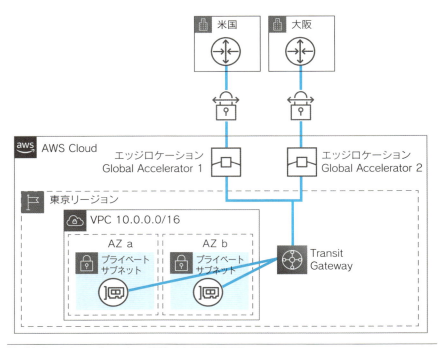

❏ Global Accelerator連携のVPN高速化

Route 53プライベートホストゾーンと Route 53 Resolver

　Amazon Route 53はDNSサービスです。世界各地のエッジロケーションを使用して展開され、高可用性、高パフォーマンスの実現に役立ちます。このサービスで、パブリックなホストゾーンでレコードセットを作成できます。

Route 53プライベートホストゾーン

　Route 53はVPCのDNSとしてプライベートホストゾーンを設定できます。
　プライベートホストゾーンを作成して、VPCを指定するだけです。プライベートホストゾーンで設定した各レコードに基づいてDNSクエリー、ルーティングが実現できます。

2-2 組織のネットワーク設計

ホストゾーンの作成 情報

ホストゾーン設定
ホストゾーンは、example.com などのドメインおよびそのサブドメインのトラフィックのルーティング方法に関する情報を保持するコンテナです。

ドメイン名 情報
これは、トラフィックをルーティングするドメインの名前です。

private.yamamugi.com

有効な文字 :a〜z、0〜9、! " # $ % & ' ( ) * + 、- / : ; < = > ? @ [\ ] ^ _ ` { | } . ~

説明 - オプション 情報
この値で、同じ名前のホストゾーンを区別できます。

ホストゾーンは次の目的で使用されます。

説明は最大 256 文字です。0/256

タイプ 情報
このタイプは、インターネットまたは Amazon VPC でトラフィックをルーティングするかどうかを示します。

○ **パブリックホストゾーン**
パブリックホストゾーンは、インターネットのトラフィックのルーティング方法を決定します。

● **プライベートホストゾーン**
プライベートホストゾーンは、Amazon VPC 内でのトラフィックのルーティング方法を決定します。

ホストゾーンに関連付ける VPC 情報
このホストゾーンを使用して 1 つ以上の VPC の DNS クエリを解決するには、当該の VPC を選択します。別の AWS アカウントで作成された VPC をホストゾーンに関連付けるには、AWS CLI などのプログラム的な方法を用いる必要があります。

ⓘ プライベートホストゾーンに関連付ける各 VPC に対して、Amazon VPC 設定 enableDnsHostnames および ✕ enableDnsSupport ☑ を true に設定する必要があります。

リージョン 情報

米国東部 (バージニア北部) [us-east... ▼

VPC ID 情報

🔍 vpc-06477dcf48adf17b3 ✕   VPC を削除

VPC を追加

❏ Route 53 プライベートホストゾーン

Route 53 Resolver

Route 53 Resolver では、インバウンドエンドポイント、アウトバウンドエンドポイント、アウトバウンドルールを設定して、オンプレミスとのハイブリッドな双方向のDNSアクセスを実現できます。

インバウンドエンドポイントでは、他のネットワーク、たとえばオンプレミスからRoute 53 プライベートホストゾーンに対してのDNSクエリーを使用できます。アウトバウンドエンドポイントでは、VPCから他のネットワーク、たとえばオンプレミスDNSに対してのDNSクエリーを使用できます。オンプレミスとVPN接続、またはDirect ConnectでVPCに接続して使用します。

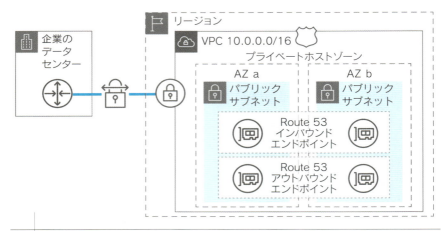

❏ Route 53 Resolver

組織のネットワーク設計のポイント

- VPCエンドポイントを使用することで、プライベートネットワーク接続でAWSサービスにアクセスできる。
- S3インターフェイスエンドポイントでは、プロキシサーバーの必要なくオンプレミスからS3を使用できる。
- Network Load BalancerでAWS Private Linkを使用し、サードパーティ製品をプライベートネットワークでアクセスできる。
- AWSクライアントVPNを使用することで、オンプレミスクライアントからVPCにVPN接続できる。
- AWSクライアントVPNの接続ログや接続ハンドラ設定が可能。ハンドラによりLambda関数で任意の接続許可/拒否ロジックを実装できる。
- AWS Site-to-Site VPNでは、IKEv2、NAT-T、デッドピア検出がサポートされている。
- 複数の拠点へのSite-to-Site VPN接続、冗長なSite-to-Site VPN接続が実現できる。
- コンプライアンス要件やIPsec以外のVPNプロトコルが必要な場合、ソフトウェアVPNも検討できるが、これはアンマネージドである。
- AWS Direct Connectには専用接続とホスト接続がある。

● AWS Direct Connectの回復性レベルでは「最大回復性」「高い回復性」「開発と
テスト」の3段階のウィザードが用意されている。

● 仮想インターフェイスには、プライベート仮想インターフェイス、パブリック仮
想インターフェイス、トランジット仮想インターフェイスがある。

● 接続を作成したAWSアカウントと違うAWSアカウントで仮想インターフェイ
スを使用するために、ホスト型仮想インターフェイスがある。

● オンプレミスからEFSを使用することにより、オンプレミスのデータをAWSク
ラウド上で利用できる。これで、クラウド側の大量のコンピューティングリソー
スを使用した分析などが行いやすくなる。

● LAGを使用することで複数の専用接続を集約できる。

● Transit Gatewayを使用することで、大規模ネットワークによる複雑性（VPCピ
ア接続、VPN接続、Direct Connect）を簡素化できる。

● Direct Connect GatewayとTransit Gatewayでトランジット仮想インターフェ
イスが実現できる。

● Transit Gatewayピア接続で複数リージョンを含んだネットワーク構成ができ
る。

● Resource Access Managerで、他アカウントにサブネットを共有した共有VPC
や、Transit Gatewayの共有が可能。

● Transit Gateway Network Managerでネットワークの視覚化、モニタリング、ル
ート分析ができる。

● Transit Gatewayでは、Acceleratedサイト間VPNを使用でき、パフォーマンス、
安定性を向上できる。

● Route 53プライベートホストゾーンでVPCのDNSとして使用できる。

● Route 53 Resolverでオンプレミスとのハイブリッドな双方向のDNSアクセス
を実現できる。

2-3 マルチアカウント環境

AWS Organizations

AWS Organizationsを利用していない複数のアカウント環境では、以下の重複作業が発生します。

- アカウント作成時にクレジットカード、電話番号などの登録
- 各アカウントのIAMロールのポリシー設定
- 請求管理
- AWS管理サービスはアカウントごとの設定

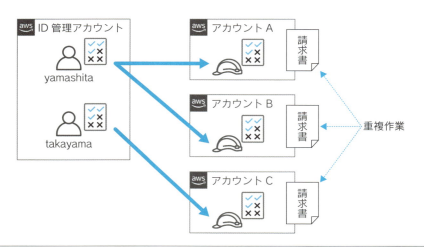

❏ AWS Organizationsを利用していないマルチアカウント

AWS Organizationsを利用した場合は、主に以下の機能が使用できます。

- Organizations APIによるアカウント作成の自動化
- SCP（サービスコントロールポリシー）による組織単位（OU）のポリシー設定

- 一括請求管理
- 各AWSサービスとのサービス統合

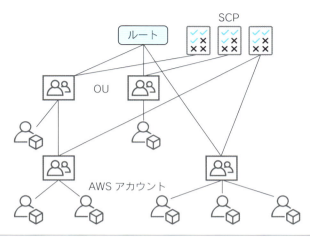

❏ AWS Organizations

詳しく見ていきましょう。

アカウント作成の自動化

通常、AWSアカウントの作成時には、メールアドレス、パスワード、住所、電話番号、クレジットカードが必要になります。また、SMSか通話での本人確認も必要です。Organizationsでは、既存アカウントを組織のメンバーアカウントとして招待もできますが、新規メンバーアカウントもマネジメントコンソール、CLI、SDKから追加できます。

さらに、必要に応じてアカウントの作成を自動化できます。

❏ boto3（Python SDK）の例

```
boto3.client('organizations').create_account(
  Email='accounta@example.com',
  AccountName='accounta,
  RoleName='OrganizationAccountAccessRole'
)
```

SCP

　SCP（サービスコントロールポリシー）は、Organizations組織でOU（組織単位）やアカウントに設定するポリシーです。予防的ガードレールとして、OUに所属するアカウント、またはアカウントでの権限を制限できます。

　SCPはOUの階層において下のレベルへ継承されます。

- 上のレベルで許可されていないものは、下のレベルで許可されることはない。
- 上のレベルで許可されているものを、下のレベルで絞り込むフィルタリングのみが可能。

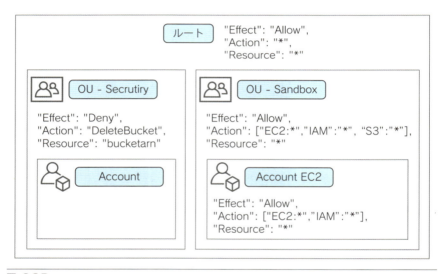

❏ SCP

　上図の例では、ルートにアタッチされたSCPでフルアクセスを許可しています。SCPを有効にしたときに、AWS管理ポリシーのFullAWSAccessがアタッチされます。OU Securityでは拒否リスト戦略、OU Sandboxでは許可リスト戦略で設定しています。

❖ SCPの許可リスト戦略

　上位レベルで許可されているものを下位レベルで絞り込むようにフィルタリングします。例では、ルートですべてが許可されています。そして、OU

Sandboxでは EC2、IAM、S3 が許可されており、Account EC2 では EC2 と IAM が許可されています。このとき、Account EC2 で許可されるアクションは EC2 と IAM のアクションです。仮に Account EC2 で RDS が許可されても、OU Sandbox で許可されていないので、RDS のアクションは許可されません。

許可ポリシーは IAM ポリシー同様に Effect:Allow として指定します。SCP の許可ポリシーでは、Condition、NotAction の利用、Resource の指定ができません。

❖ SCPの拒否リスト戦略

上位レベルで許可されたアクションをそのまま継承して OU Security にもアタッチし、追加で、明示的に拒否するアクションを指定します。Condition、NotAction の利用、Resource の指定ができます。以下は典型的な例です。

❏ 特定のリージョンでのアクションを拒否する SCP

```
{
  "Version": "2012-10-17",
  "Statement": [
    {
      "Effect": "Deny",
      "NotAction": [
        "~例外とするアクション~"
      ],
      "Resource": "*",
      "Condition": {
        "StringNotEquals": {
          "aws:RequestedRegion": [
            "~例外とするリージョン~"
          ]
        },
        "ArnNotLike": {
          "aws:PrincipalARN": [
            "arn:aws:iam::*:role/~例外とするIAMロール~"
          ]
        }
      }
    }
  ]
}
```

例外とするリージョンにアクションを許可するリージョンを指定します。StringNotEqualsですので指定したリージョン以外ではアクションは拒否されます。ただし、サービスにはSTSやShield、IAMのようにグローバルサービスもあるので、us-east-1リージョンで許可される必要があります。そのようなサービスは、NotActionで例外アクションとして指定します。メンテナンスのために例外とするIAMロールもArnNotLikeで指定します。

❏ 特定のロールの変更ができないようにするSCP

```
{
  "Version": "2012-10-17",
  "Statement": [
    {
      "Effect": "Deny",
      "Action": [
        "iam:AttachRolePolicy",
        "iam:DeleteRole",
        "iam:DeleteRolePermissionsBoundary",
        "iam:DeleteRolePolicy",
        "iam:DetachRolePolicy",
        "iam:PutRolePermissionsBoundary",
        "iam:PutRolePolicy",
        "iam:UpdateAssumeRolePolicy",
        "iam:UpdateRole",
        "iam:UpdateRoleDescription"
      ],
      "Resource": [
        "arn:aws:iam::*:role/*AWSControlTower*"
      ],
      "Condition": {
        "ArnNotLike": {
          "aws:PrincipalArn": [
            "arn:aws:iam::*:role/AWSControlTowerExecution"
          ]
        }
      }
    }
  ]
}
```

2-3　マルチアカウント環境

　上記はAWS Control Towerによって作成されたSCPの一部です。特定の
IAMロールへの変更を拒否し、特定のIAMロールのみ許可しています。

❏ 特定の操作にMFAを要求するSCP

```
{
  "Version": "2012-10-17",
  "Statement": [
    {
      "Effect": "Deny",
      "Action": [
        "ec2:StopInstances",
        "ec2:TerminateInstances"
      ],
      "Resource": "*",
      "Condition": {"BoolIfExists": {
          "aws:MultiFactorAuthPresent": false}}
    }
  ]
}
```

　EC2の停止、終了はMFAで認証されていない場合拒否されます。

❏ メンバーアカウントが組織から外れることを拒否するSCP

```
{
  "Version": "2012-10-17",
  "Statement": [
    {
      "Effect": "Deny",
      "Action": [
        "organizations:LeaveOrganization"
      ],
      "Resource": "*"
    }
  ]
}
```

　Organizationsの組織からは、LeaveOrganizationアクションで外れることが
できます。自由に外れることを拒否したい場合は、このようなSCPを使用しま
す。

❏ 特定のEC2インスタンスタイプのみを許可するSCP

```
{
  "Version": "2012-10-17",
  "Statement": [
    {
      "Effect": "Deny",
      "Action": "ec2:RunInstances",
      "Resource": [
        "arn:aws:ec2:*:*:instance/*"
      ],
      "Condition": {
        "StringNotEquals": {
          "ec2:InstanceType": "t3.micro"
        }
      }
    }
  ]
}
```

　検証アカウントなどで過剰な容量のインスタンスを起動できないように制御しています。

❏ 組織外部とのリソース共有を禁止するSCP

```
{
  "Version": "2012-10-17",
  "Statement": [
    {
      "Effect": "Deny",
      "Action": [
        "ram:CreateResourceShare",
        "ram:UpdateResourceShare"
      ],
      "Resource": "*",
      "Condition": {
        "Bool": {
          "ram:RequestedAllowsExternalPrincipals": "true"
        }
      }
    }
  ]
}
```

組織外部のアカウントは、RequestedAllowsExternalPrincipalsがtrueになります。その条件の場合は、Resource Access Managerのアクションを拒否しています。

❑ 指定したタグがなければインスタンス作成を拒否するSCP

```
{
  "Version": "2012-10-17",
  "Statement": [
    {
      "Effect": "Deny",
      "Action": "ec2:RunInstances",
      "Resource": [
        "arn:aws:ec2:*:*:instance/*",
        "arn:aws:ec2:*:*:volume/*"
      ],
      "Condition": {
        "Null": {
          "aws:RequestTag/Project": "true"
        }
      }
    }
  ]
}
```

ProjectというタグをつけずにEC2インスタンスを作成することを拒否しています。タグをつけることでプロジェクト別のコスト分析を実現するなどができます。このSCP例での制御例では、Projectタグの値は自由になっていますが、Organizationsのタグポリシー機能と組み合わせると値を限定することも可能です。

一括請求（コンソリデーティッドビリング）

Organizationsのメンバーアカウントは一括請求の対象になります。以下の利点があります。

- **1つの請求書、統合請求データ**：請求管理がシンプルになります。コストと使用状況データを複数アカウントにわたって複合的に分析できます。
- **合計量によるボリュームディスカウント**：複数アカウントの合計容量による従量制の割引が受けられます。S3のストレージ量やデータ転送量などボリューム料金

階層がある料金についてメリットがあります。ただし、無料利用枠も組織内のすべてのアカウントの合計量が適用されるので、無料利用枠は超えやすくなります。

○ **リザーブドインスタンス（RI）、Savings Plansの共有**：組織のアカウントの合計使用量にリザーブドインスタンス、Savings Plansを適用できるので選択しやすくなります。1つのアカウントでは、EC2インスタンスを1インスタンス分も使わないとしても、全アカウントでは使う場合などにリザーブドインスタンスを検討できます。RDS、ElastiCache、OpenSearch Serviceのリザーブドも同様です。RIとSavings Plansの共有は、アカウントごとに無効化することもできます。

❏ RI、Savings Plans共有の無効化

AWS CloudFormation StackSets

CloudFormation StackSetsは、複数リージョン、複数アカウントにスタックを作成して、変更、削除、管理できる機能です。Organizationsと統合することで、組織、OU、アカウントを指定して、スタックを作成、変更、削除することができます。

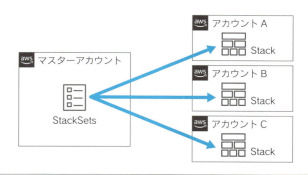

❏ CloudFormation StackSets

特定のOUや組織内のアカウントそれぞれに必要なリソース、たとえば各アカウントで共通する操作のためのIAMロールなどを作成するときに有効です。効率化、自動化を実現できます。

❏ CloudFormation StackSetsでOUを指定

AWS CloudTrail

　Organizations組織のマスターアカウントで、組織内のすべてのアカウントについてCloudTrailを有効化できます。このとき、書き出されるS3オブジェクトのプレフィックスには組織IDが含まれます。

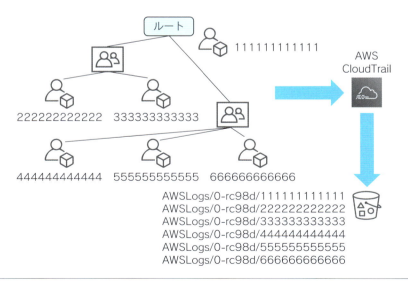

❏ 組織のCloudTrail証跡

証跡属性の選択

全般的な詳細
コンソールで作成された証跡は、マルチリージョンの証跡です。 詳細 ⧉

証跡名
証跡の表示名を入力します。

```
org-trail
```

3~128 文字。文字、数字、ピリオド、アンダースコア、ダッシュのみを使用できます。

☑ **組織内のすべてのアカウントについて有効化**
組織のアカウントを確認するには、AWS Organizations を開きます。 すべてのアカウントを表示 ⧉

❏ CloudTrail で組織を有効にする

　S3 バケットのバケットポリシーは以下のように設定します。この例では、cloudtrail.amazonaws.com からの PutObject を許可しています。

❏ cloudtrail.amazonaws.com からの PutObject を許可する例

```json
{
  "Version": "2012-10-17",
  "Statement": [
    {
      "Effect": "Allow",
      "Principal": {
        "Service": "cloudtrail.amazonaws.com"
      },
      "Action": "s3:GetBucketAcl",
      "Resource": "arn:aws:s3:::cloudtrail-org"
    },
    {
      "Effect": "Allow",
      "Principal": {
        "Service": "cloudtrail.amazonaws.com"
      },
      "Action": "s3:PutObject",
      "Resource": "arn:aws:s3:::cloudtrail-org/AWSLogs/123456789012/*",
      "Condition": {
        "StringEquals": {
          "s3:x-amz-acl": "bucket-owner-full-control"
        }
      }
    },
    {
```

```
      "Effect": "Allow",
      "Principal": {
        "Service": "cloudtrail.amazonaws.com"
      },
      "Action": "s3:PutObject",
      "Resource": "arn:aws:s3:::cloudtrail-org/AWSLogs/o-rc98d/*",
      "Condition": {
        "StringEquals": {
          "s3:x-amz-acl": "bucket-owner-full-control"
        }
      }
    }
  ]
}
```

AWS Service Catalog

　AWS Service Catalogではポートフォリオと製品を作成でき、Organizations組織でOUを指定して共有できます。製品は、CloudFormationスタックによるAWSリソースにより構成された、ユーザーが事前に準備したソフトウェアサービスです。

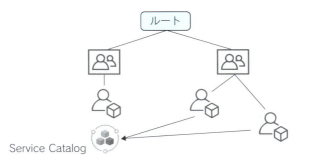

❏ AWS Service Catalog

　共有することで、組織のアカウントは製品を使いたいときにリソースを準備できます。リソースはポートフォリオが作成されたアカウントで起動します。また、リソースの一元管理ができます。

❏ Service Catalog Organizations共有

AWS Control Tower

AWS Control Towerは複数アカウントのベストプラクティスである
Landing Zoneを自動構築します。Security OUに、LogとAuditのアカウントを
作成し、Logにはログを集約し、Auditは各アカウントからSNSトピックへの通
知を集約して、監査担当者へ通知します。Sandbox OUには、検証、開発などの
アカウントを構築します。他のOUを追加することも可能です。

アカウントは、Service Controlポートフォリオで作成されたAccount Factory
で新規作成、または追加できます。Organizationsと連携するAWS SSOによっ
て各アカウントのユーザーが作成され、各アカウントへのシングルサインオン
が設定できます。

Control Towerダッシュボードでは、Configルールによって抽出された非準
拠リソースの抽出ができます。これは検出ガードレールとして、検出結果を通
知します。OrganizationsのSCPにより予防ガードレールも設定されています。
各リソースはCloudFormation StackSetsによって作成されます。

2-3　マルチアカウント環境

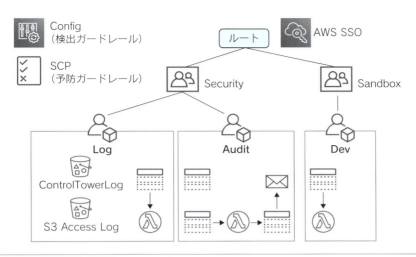

❏ AWS Control Tower

❏ AWS Control Towerダッシュボード

マルチアカウント環境のポイント

- AWS Organizationsを使用して、SCPによるOU単位のポリシー設定、一括請求管理、APIによるアカウント作成が可能。
- SCPはOU階層で継承され、上位で許可された権限のフィルタリングが可能。
- 拒否戦略ポリシーでは、例外IAMロールを設定したメンテナンスが可能。
- 拒否戦略ポリシーで、組織から外れることを制限したり、指定タグのないリソース作成を制限するなどできる。
- 一括請求することにより、請求書が1つになるだけでなく、ボリュームディスカウント、RI、Savings Plansの共有によるコスト最適化が可能となる。
- CloudFormation StackSetsで複数アカウントに同一のリソースをすばやく作成できる。
- 組織のCloudTrailを1つのS3バケットにまとめることができる。
- Service CatalogのポートフォリオをOrganizations組織に共有できる。
- AWS Control TowerによりLandingZoneの自動構築ができる。

2-4

確認テスト

問題

 問題1

2つのアカウントAとBでクロスアカウントアクセスを実現する方法を次から1つ選択してください。

- A. BにIAMユーザーを作成する。AにIAMロールを作成する。IAMロールの信頼ポリシーでAからsts:AssumeRoleを許可する。IAMユーザーのIAMポリシーでAのIAMロールに対してのsts:AssumeRoleを許可する。
- B. AとBにそれぞれIAMユーザーを作成する。BのアクセスキーIDをAが受け取れるように、BのIAMロール信頼ポリシーでAからsts:AssumeRoleを許可する。
- C. BにIAMユーザーを作成する。BにIAMロールを作成する。IAMロールの信頼ポリシーでAからsts:AssumeRoleを許可する。IAMユーザーのIAMポリシーでBのIAMロールに対してのsts:AssumeRoleを許可する。
- D. AにIAMユーザーを作成する。BにIAMロールを作成する。IAMロールの信頼ポリシーでAからsts:AssumeRoleを許可する。IAMユーザーのIAMポリシーでBのIAMロールに対してのsts:AssumeRoleを許可する。

 問題2

外部IDの正しい使い方を次から1つ選択してください。

- A. サードパーティ製品統一の外部IDを発行する。
- B. IAMロールのARNごとに一意の外部IDを発行する。
- C. サードパーティサービスへの連携登録ごとに一意の外部IDを発行する。
- D. 連携申請のあったAWSアカウントごとに一意の外部IDを発行する。

問題3

オンプレミスのActive Directoryを利用して、AWS SSOのIDソースにしたいと考えています。次から1つ選択してください。

 A. AD Connector
 B. Simple AD
 C. AWS Directory Service for Microsoft Active Directory
 D. STS SDKを使ってIDブローカーを開発する

問題4

インターネットゲートウェイがないVPC内のEC2のアプリケーションからS3にGetObject、PutObjectアクションを実行します。最もコストの低い方法は次のうちどれですか？ 1つ選択してください。

 A. S3インターフェイスエンドポイント
 B. S3ゲートウェイエンドポイント
 C. NATゲートウェイ
 D. Private Link

問題5

PC端末からVPCにVPN接続する必要があります。どの方法が最も運用負荷が少なく実現できますか？ 1つ選択してください。

 A. Direct Connect
 B. ソフトウェアVPN
 C. Site-to-Site VPN
 D. AWSクライアントVPN

問題6

マネージドSite-to-Site VPN接続を作成するために必要な要素を以下から2つ選択してください。

2-4 確認テスト

　　A. カスタマーゲートウェイ
　　B. インターネットゲートウェイ
　　C. NATゲートウェイ
　　D. 仮想プライベートゲートウェイ
　　E. VPCピアリング接続

 問題7

仮想プライベートゲートウェイのAWS Site-to-Site VPN接続でサポートされている機能は次のどれですか？ 1つ選択してください。

　　A. IPv6トラフィック
　　B. パスMTU検出
　　C. デッドピア検出
　　D. GRE（Generic Routing Encapsulation）

 問題8

コンプライアンス要件により、VPN接続両端を完全にコントロールする必要があります。どの接続方法を選択しますか？ 1つ選択してください。

　　A. ソフトウェアVPN
　　B. Site-to-Site VPN
　　C. AWSクライアントVPN
　　D. Transit Gateway

 問題9

ISPを介さない500Mbpsの接続が必要です。次から1つ選択してください。

　　A. Site-to-Site VPN接続
　　B. Transit Gateway
　　C. Direct Connect専用接続
　　D. Direct Connectホスト接続

問題10

　Direct Connectロケーション全体またはロケーション内部に物理障害があってもDirect Connectの冗長化を継続できる回復性は、次のどれですか？1つ選択してください。

- **A.** 最大回復性
- **B.** 高い回復性
- **C.** 開発とテスト
- **D.** VPNバックアップのDirect Connect

 問題11

S3、DynamoDBへの専用接続が必要です。次から1つ選択してください。

- **A.** トランジット仮想インターフェイス
- **B.** プライベート仮想インターフェイス
- **C.** Direct Connect Gateway
- **D.** パブリック仮想インターフェイス

 問題12

　Direct Connectのポート時間料金が発生するのはどれですか？2つ選択してください。

- **A.** LOA-CFAのダウンロード時から
- **B.** 接続の作成時から
- **C.** 接続確立していないが、接続が作成されてから90日後から
- **D.** 90日経っていないが、Direct Connectエンドポイントとカスタマールーターの接続が確立されたときから
- **E.** はじめてデータが転送されたときから

 問題13

　数十のVPC、複数のデータセンター拠点との複雑な接続が必要です。どのソリューションを使用すれば運用負荷を軽減しルーティングの一元管理ができますか？

2-4　確認テスト

A. VPCピア接続と個別のVPN接続
B. トランジットVPCソリューション
C. Direct Connect Gateway
D. Transit Gateway

 問題14

複数リージョンでのTransit Gatewayを使った接続は次のどれで実現できますか？1つ選択してください。

A. Transit Gatewayピア接続
B. VPCアタッチメント
C. Transit Gateway Network Manager
D. Global Accelerator連携のVPN高速化

 問題15

オンプレミスとの双方向のDNSアクセスを実現できるのは次のどれですか？1つ選択してください。

A. Route 53プライベートホストゾーン
B. Route 53パブリックホストゾーン
C. Route 53加重ラウンドロビン
D. Route 53 Resolver

 問題16

Organizationsを使用するメリットはどれですか？2つ選択してください。

A. SCPによるOU単位でのセキュリティ設定
B. IAMロールクロスアカウントアクセスによるIAMユーザーの一元管理
C. AWS SSOによる認証情報の一元管理
D. 一括請求による請求管理の簡易化とディスカウントオプションの適用
E. CloudFormationによる自動構築

問題 17

予防ガードレールと検出ガードレール、ログ集約アカウント、監査アカウント、AWS SSO連携などマルチアカウントの組織におけるベストプラクティスを自動で簡単に構築できるOrganizationsと連携したサービスはどれですか？ 1つ選択してください。

- **A.** AWS CloudFormation StackSets
- **B.** AWS CloudTrail
- **C.** AWS Service Catalog
- **D.** AWS Control Tower

解答と解説

✔ 問題1の解答

答え：**D**

- **A.** IAMロールと同じアカウントからの信頼ポリシーを設定しても、異なるアカウントからのクロスアカウントアクセスはできません。
- **B.** クロスアカウントアクセスではアカウントそれぞれにIAMユーザーを作成する必要はありません。また、IAMロール信頼ポリシーとIAMユーザーのアクセスキーIDに関係はありません。
- **C.** IAMユーザーとIAMロールが同じアカウントに作成されているのでクロスアカウントアクセスになりません。
- **D.** 正しい方法です。

✔ 問題2の解答

答え：**C**

- **A、B、D.** IAMロールのARNが漏洩してサードパーティに登録されると情報を悪用される可能性があります。
- **C.** 連携登録ごとに一意の外部IDが発行されれば、IAMロールのARNが漏洩しても別の連携申請では外部IDが異なるので認証は許可されず、情報が悪用されることはありません。

2-4 確認テスト

✔ 問題3の解答

答え：**A**

A. AWS SSO からオンプレミスの Active Directory を利用できます。

B. Simple AD は AWS SSO に対応していません。また、オンプレミスの Active Directory からの移行が必要です。

C. AWS Directory Service for Microsoft Active Directory は AWS SSO でサポートされていますが、移行が必要です。

D. ID ブローカーを開発するケースは、SAML をサポートしていない ID ストアを使用しているケースです。Active Directory を使用している場合は開発する必要はありません。

✔ 問題4の解答

答え：**B**

A. S3 インターフェイスエンドポイントは追加料金が発生します。

B. S3 ゲートウェイエンドポイントは追加料金が発生しません。

C. NAT ゲートウェイだけがあっても VPC から S3 のサービスエンドポイントのある VPC 外ネットワークへはアクセスできません。

D. Private Link はインターフェイスエンドポイントを実現している技術の名称です。

✔ 問題5の解答

答え：**D**

A、**C**. PC 端末からの VPN 接続には使用しません。

B. 実現できますが、EC2 のデプロイ、運用が必要なので AWS クライアント VPN よりも運用負荷がかかります。

D. 最も運用負荷が少なく可用性があります。

✔ 問題6の解答

答え：**A**、**D**

A. オンプレミス側のルーターなどの IP アドレスなどを設定します。正解です。

B. アンマネージドなソフトウェア VPN 接続を作成する場合に使用します。

C. プライベートサブネットのリソースがインターネットにアクセスするために必要です。マネージド VPN 接続では使用しません。

D. VPC 側にアタッチしてカスタマーゲートウェイと VPN 接続します。正解です。

E. VPC 同士の相互接続に使用します。VPN 接続ではありません。

99

✔ 問題7の解答

答え：**C**

A. サポートしていません。必要な場合Transit Gatewayを選択してください。

B. サポートしていません。

C. サポートしています。トンネルオプションで検出時の動作も設定できます。

D. サポートしていません。必要な場合ソフトウェアVPNを選択してください。

✔ 問題8の解答

答え：**A**

A. EC2にソフトウェアVPNをインストールするので、インスタンスレベル、OSレベルでコントロールできます。

B、**C**、**D**. マネージドサービスです。完全なコントロールができない反面、コントロールする必要がないので運用負荷が軽減され、耐障害性、可用性が向上します。

✔ 問題9の解答

答え：**D**

A. 一般的にISPを介します。

B. Transit Gatewayだけしか明記がない場合、ISPを介することもあります。

C. 1Gbps、10Gbps、100Gbpsからの選択です。

D. 500Mbpsを選択できます。

✔ 問題10の解答

答え：**A**

A. Direct Connectロケーションそのものとロケーション内部に物理障害があってもロケーション内での冗長化があるので継続できます。

B. 障害がないときは冗長化されていますが、Direct Connectロケーション内部に物理障害があれば冗長化は失われます。

C. Direct Connectロケーションの障害には対応していません。

D. 障害発生時はVPN接続になるので、Direct Connectの冗長化は継続できません。

✔ 問題11の解答

答え：**D**

A、**B**、**C**. VGW、Transit Gatewayへの関連付け、接続をサポートしています。

D. パブリックなAWSのサービスへの専用接続はDirect Connectのパブリック仮想インターフェイスを選択します。

2-4 確認テスト

✔ 問題12の解答

答え：**C、D**

- **A.** LOA-CFAはDirect Connectロケーション事業者へのクロスコネクトのリクエストに必要です。料金発生には影響ありません。
- **B.** 接続を作成しただけでは料金は発生しません。
- **C.** 接続が確率されていなくても90日経過するとポート料金が発生します。
- **D.** 接続が確立されると90日経っていなくてもポート料金が発生します。
- **E.** データ転送はリクエストを行ったアカウントに課金が発生するデータ転送料金があります。

✔ 問題13の解答

答え：**D**

- **A.** 個別に接続管理が必要になるので運用負荷が軽減されず一元管理もできません。
- **B.** EC2の運用管理が必要になり運用負荷が軽減されません。
- **C.** Direct Connect GatewayだけではVPCは10までの制限があります。
- **D.** Transit Gatewayを使用することで、運用負荷を軽減しルーティングの一元管理ができます。

✔ 問題14の解答

答え：**A**

- **A.** 他リージョンのTransit Gatewayとピア接続が作成できます。
- **B.** 他リージョンのVPCにアタッチメントは作成できません。
- **C.** Network Managerはネットワークの可視化や到達性検査を行います。
- **D.** Global Accelerator連携のVPN高速化はオンプレミスとの接続の安定化を提供します。

✔ 問題15の解答

答え：**D**

- **A.** VPC内のリソースのDNSクエリーをサポートしています。
- **B.** パブリックなDNSクエリーをサポートしています。
- **C.** 複数のDNSレコードに対して重み付けする機能です。
- **D.** オンプレミスのDNSサーバーとRoute 53プライベートホストゾーンなど双方が利用できます。

2

組織の複雑さに対応する設計

✔問題 16 の解答

答え：**A、D**

A. SCP は Organizations のみで可能な機能です。

B. クロスアカウントアクセスそのものに Organizations は必要ありません。

C. AWS SSO そのものに Organizations は必要ありません。

D. 一括請求は Organizations のみで可能な機能です。

E. CloudFormation そのものに Organizations は必要ありません。

✔問題 17 の解答

答え：**D**

A. CloudFormation StackSets によってマルチアカウント環境での自動構築はできますが、テンプレートの作成が必要です。Control Tower によって CloudFormation StackSets も自動作成されます。

B. CloudTrail は API アクションを記録し追跡調査を可能とします。Control Tower によって自動設定されます。

C. Service Catalog はポートフォリオを共有し、同一のサービス構成を複数アカウントで共有できますが問の要件を満たすものではありません。

D. 問題の要件をすべて満たします。

第3章

新しいソリューションの設計

　課題の解決となるソリューション、新規事業を支えるアプリケーションインフラの設計、コンプライアンスセキュリティ要件に応じたシステムの設計のために、AWSの多くのサービスを使用して組み合わせます。この章ではそれらの新規構築要件の視点から、選択肢となる一部のサービスの特徴と機能、ユースケースについて解説します。

3-1	セキュリティ
3-2	信頼性
3-3	事業継続性
3-4	パフォーマンス
3-5	導入戦略
3-6	確認テスト

3-1

セキュリティ

　本節では暗号化と認証（KMS、CloudHSM、ACM、Cognito）について解説します。既存アプリケーションのセキュリティ改善については第6章で解説します。

AWS KMS

　AWS KMSは、**CMK**（カスタマーマスターキー）を管理して、データキーを生成・暗号化・復号するなど、暗号化に必要なキー管理、キーオペレーションを提供するマネージドサービスです。様々なAWSサービスとシームレス（透過的）に統合して利用できます。KMS SDKを使って独自のコードでファイルデータを暗号化することも可能です。リソースベースのポリシー、キーポリシーによって使用できるユーザー、アプリケーションを制御します。

CMKの種類

○ **カスタマー管理のCMK**：AWSユーザーが作成、管理、完全に制御するCMKです。キーストレージ料金とリクエスト量に応じた課金が発生します。
○ **AWS管理のCMK**：AWSが作成、管理するCMKです。特定のサービスを使用したり、暗号化するときに選択することで作成されます。基本的にキーストレージ料金は発生しません。

エンベロープ暗号化

　KMSでは対称暗号化と非対称暗号化をサポートしています。対称暗号化では1つのデータキーを使った暗号化・復号を行い、非対称暗号化ではパブリックとプライベートのキーペアを使って暗号化・復号を行います。暗号化する側と復号する側で別々にキー管理をする場合など、非対称暗号化が必要な要件では非

対称暗号化を選択してください。

ここでは、対称暗号化を例にして、KMSで実施するエンベロープ暗号化の仕組みを解説します。

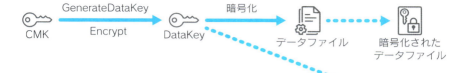

❏ エンベロープ暗号化

CMKを指定して、KMSのGenerateDataKeyアクションを実行してデータキーを生成します。生成したデータキーを使用してデータファイルを暗号化します。データキーはCMKを指定したEncryptアクションによって暗号化されます。暗号化されていないデータキーは削除して、暗号化済みのデータキーのみを残します。

❏ エンベロープ暗号化（Pythonコードの例）

```
import boto3

key_id = 'arn:aws:kms:us-west-1:111122223333:key/1234abcd-12ab-34cd-56ef-1234567890ab'

kms_client = boto3.client('kms')
response = kms_client.generate_data_key(
    KeyId=key_id,
    KeySpec='AES_256'
)

plaintext_key = response['Plaintext']
encrypted_key = response['CiphertextBlob']
```

plaintext_keyが暗号化されていないデータキーです。plaintext_keyを使ってデータの暗号化を行います。encrypted_keyが暗号化されたデータキーです。

encrypted_keyを、暗号化されたデータを復号する際にわかるように保存しておきます。

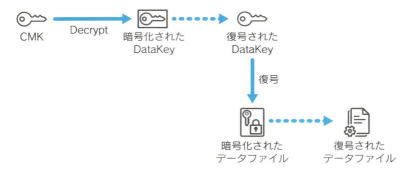

❏ エンベロープ復号

CMKを指定して、KMSのDecryptアクションで暗号化されたデータキーを復号します。復号されたデータキーで暗号化されたデータファイルを復号できます。

❏ エンベロープ復号（Pythonコードの例）

```
import boto3
key_id = 'arn:aws:kms:us-west-2:111122223333:key/1234abcd-12ab-34cd-
➥56ef-1234567890ab'
ciphertext = encrypted_key

kms_client = boto3.client('kms')
response = kms_client.decrypt(
    CiphertextBlob=ciphertext,
    KeyId=key_id
)

plain_datakey = response['Plaintext']
```

暗号化されたデータキーを復号してplain_datakeyにします。plain_datakeyを使って暗号化されたデータファイルを復号します。

エンベロープ暗号化によって、CMKはKMSのストレージから外に保存する必要はなくなり、暗号化に使用するデータキーが漏洩した場合にもリスクは限定的になるメリットがあります。

キーのローテーション

CMK（カスタマーマスターキー）には自動ローテーション機能があります。有効にするとKMSは毎年CMKの新しいキーマテリアルを生成します。古いキーマテリアルはすべて保存されています。古いキーマテリアルも新しいキーマテリアルも、キーIDやその他プロパティ、キーポリシーなどは変わりません。古いキーマテリアルで暗号化されたデータを復号する場合、古いキーマテリアルを使用します。

❏ キーのローテーション

CMKの設定で、毎年自動ローテーションを有効にします。

❏ キーローテーションの有効化

キーのインポート

CMKの作成時にキーをインポートすることもできます。オンプレミスで生成したキーをアップロードしてCMKとして使用することができます。

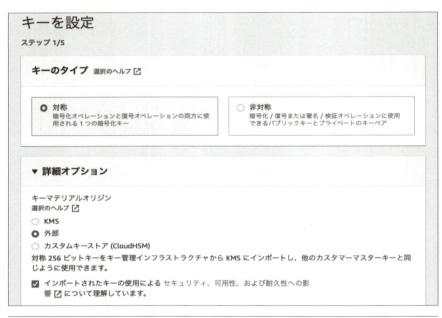

❏ KMS CMKのインポート

KMSをサポートするサービス

　KMSをサポートするサービスを次の図に示します。これがすべてではありませんが、KMSを使用している代表的なサービスを解説していきましょう。

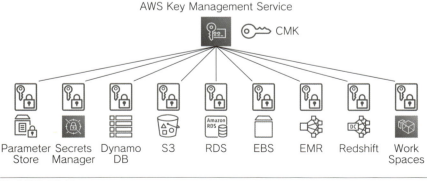

❏ AWS KMS

❖ AWS Systems Manager Parameter Store

SecureStringを選択してCMKを指定して暗号化できます。標準SecureStringパラメータ暗号化では、CMKを使用してパラメータ値を暗号化します。アドバンストSecureStringパラメータ暗号化を使用するとエンベロープ暗号化で暗号化できます。

❏ Parameter Store暗号化

❖ AWS Secrets Manager

Secrets Managerでは、パスワードやトークンなどのシークレット情報を保存してアプリケーションから使用できます。これらのシークレット情報はCMKによって暗号化されます。

❏ Secrets Manager暗号化

❖ Amazon DynamoDB

保管時のサーバー暗号化をサポートしています。DynamoDBは指定されたCMKを使用してテーブル一意のテーブルキーを生成します。テーブルキーはデータ暗号化キーの暗号化に使用されます。

❏ DynamoDBテーブルの暗号化

❖ Amazon EBS

EBSボリュームを暗号化すると、ボリュームに保存されたデータ、ボリュームから作成されたスナップショット、スナップショットから作成されたボリュームのすべてが暗号化されます。

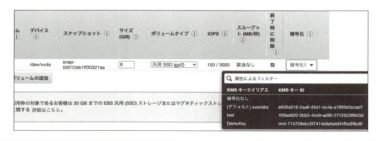

❏ EBSボリューム暗号化

暗号化の処理はEC2インスタンスをホストするサーバーで行われます。ボリュームの暗号化は作成時に決定します。既存のボリュームの暗号化の有効無効は変更できません。暗号化されていないスナップショットからボリュームを作成するときは暗号化を有効にできます。EBSボリュームがEC2にアタッチされ

るときに、データキーの復号をし、ハイパーバイザーメモリに格納します。アタッチされたEBSボリュームへのI/Oはこのメモリ内のプレーンテキストデータキーによって暗号化、復号されます。

❖ Amazon RDS

RDSインスタンスのストレージの暗号化の方法は、EBSボリュームの暗号化と同じく作成時です。

❏ RDSインスタンス暗号化

❖ Amazon WorkSpaces

WorkSpacesのボリュームの暗号化は、EBSボリュームの暗号化と同じです。

❖ Amazon EMR

EMRはストレージにS3またはEBSを使用します。どちらも暗号化を設定することができます。

❏ EMRの暗号化

❖ Amazon Redshift

　Redshiftの暗号化は4階層のキーで行われます。まずCMKは、クラスタキーを暗号化します。次にクラスタキーはデータベースキーを暗号化し、データベースキーはデータ暗号化キーを暗号化します。そして、データ暗号化キーは、クラスタ内のデータブロックを暗号化します。

❏ Redshiftクラスタの暗号化

❖ Amazon S3

　クライアントサイド暗号化は、暗号化してからアップロードする方法です。暗号化する際に使用するキーは、KMSを使用する方法か、独自のキーを使用します。クライアントサイドの暗号化は、アップロードする前に暗号化しなければならない要件に対応できます。

❏ S3オブジェクト暗号化の種類

サーバーサイド暗号化（Server Side Encryption、**SSE**）は、S3に保管されるデータの暗号化です。AWSデータセンターのディスクに書き込まれるときに暗号化され、オブジェクトデータにアクセスするときに復号されます。

サーバーサイド暗号化には3種類の方法があるので、要件に適したものを選択できます。

○ **SSE-S3**：S3が管理するキーによるサーバーサイド暗号化を行います。ユーザーがキーの管理をしなくてもいい方法です。キーの個別管理要件、追跡監査要件がなければ選択します。

○ **SSE-KMS**：KMSで管理しているキーを使ったサーバーサイド暗号化で、CMKで制御ができます。個別管理要件がある場合にも選択できます。キーポリシーでCMKへのアクセスを制御できます。CloudTrailによる追跡監査が可能で、1年ごとの自動キーローテーションもできます。

○ **SSE-C**：ユーザー指定キーによるサーバーサイド暗号化です。オンプレミスキーサーバーなどで作成されたキーを使用することもできます。

S3バケットでは、オブジェクトのデフォルト暗号化を簡単に設定できます。

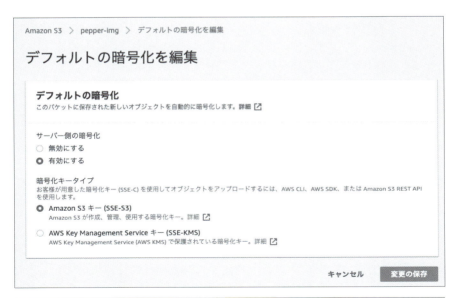

❏ S3バケットのデフォルトの暗号化

AWS CloudHSM

キー保存、暗号化オペレーションを実行するハードウェアを物理的に専有するサービスが **AWS CloudHSM** です。CloudHSMはFIPS 140-2レベル3に準拠しています。

構成

CloudHSMを作成する際に、複数のAZ（アベイラビリティゾーン）を指定してクラスタを作成し、冗長性と高可用性を実現します。クラスタは後から追加、削除が可能なので、需要に応じて対応できます。指定したAZにENI（Elastic Network Interface）が作成されて、CloudHSMクライアントからのリクエストを受け付けます。クラスタにはHSMを28まで作成できます。複数のHSMを作成すると、クライアントからの接続は自動的に負荷分散されます。

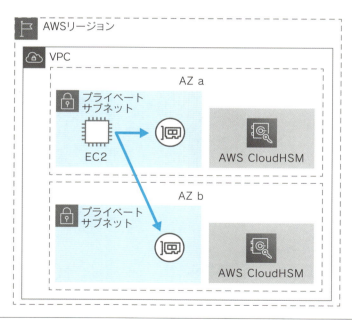

❏ AWS CloudHSM

バックアップ

　CloudHSMの機能でバックアップが実行されます。AWSがS3を使ってバックアップデータを保存しており、すべてのバックアップデータは暗号化されて保存されます。バックアップデータは、他のリージョンにコピーすることが可能です。

カスタムキーストア

　KMSのキーストアとしてCloudHSMを使用することができます。そうすることで、KMSを使用しながらFIPS 140-2 レベル3に準拠することもできます。

❏ カスタムキーストア

　CloudHSM初期化のときに作成した信頼アンカー証明書が必要です。

❏ カスタムキーストアの作成

ユースケース（Oracle TDE）

　OracleのTDE（透過的なデータ暗号化）をCloudHSMと連携するユースケースです。データを暗号化するキーを暗号化するマスターキーは、CloudHSMで管理しています。RDSは通常のTDEをサポートしていますが、CloudHSMを使用したTDEはサポートしていません。CloudHSMを使用したTDEを使用する場合、OracleデータベースはEC2にインストールする必要があります。

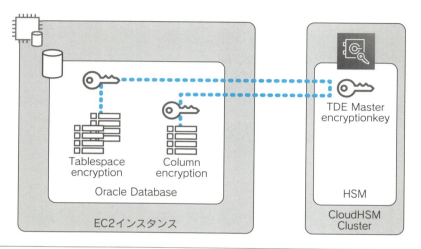

❏ Oracle TDE 連携

AWS Certificate Manager

　AWS Certificate Manager（ACM）は、パブリック、プライベート証明書の保存、更新を提供する無料のサービスです。

AWS Certificate Managerについて

　ACMは、CloudFront、Elastic Load Balancing、API Gatewayと連携して、ユーザー所有ドメインの証明書が設定できます。所有者の確認はメール認証か、CNAME認証で行われます。もしくは発行済みの証明書をインポートして使用することも可能です。

3-1 セキュリティ

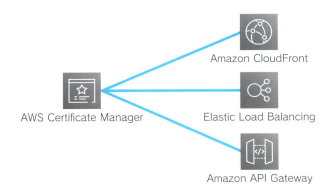

❏ AWS Certificate Manager

ACMはサイトシールを提供していません。サイトシールが必要な場合はサードパーティベンダーから発行される証明書を使用してください。

ACMプライベートCA

プライベートな独自の証明機関（CA）階層を作成し、ユーザー、デバイス、アプリケーションなどの認証の証明書を発行できます。

Amazon Cognito

Amazon Cognitoは、WebアプリケーションやモバイルアプリケーションにCognitoにはユーザープールとIDプールがあります。

Cognitoユーザープール

❖ サインアップ、サインインを短期間でアプリケーションに実装

認証基盤を開発しなくても、モバイルアプリケーションやWebアプリケーションからのサインアップ、サインインのために使用できます。開発コストを下げて、開発期間を短くするためにも非常に有用です。Cognitoユーザープールのみで認証することもできますし、SNSなど外部の認証を使用することもできます。

117

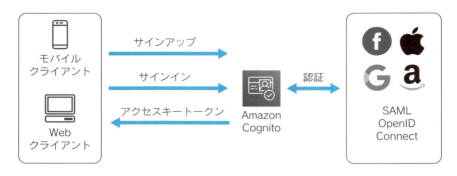

❏ Cognitoユーザープール

　カスタム可能な組み込みWebUIがあり、すぐに使い始めることもできます。また、FacebookなどのWeb IDフェデレーションも、有効にするだけで組み込みUIで使用できます。これによりユーザーは、自分が使用する認証情報を選択できます。

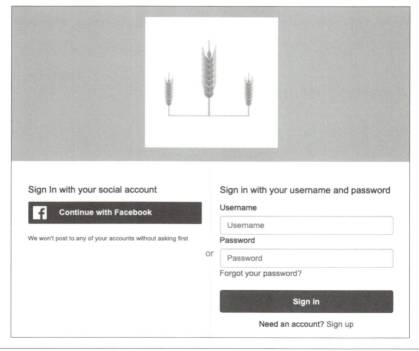

❏ CognitoサインインUI

❖ MFA、アドバンスドセキュリティ他

- **パスワードポリシー**：最低文字数、数字・特殊文字・大文字・小文字の必要などを設定できます。
- **メールアドレス、電話番号の検証**：メールアドレス、電話番号を使った本人検証が可能です。
- **MFA（多要素認証）**：アプリケーションのセキュリティを向上するために、MFAを有効にすることができます。MFAは、SMSテキストメッセージまたはソフトウェアなどを使用した時間ベースのワンタイムパスワードから選択できます。
- **アドバンスドセキュリティ**：アドバンスドセキュリティを有効にすると、他のWebサイトで漏洩情報として公開されているパスワードを使ったときに、ユーザーをブロックするなどの自動対応ができます。侵害された認証情報が使用されたときに、通知のみかブロックするかを選択できます。

❖ Lambdaトリガー

サインアップイベント、サインインイベントをトリガーに、AWS Lambda関数を実行できます。ユーザープールの情報や、ユーザー属性がイベントデータとしてLambda関数に渡されます。これらの情報をLambda関数で加工して、S3などに格納し、サインインイベントの分析に使うこともできます。認証前トリガーでは、追加のコードにより、サインインの承認や拒否をコントロールすることも可能です。

❏ Cognito Lambdaトリガー

IDプール

モバイルアプリケーションやクライアントサイドJavaScriptが動作しているアプリケーションで、AWSのサービスに対して安全にリクエストを実行したい場合は、Cognito IDプールを使用します。

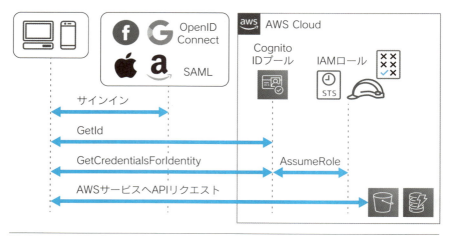

❏ Cognito IDプール

　Cognito IDプールにはIAMロールと、認証プロバイダーを設定できます。認証プロバイダーには、SNSなどのWeb IDフェデレーションやCognitoユーザープールが設定できます。

セキュリティのポイント

- AWS KMSは、CMKの作成、管理、データキーの暗号化、復号を行うサービス。
- KMSは、様々なAWSサービスとシームレスに統合されている。
- エンベロープ暗号化は、データキーを生成して、データキーでデータを暗号化する。CMKはデータキーの生成と暗号化、復号を行う。
- CMKは、年次自動ローテーションが設定できる。
- オンプレミスで作成したキーをインポートできる。
- AWS CloudHSMは物理的にハードウェアを専有するサービス。
- カスタムキーストアを使ってKMSのキー保存先をCloudHSMにすることができる。
- AWS Certificate Managerでは証明書を無料で作成して使用することができる。
- Cognitoユーザープールを使って、エンドユーザーの認証機能の開発を短縮できる。
- Cognito IDプールを使って、モバイルアプリケーションなどからIAMロールへの安全なリクエストを実現できる。

3-2

信頼性

アーキテクチャの信頼性を高めるために、次のベストプラクティスを実現するサービスを中心に解説します。

- スケーラビリティを実現する
- コンポーネントを疎結合化する

既存アプリケーションの信頼性改善については第6章で解説します。

EC2 Auto Scaling

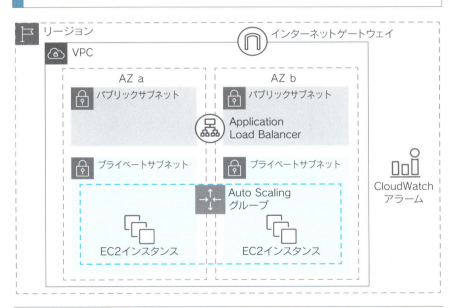

❏ EC2 Auto Scaling

　EC2 Auto ScalingはEC2インスタンスを自動で増減します。複数のEC2インスタンスへは、Elastic Load Balancingでユーザーリクエストを受け付けて負

荷分散します。CloudWatchアラームや時間ベース、予測ベースでスケールポリシーを設定し、状況や特定日時、過去実績をもとにした予測によってEC2インスタンスが増減します。起動するEC2インスタンスは、起動テンプレートであらかじめ定義しておきます。

スケーリングポリシー

　スケールアウト（追加）、スケールイン（削除）をいつ行うか、どのような状態になったら行うか、どうなりそうなら行うかを設定するのが**スケーリングポリシー**です。

- スケジュールに基づくスケーリング
- シンプル（単純、簡易）スケーリングポリシー
- ステップスケーリングポリシー
- ターゲット追跡スケーリングポリシー
- 予測スケーリング

❖ スケジュールに基づくスケーリング

　希望する最小の容量、最大の容量の指定を、特定時間に変更することができます。時間は1回限りの設定も、繰り返し設定にすることもできます。Cronでも書けるので、月〜金の毎朝8時なども可能です。あらかじめ予測できるインスタンス数を指定するのに適しています。また、他では変更できない最小値、最大値の指定を変更できるので、需要の幅が時間帯によって変化する場合に有効です。

❖ シンプル（単純、簡易）スケーリングポリシー

　シンプルスケーリングポリシーは、CloudWatchアラームを指定して、追加、削除を行うポリシーです。**クールダウン**という機能により、スケールアウト、スケールインの後、クールダウンに指定した秒数が経過するまでは、次のスケールアクションは行われません。たとえば、EC2インスタンスが1つ起動して、ソフトウェアの準備が完了していないタイミングで次のインスタンスが起動するなど、無駄なインスタンスが起動することを防ぎます。その反面、本当に必要なタイミングでインスタンスが必要な量に達しない可能性もあります。シンプルスケーリングポリシーよりも後にリリースされたステップスケーリングポリシーのほうがメリットがあるので、多くの場合はそちらを選択します。

❖ ステップスケーリングポリシー

ステップスケーリングポリシーは、1つのCloudWatchアラームをトリガーにして、段階的にスケールアウト、スケールインを設定することができます。クールダウンはありませんが、**ウォームアップ**という機能により、無駄なインスタンスが起動することを防ぎつつ、前回のスケールアウトから指定の秒数が経過していなくても必要なインスタンスが起動します。

シンプルスケーリングポリシーよりも後に追加されたスケーリングポリシーなので、シンプルスケーリングポリシーで実現できることはほぼ可能です。特定のCloudWatchアラームを指定してスケールアウト、スケールインを指定する場合は、シンプルスケーリングポリシーではなく、ステップスケーリングポリシーを使用します。

❖ ターゲット追跡スケーリングポリシー

ターゲット追跡スケーリングポリシーは、ターゲット値を決めるだけです。スケーリングに必要なCloudWatchアラームはAWSが作ります。スケールアウトは、すばやく行うために短い時間で起動するようにアラームがトリガーされ、スケールインはゆっくり時間をかけて行われます。

❏ ターゲット追跡スケーリングポリシー

❖ 予測スケーリング

過去のメトリクス履歴をもとに機械学習を使って予測し、必要な時間になる前にEC2インスタンスの数を増やします。学習に使う履歴データは最低24時間分必要です。新たな履歴に対して24時間ごとに再評価が実行されて、次の48時間の予測が作成されます。

同期的設計

エンドユーザーからのリクエストを、Application Load Balancer（ALB）からターゲットのWebサーバー EC2 Auto Scalingへ送信します。Webサーバーのアプリケーション画面でユーザーが操作してリクエストを送信し、内部ALBを介してAppサーバー EC2 Auto Scalingへ送信されます。Appサーバーは、データベースにSQLリクエストを実行し、その結果をWebサーバーへレスポンスとして応答します。Webサーバーはレスポンスを受け取って画面に表示し、ユーザーは結果を同期的に知ることができます。

このアーキテクチャには次のメリットがあります。

- Webサーバー、APPサーバー、データベースがプライベートサブネットで外部の攻撃から保護されている。
- WebサーバーとAppサーバーが、インターネット上のコンテンツ（アップデートモジュールや外部APIなど）にアクセスする場合は、NATゲートウェイを介してアクセスできる。
- WebサーバーとAppサーバーそれぞれが個別にスケーリングできる。障害発生時の復旧も互いに影響を減らしている。
- データベースインスタンスに障害が発生した場合は、データを失うことなくスタンバイデータベースにフェイルオーバーできる。

3-2 信頼性

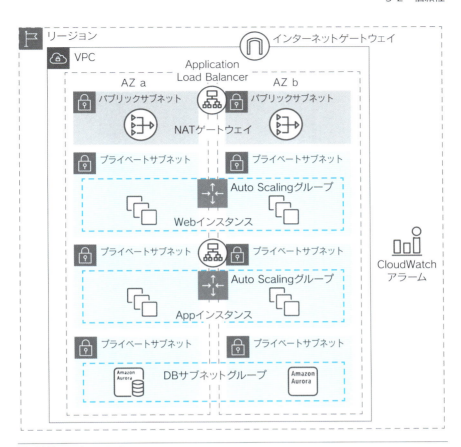

❏ 3層アーキテクチャ

非同期的設計

　エンドユーザーからのリクエストに即時のレスポンスを返さなくてもいいのであれば、非同期な設計を検討します。

　次のページの図の設計例では、エンドユーザーがWebサーバーの画面から送信したリクエストメッセージをSQSキューに送信して処理完了としています。VPC内にデプロイしたLambda関数をSQSキューのイベントトリガーにより実行して、データベースにSQLリクエストを処理させています。

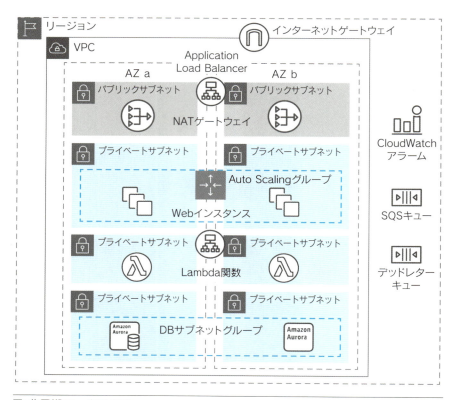

❏ 非同期アーキテクチャ

このアーキテクチャには、同期的設計のメリットに加えて次のメリットがあります。

- データベースインスタンスの障害時など、データベースに一時的にアクセスできないときも、メッセージはSQSキューかデッドレターキューに残るので、フェイルオーバー後にリトライできる。
- AWS Lambdaを使うことによりインスタンスやOSの障害が影響しない。
- トリガーのオン/オフを切り替えて、データベースのピークタイムを避けて動作させるなど、処理時間をコントロールすることもできる。
- データベースリソース許容量を考慮するのであれば、Lambda関数ごとの同時実行数制限が可能。

同期処理のオフロード

　同期的に行うべき処理のみアプリケーション層で完了し、非同期処理をキューにメッセージ送信することも検討できます。もしくは、ユーザーからのアップロードデータを処理する場合など、リクエスト量に変動がある場合は、閾値を決めて、少ない処理を先に終わらせ、並列処理が必要なものを非同期処理で行うオフロード戦略も検討できます。

❏ 同期処理のオフロード

SQSに基づくスケーリング

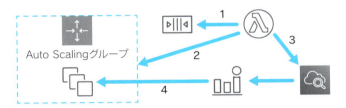

❏ SQSメッセージに基づくスケーリング

　SQSキューからジョブメッセージを受信して処理をしているコンシューマーアプリケーションが、EC2インスタンスにデプロイされています。このEC2インスタンスをAuto Scalingグループで起動して、ジョブメッセージ数に応じてスケーリングさせることができます。

　その場合、1つのインスタンスで処理できるジョブメッセージ数、処理時間に応じて指標を決める必要があります。SQSのメトリクスApproximateNumberOfMessagesVisibleは、キューのメッセージ数ですが、これだけではAuto Scalingのインスタンス数はわからないため、スケールアウトするべきかの判断には使えません。そこで、キューのメッセージ数とAuto ScalingグループのEC2イン

スタンス数を取得し、1インスタンスが処理する必要のあるジョブメッセージ数を計算してCloudWatchにカスタムメトリクスとして書き込み、そのメトリクスに閾値を設定してAuto Scalingアクションを実行します。

処理は以下のとおりです。

1. キューの属性ApproximateNumberOfMessagesを取得する。
2. Auto ScalingグループからInService状態のインスタンス数を取得する。
3. CloudWatchのPutMetricData APIで送信する。ここまでの処理を定期的に繰り返すLambda関数をデプロイする。
4. Auto Scalingグループのスケーリングポリシーによって、PutMetircDataされたメトリクスの閾値アラームに応じたスケールアウト、スケールインアクションが実行される。

ファンアウト

Fanoutとは扇形に広がるという意味です。エンドユーザーのリクエストはALB + EC2のフロントエンドアプリケーションから、SNSトピックへパブリッシュされます。そのメッセージは複数のSQSキューへサブスクライブされます。そして、各SQSキューをポーリングしているEC2インスタンスがメッセージを受信し、それぞれ並列で処理をします。

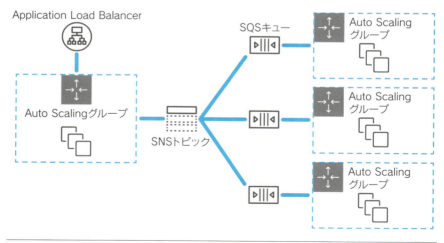

❏ ファンアウト

たとえばユーザーが動画をアップロードしたとします。動画のサムネイルを作成する処理、動画にロゴや透かしを入れる処理、動画のエンコード処理を並列処理します。それぞれのコンシューマーアプリケーションとしてのEC2 Auto Scalingグループは、それぞれの基準でスケーリングすることができ、どれか1つの処理に問題があったとしても他の2つの処理には影響しません。失敗した処理だけリトライが実行されます。

優先処理を考慮したキュー

SQSキューのメッセージは、コンシューマーアプリケーションが受信して処理をして削除します。この設計パターンでは、優先度の高いキュー、優先度の低いキューを構築しています。コンシューマーアプリケーションは、優先度の高いキューからメッセージを受信します。優先度の高いキューにメッセージがない場合は、優先度の低いキューからメッセージを受信して処理します。

❏ 優先処理を考慮したキュー

2つのSQSキューをサブスクリプションとして設定しているのはSNSトピックです。SNSトピックの機能に、サブスクリプションフィルターがあります。2つのSQSキューのサブスクリプションフィルターを設定して、SNSトピックにパブリッシュするメッセージに属性として指定したフィルターを追加します。これにより指定した優先度で、メッセージが優先度別にキューに送信されます。

❏ 高優先度キューのサブスクリプションフィルター

```
{"priority": [{"numeric": [">=", 7]}]}
```

❏ 低優先度キューのサブスクリプションフィルター

```
{"priority": [{"numeric": ["<", 7]}]}
```

❏ SNSトピックにパブリッシュするコード例（Python）

```
import sys
import boto3

args = sys.argv
priority = args[1]

sns = boto3.resource('sns')
topic = sns.Topic('arn:aws:sns:us-east-1:123456789012:FilterTest')

response = topic.publish(
    Message='Priority:{}'.format(priority),
    MessageAttributes={
        'priority': {
            'DataType': 'Number',
            'StringValue': priority
        }
    }
)
```

❏ Pythonコードの実行例

```
$ python3 sns_filter.py 7
```

ライフサイクルフック

EC2 Auto Scalingには**ライフサイクルフック**という機能があります。スケールアウト時にソフトウェアのデプロイを完全に完了したことを確認してからInServiceにしたり、スケールイン時に必要なデータのコピーを完了してからターミネートする場合などに利用できます。スケールアウトではInServiceになる前、スケールインではTerminatingになる前に、Pending:Wait待機状態にします。

ライフサイクル移行では、起動時（スケールアウト）か、削除（スケールイン）かが選べます。ハートビートタイムアウトはPending:Wait待機状態の最大秒数で、この秒数が経過すると、デフォルトの結果に基づいて処理されます。ABANDONはインスタンスがターミネートされ、CONTINUEはスケールアウトではインスタンスがInServiceになり、スケールインではインスタンスがターミネートされます。

3-2 信頼性

ライフサイクルフックを作成

ライフサイクルフック名

DemoASGScaleOut

このグループに対して一意である必要があります。使える文字数は最大 255 文字で、「-」、「_」、「/」を除くスペースまたは特殊文字は使用できません。

ライフサイクル移行
EC2 Auto Scaling がインスタンスを起動または終了するときに、カスタムアクションを実行できます。

インスタンス起動 ▼

ハートビートタイムアウト
インスタンスが待機状態のままとなる時間（秒）。

3600 秒

最小: 30、最大: 7200

デフォルトの結果
ライフサイクルフックのタイムアウトが経過したとき、または予期しない障害が発生したときに、Auto Scaling グループが実行するアクション。

ABANDON ▼

通知メタデータ *(省略可能)*
EC2 Auto Scaling が通知ターゲットにメッセージを送信するときに含める追加情報。

ライフサイクルフック通知を受け取る方法について学ぶ ⧉

キャンセル　作成

❏ ライフサイクルフックの設定

　ハートビートを最初から再開して延長するには、RecordLifecycleAction Heartbeat を CLI、SDK、API から実行します。必要な処理を完了させてライフサイクルフックを終了するには、CompleteLifecycleAction を CLI、SDK、API から実行します。

　ライフサイクルフックは Event Bridge（Cloudwatch Events）でルールをトリガーとして設定できます。必要な処理を Lambda などに連携できます。

Route 53

　Route 53 は、パブリックまたはプライベートなホストゾーンやリゾルバーを提供する DNS サービスです。ドメイン購入、管理も可能です。様々なルーティングに使うことになり、ヘルスチェック、SNS、CloudWatch などの AWS サービスとの連携が可能な高機能な DNS サービスです。全世界のエッジロケーションを利用して展開しているので、低レイテンシーと高可用性を実現しています。

Route 53 加重ルーティングとヘルスチェック

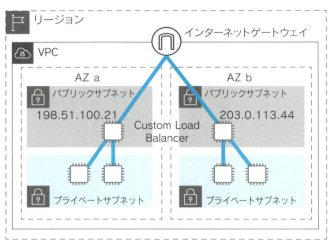

Amazon Route 53

ドメイン	IPアドレス	重み
www.example.com	198.51.100.21	1
www.example.com	203.0.113.44	1

❏ Route 53 加重ルーティング

　Elastic Load Balancingを使用する場合は、Elastic Load Balancing自体が高可用性を持ち、複数のAZにノードが起動します。複数のノードへのリクエストはラウンドロビンされます。

　Elastic Load Balancingが使えない制約があった場合（たとえば、オンプレミスからソフトウェアロードバランサーを移行した場合、EC2インスタンスのOSをコントロールしなければならない場合など）に、Route 53を使ったロードバランサーのマルチAZ構成が検討できます。Route 53加重ルーティングで重み付けを同じ値にして、なるべく均等なリクエストに近づけるようにします。

3-2　信頼性

ヘルスチェックの環境設定　❓

Route 53 ヘルスチェックでは、ウェブサーバーやメールサーバーなどのリソースのヘルスステータスを追跡し、機能停止が生じた場合にアクションを実行できます。

名前	srr-1　ℹ️
モニタリングの対象	● エンドポイント　ℹ️
	○ 他のヘルスチェックのステータス (算出されたヘルスチェック)
	○ CloudWatch アラームの状態

エンドポイントの監視

複数の Route 53 ヘルスチェックは以下のリソースとの TCP 接続を確立しようと試み、正常かどうかを判断します。 詳細はこちら

エンドポイントの指定	● IP アドレス　○ ドメイン名
プロトコル	HTTP　ℹ️
IP アドレス *	54.88.211.77　ℹ️
ホスト名	www.example.com　ℹ️
ポート *	80　ℹ️
パス	/ images　ℹ️

▼ 高度な設定

リクエスト間隔	○ スタンダード (30 秒)　● 高速（10秒）ℹ️
失敗しきい値 *	2　ℹ️
文字列マッチング	● いいえ　○ はい ℹ️
レイテンシーグラフ	☐ ℹ️
ヘルスチェックステータスを反転	☐ ℹ️
ヘルスチェックの無効化	○ デフォルトでは、無効化されたヘルスチェックは正常と見なされます。詳細はこちらℹ️
ヘルスチェッカーのリージョン	○ カスタマイズ　● 推奨を使用する ℹ️

❏ Route 53ヘルスチェック

それぞれのIPアドレスに対してヘルスチェックを設定します。

	名前	ステータス	説明	警報
☑	srr-2	1時間前 　現在 異常	http://3.236.181.92:80/	❶ アラーム 内の 1 の 1
☐	srr-1	1時間前 　現在 正常	http://54.88.211.77:80/	✅ OK 内の 1 の 1

❏ Route 53ヘルスチェック

　インスタンスやAZに障害が発生した際でも、もう一方のAZでシステムが継続できるようにします。

3 新しいソリューションの設計

133

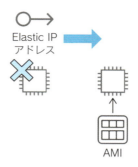

❑ Floating IP

　Elastic IP（EIP）アドレスを使用しておけば、障害が発生したときにAMIからインスタンスを起動して、Elastic IPアドレスの関連付けを変更すること（Floating IP）で復旧できます。Route 53のヘルスチェックが正常になれば2つのロードバランサーソフトウェアでリクエストを受けるアーキテクチャに戻ります。

Kinesis

　Kinesisはストリーミングデータを扱うサービスです。**ストリーミングデータ**とは、継続的に生成され続けるデータです。たとえば、ECサイトでのユーザーの行動履歴やゲームアプリケーションのユーザーの行動データ、Twitterのツイート、IoTデバイスからの大量のデータなどです。

Amazon Kinesis
Data Streams

Amazon Kinesis
Data Firehose

Amazon Kinesis
Data Analytics

Amazon Kinesis
Video Streams

❑ Kinesis

　データを溜め込んで定期的（たとえば夜間に1回など）に実行するのは**バッチ処理**です。ユーザーの行動やTwitterのツイートに対して、翌日にアクションをするよりも、なるべく早くニアリアルタイムでアクションしたほうがユーザーの満足度に繋がります。そのためには、継続的に生成されたデータを継続的に収集して、分析などの処理も継続的に行う必要があります。このような処理を得意としているサービスがKinesisです。

3-2 信頼性

現在、Kinesisには4つのサービスがあります。これらのサービスを要件に応じて使い分けたり、組み合わせて使用します。

○ Amazon Kinesis Data Streams
○ Amazon Kinesis Data Firehose
○ Amazon Kinesis Data Analytics
○ Amazon Kinesis Video Streams

Amazon Kinesis Data Streams

Kinesis Data Streamsはストリームデータを収集して順番どおりにリアルタイム処理を実現します。送信データにはパーティションキーを指定します。

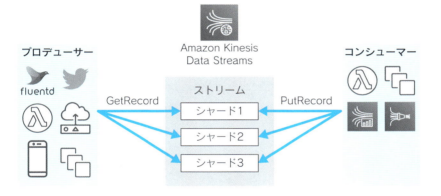

❏ Amazon Kinesis Data Streams

❏ 送信されたデータの例

```
{
  "SequenceNumber":
    "49620455832371788626058682015593048160444895903640190978",
  "ApproximateArrivalTimestamp": "2021-07-25T03:28:54.481000+00:00",
  "Data": "xxxxxxxxxxxxxxxxxxxxxxxxxxxxxxxxxx",
  "PartitionKey": "1418971668987322369"
}
```

パーティションキーによって保存されるシャードが決定されます。パーティションキーはプライマリキーではないので、同じパーティションキーを持った

データも送信できます。

シャード1つで、1秒あたり最大1MB、1000レコードの取り込みと、1秒あたり最大2MBの読み込みが可能です。1秒あたりに最大発生する取り込み量と読み込み量に応じてシャードの数を決めます。シャードは後からでもリシャーディングにより増減可能です。

Kinesis Data Streamsのデータ保持期間はデフォルトで24時間です。追加料金が発生しますが、最大365日までデータを保持することもできます。サーバーサイド暗号化も可能です。

メトリクスは標準ではストリーム単位ですが、追加料金によりシャード単位のメトリクスもCloudWatchでモニタリングできます。

送信されたデータは、コンシューマーがすぐにGetRecordsして使用できます。データのレイテンシーは1秒未満です。コンシューマーアプリケーションは、データを取得してリアルタイムに近い時間で加工や重複判定、有効判定処理を独自のコードで実行することができます。

Amazon Kinesis Data Firehose

Kinesis Data Firehoseは大量のデータを、指定した送信先に簡単に送ります。

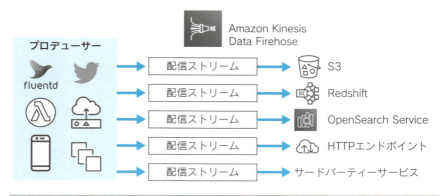

❏ Amazon Kinesis Data Firehose

送信先はS3、Redshift、OpenSearch Service、HTTPエンドポイント、サードパーティサービスから選択できます。送信前にAWS Glueでのデータ変換、AWS Lambdaでの加工がオプションで行えます。

❏ Firehose送信先

　送信先に送信するタイミングはバッファ設定により決定されます。指定のサイズまでデータが蓄積されるか、指定した時間が経過するかのいずれかです。最小時間は60秒です。Kinesis Data Streamsと比較してデータの遅延が発生します。

❏ Firehoseバッファ

Amazon Kinesis Data Analytics

Kinesis Data Analyticsでは、Kinesis Data Streams、Kinesis Data Firehoseのストリーミングデータを主にSQLクエリーを使用して分析できます。分析結果は指定の送信先に送信できます。

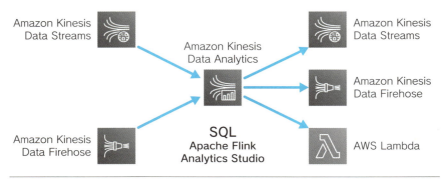

❑ Amazon Kinesis Data Analytics

❑ サンプルクエリー

```
CREATE OR REPLACE STREAM
    "DESTINATION_SQL_STREAM"
     (ticker_symbol VARCHAR(4), sector VARCHAR(12),
        change REAL, price REAL);

CREATE OR REPLACE PUMP
    "STREAM_PUMP" AS INSERT INTO "DESTINATION_SQL_STREAM"
    SELECT STREAM ticker_symbol, sector, change, price
    FROM
    "SOURCE_SQL_STREAM_001"
    WHERE
    sector SIMILAR TO '%TECH%';
```

　データのソースにはKinesis Data StreamingまたはKinesis Data Firehoseでストリーミングしているデータを指定できます。データに対してスキーマを定義して、SQLが実行できるようにしておきます。上記の例では、ストリーム（SOURCE_SQL_STREAM_001）に対してSELECTした結果をポンプ（PUMP）を介して、ストリーム（DESTINATION_SQL_STREAM）にINSERTしています。

❏ Analytics送信先

　こうして定義したAnalyticsアプリケーション内のストリームと送信先を設定します。

　次の図は、Kinesis Data Streams、Analytics、Firehoseを組み合わせたストリーミングソリューションの例です。

❏ Twitterツイート分析ソリューション

　繰り返しTwitterを検索して、該当ツイートをKinesis Data StreamsにLambda関数がPutRecordします。データはAnalyticsによって条件に基づき抽出されて、Firehoseに送信されます。FirehoseはS3バケットに送信します。S3バケットに蓄積されたオブジェクトはAthenaでユーザーベースのSQL検索が行えます。

Amazon Kinesis Video Streams

　Kinesis Video Streamsでは、動画ストリームをAWSに収集して、Amazon Rekognition Videoなどと連携して、リアルタイムな動画分析を行えます。

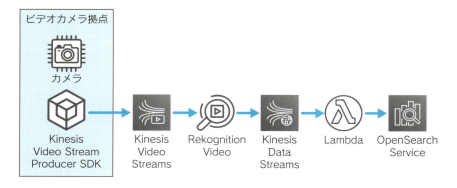

❏ Amazon Kinesis Video Streamsのサンプル

信頼性のポイント

- ターゲット追跡スケーリングでは、CloudWatchアラームはAWSが自動作成する。アラームの調整が必要な場合はステップスケーリングポリシーを使用する。
- 予測スケーリングには過去24時間の実績が必要。定期的に訪れるスパイク的なピークに対応するインスタンスを必要な時間前に用意する。
- Web層、アプリケーション層に分かれている場合は、内部ロードバランサーを使用することで疎結合を実現する。
- 非同期な処理はSQSキューを使用することで、コンポーネント同士の依存性をさらに減らすことでき、耐障害性、可用性を向上する。
- SQSキューを使用して、処理のオフロード、ジョブメッセージに応じたEC2 Auto Scaling、ファンアウト、優先処理などを実現しやすくなる。
- EC2 Auto Scalingのライフサイクルフックにより、スケールアウト、スケールインに処理を追加できる。
- セルフマネージドなロードバランサーをEC2インスタンスで使用する要件での高可用性は、Route 53の加重ルーティングにより実現できる。

3-2 信頼性

- Kinesis Data Streamingによりリアルタイムなデータ収集、順番を守った処理が実現できる。
- Kinesis Data Streamingのシャードは1シャードにつき1秒間の1MB、1000回の書き込み、2MBの読み込みが可能。
- Kinesis Data Firehoseは最小60秒のバッファが必要だが、簡単にデータを送信できる。
- Kinesis Data AnalyticsはストリームデータにSQLで検索をかけることができ、送信先に送信できる。
- Kinesis Video Streamsは動画ストリーミングデータをAWSに収集して分析などの処理と連携する。

3

新しいソリューションの設計

3-3 事業継続性

事業を継続するために、災害対策を実現し、システム全体の耐障害性、可用性を高めるサービスの機能について解説します。

RPOとRTO

災害などシステムに影響する障害が発生した場合の復旧設計の際に、コストとあわせて検討するのがRPOとRTOです。

- **RPO**：Recovery Point Objective、目標復旧時点
- **RTO**：Recovery Time Objective、目標復旧時間

❏ RPOとRTO

　RPOは、障害発生によりオンラインのデータが失われた際に、バックアップから復旧したデータはいつの時点まで戻ってもよいかの指標です。RPOが24時間であれば、バックアップの取得頻度は1日に1回となります。

　RTOは障害発生からシステムが完全復旧するまでに要する時間です。設計を決定したら、本番レベルのデータ量・リソース量で実際に復旧プロセスを実行して、RTOを達成できるか確認しておきます。

　一般的にRPO、RTOを短くすればするほどコストは上がります。ただし、RPO、RTOを短くすることが目的ではなく、要件に応じて方式とサービスを選択することが重要です。本節では、RPO、RTO別の代表的な4段階のシナリオを、関連サービスとあわせて解説します。

3-3 事業継続性

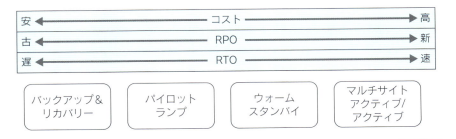

❑ 災害対策の4つのシナリオ

　図のように、左から右に向かって、RPOとRTOが短くなっていきます。そして、その分コストは高くなっていきます。

バックアップ&リカバリー（バックアップと復元）

オンプレミスからのバックアップ&リカバリー

　次の図は、オンプレミスで稼働しているWeb層、アプリケーション層、データベース層の3層システムの災害対策サイトをAWSにする例です。

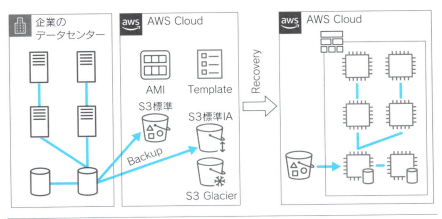

❑ バックアップ&リカバリー

　データベースのバックアップデータはS3バケットに保存します。30日以上保存する場合は低頻度アクセスストレージクラス（標準IA）も検討できます。

RTOで取り出し時間が許容でき、バックアップデータの保存期間が90日以上の場合はS3 Glacierも検討できます。Webサーバー、アプリケーションサーバー、データベースサーバーはオンプレミスと同じ構成でそのままEC2インスタンスを使って復元する予定です。各EC2インスタンスのAMIを作成しておきます。AMIをもとに起動するCloudFormationテンプレートを作成しておきます。

災害発生時には、CloudFormationスタックを作成して、データベース層にS3からバックアップデータをコピーします。コピー後インポートして復旧します。

AWS Storage Gateway

オンプレミスから主にS3などAWSのストレージサービスを透過的に使用できるのがStorage Gatewayです。オンプレミスのアプリケーションデータのバックアップ先としてもAWSを使用できます。たとえば、オンプレミスからのバックアップを同じオンプレミスに復旧するような、災害対策とまではいかないようなケースでもAWSをバックアップストレージとして使用できます。

Storage Gatewayには4つのゲートウェイがあります。

- ○ Amazon S3ファイルゲートウェイ
- ○ ボリュームゲートウェイ
- ○ テープゲートウェイ
- ○ Amazon FSxファイルゲートウェイ

オンプレミスにデプロイする仮想イメージは、ゲートウェイ作成時に選択してAWSよりダウンロードできます。次から選択できます。

- ○ VMWare ESXi
- ○ Microsoft Hyper-V 2012R2/2016
- ○ Linux KVM

他の選択肢として、Amazon EC2、ハードウェアアプライアンスもあります。

❖ Amazon S3ファイルゲートウェイ

❏ ファイルゲートウェイ

　ファイルゲートウェイは、SMBもしくはNFSプロトコルでマウントしてデータを保存するケースで利用します。マウントした仮想イメージに保存したデータは自動的にS3バケットに保管されます。ファイルゲートウェイのファイル共有設定時に、保存したオブジェクトのストレージクラスを以下から選択できます。アクセス頻度、データの重要度に応じて選択します。

- S3スタンダード
- S3 Intelligent-Tiering
- S3スタンダードIA
- S3 1ゾーンIA

　保存後にS3のライフサイクルポリシーを使用して、S3 Glacierに移行してコスト最適化を図ることも可能です。Glacierに移行したオブジェクトは取り出し時間が必要になります。

❖ ボリュームゲートウェイ

❏ ボリュームゲートウェイ

　iSCSIブロックストレージボリュームをオンプレミスが必要とする場合はボリュームゲートウェイを使用します。保存したデータはStorage Gatewayのボ

リュームに保存されます。このボリュームはAWS BackupまたはEBSスナップショットスケジュールで、EBSスナップショットをバックアップとして作成できます。EBSスナップショットを使用してStorage Gatewayのボリュームを復元して、ボリュームゲートウェイにアタッチしてオンプレミスに復元できます。

ボリュームゲートウェイには**保管型**と**キャッシュ型**があります。保管型では、保存したデータがオンプレミスとAWS両方に非同期で保存されます。キャッシュ型では、すべてのデータはAWSに保管され、オンプレミスには頻繁にアクセスするデータだけがキャッシュとして保管されます。キャッシュ型により、オンプレミスのストレージ容量を削減しながら、頻繁にアクセスするデータへのアクセスはレイテンシーを下げることができ、オンプレミスアプリケーションパフォーマンスへの影響を軽減できます。

❖ テープゲートウェイ

❏ テープゲートウェイ

テープゲートウェイを使用すると、すでにオンプレミスで使用しているバックアップソフトウェア(Arcserve Backup、Veeam Backup、Veritas Backup Execなど)はそのままで、保存先をテープ装置からAWSの仮想テープライブラリに変更することができます。テープアーカイブの保存先として、GlacierプールもしくはDeep Archiveプールを選択できます。

テープ保持ロック機能にはモードが2つあります。**コンプライアンスモード**では、指定した保持期間のテープ削除はルートユーザーにもできません。**ガバナンスモード**では、IAMポリシーで許可されたユーザーのみが削除できます。

❖ Amazon FSxファイルゲートウェイ

FSx for Windowsへのオンプレミスからのファイル共有では、Amazon FSxファイルゲートウェイを使用できます。

AWSマルチリージョンのバックアップ&リカバリー

次の図は、AWSリージョンで稼働しているWeb層、アプリケーション層、データベース層の3層システムの災害対策サイトを、他のAWSリージョンにする例です。

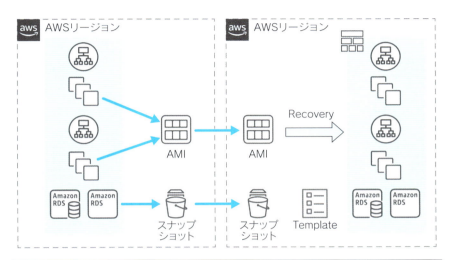

❏ マルチリージョンのバックアップ&リカバリー

Web層、アプリケーション層のEC2のバックアップはAMIを作成しています。データベース層のRDSはスナップショットを作成しています。AMIとスナップショットは復元先のリージョンへ定期的にクロスリージョンコピーします。AMIも、EBSとRDSのスナップショットも対象範囲はリージョンです。他のリージョンで復元するためにはクロスリージョンコピーが必要です。他にRedshiftにもクロスリージョンスナップショットコピー機能があります。

AMI、EBSスナップショットは、DLM（Data Lifecycle Manager）で自動取得、クロスリージョンコピーをスケジューリングできます。RDSはデータベースエンジンによっては組み込みの自動スナップショット機能でクロスリージョンコピーもオプションで指定できます。

❖ AWS Backup

AWS Backupを使用することで、バックアップの一元化、自動化が可能です。対象のサービスリソースのタグを指定して、まとめてバックアップスケジ

ュールを設定できます。サポートされているリージョンとサービスでは、クロスリージョンコピーの自動化も可能です。EBSスナップショットやRDSスナップショットの自動的なクロスリージョンスナップショットコピーをまとめて管理できます。

❏ AWS Backup

パイロットランプ

　Web層やアプリケーション層では、AMIとCloudFormationテンプレートを作成しておきます。災害発生時にはスタックを作成して復旧します。RDSはクロスリージョンリードレプリカを作成します。災害発生時、RDSはマスターへ昇格し、スタンバイデータベースを作成します。S3バケットはクロスリージョンレプリケーションを作成しておきます。DynamoDBテーブルはグローバルテーブルでレプリカを作成しておきます。

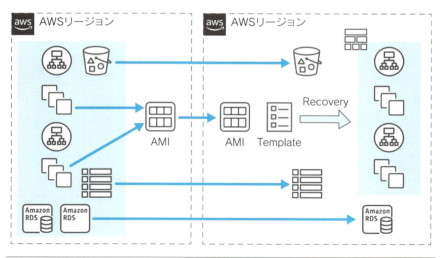

❏ パイロットランプ

　Web層、アプリケーション層のスタック作成時間と復旧後のテスト確認時

間で復元できるので、バックアップ&リカバリーよりもRTOが短くなります。各ストレージのレプリケーションは非同期ではあっても、数分～数時間で完了しています。S3クロスリージョンレプリケーションはリクエスト数、オブジェクトサイズによっては数時間かかる場合があります。S3 Replication Time Control（S3 RTC）を有効にすると、ほとんどのオブジェクトを数秒でレプリケートして99.99%は15分以内に完了します。完了しなかったレプリケーションは、EventBridgeイベントで検知できます。定期的なバックアップ実行のバックアップ&リカバリーよりもRPOの短縮が見込まれます。ただし、常時稼働リソースは、RDSリードレプリカとDynamoDBグローバルテーブルなどが追加されるので、バックアップ&リカバリーよりもコストが増加することが考えられます。

ウォームスタンバイ（最小構成のスタンバイ）

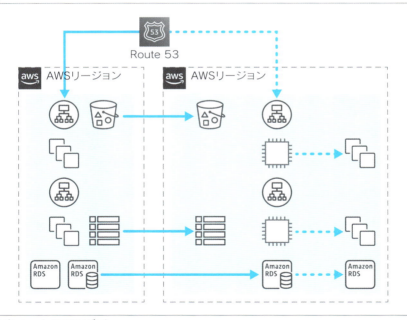

❏ ウォームスタンバイ

ウォームスタンバイ（最小構成のスタンバイ）では、パイロットランプ構成に加えて、Web層とアプリケーション層も最小構成で稼働しておきます。常時

テストが可能になり、復旧時のテスト確認時間を短縮でき、パイロットランプよりRTOを短くすることができます。ただし、常時稼働リソースが増えるためコストが増加します。

災害発生時には、EC2インスタンスはAuto Scalingの最大インスタンス数と希望するインスタンス数を追加することで本番トラフィックに対応できるようにします。RDSインスタンスはマスター昇格し、スタンバイデータベースを作成します。Route 53ヘルスチェックとDNSフェイルオーバーを使用して、自動でDNSルーティングが切り替わるようにしておきます。

マルチサイトアクティブ/アクティブ

マルチサイトアクティブ/アクティブでは、すべてのリソースを常時稼働させておきます。災害発生時にはユーザーからのリクエスト送信先を切り替えることで復旧します。RTOはさらに短くなりますが、常時稼働リソースが増えることでコストは増加します。

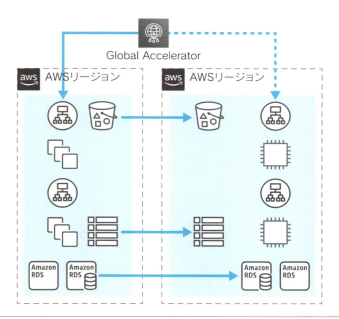

❏ マルチサイトアクティブ/アクティブ

Route 53のDNSフェイルオーバーでレコードがセカンダリに切り替わって
も、途中経路でのDNSキャッシュやDNSリゾルバーの影響を受けることもあ
ります。Global Acceleratorを使用することでさらにフェイルオーバー時間を短
縮できる可能性があります。Global Acceleratorは、アクティブなエンドポイン
トが正常でないと判断すると、使用可能な別のエンドポイントへのトラフィッ
ク転送を即時開始します。

事業継続性のポイント

- RPOは目標復旧時点でデータが失われる時間、RTOは目標復旧時間でデータが復旧するまでの時間。
- Storage Gatewayを使用することで、AWSのストレージをオンプレミスからシームレス（透過的）に使用できる。
- ファイルゲートウェイは、NFS、SMBプロトコルで使用する。
- ボリュームゲートウェイは、iSCSIブロックストレージボリュームで使用する。
- テープゲートウェイは、既存のバックアップソフトウェアをそのまま使用して、テープ装置から仮想テープライブラリに変更できる。
- EBS、RDS、Redshiftのスナップショットはクロスリージョンスナップショットコピーができる。
- EC2、EBSはDLM（Data Lifecycle Manager）、RDSは組み込みのスナップショット機能でクロスリージョンコピーの自動化も可能。
- AWS Backupを使用することで、バックアップの一元化、自動化ができ、クロスリージョンスナップショットコピーの自動化も可能。
- S3バケットはクロスリージョンレプリケーションが可能。S3 RTCによって要件対応がサポートされる。
- DynamoDBテーブルは他リージョンにグローバルテーブルとしてレプリカを作成できる。
- RDSは他リージョンにクロスリージョンリードレプリカを作成できる。
- Route 53により、ヘルスチェックと複数リージョンでのDNSフェイルオーバーが可能。
- Global Acceleratorにより、複数リージョンでの即時のトラフィック転送が可能。

3-4

パフォーマンス

　AWSクラウドの大量なリソースを使い捨てすることにより、パフォーマンスを向上させるサービスの機能について解説します。既存アプリケーションのパフォーマンス改善については第6章で解説します。

EC2のパフォーマンス

　オンプレミスのサーバーとEC2インスタンスの大きな違いは、EC2では必要なときに必要な量を使い捨てにできることです。大量のデータ処理が必要な場合も、順列で処理するのではなく、並列で一気に処理をしてEC2インスタンスを終了させることができます。そうすることで処理全体が早く終わります。EC2インスタンスの特性や機能を有効に使用することによってパフォーマンスの向上が可能です。

　ここでは、EC2インスタンスのパフォーマンスに関係する機能や使い方を解説します。なお、重要な機能であるEC2 Auto Scalingについては、121ページの「EC2 Auto Scaling」を参照してください。

バーストパフォーマンスインスタンス

　T2、T3、T3a、T4gインスタンスには**CPUバーストパフォーマンス**があります。通常インスタンスサイズごとに決まっているベースラインまでのCPUが使用できます。ベースラインを超えてバーストすることもできます。ベースラインを超えるときにはCPUクレジットが消費されます。ベースラインを下回っているときはCPUクレジットが蓄積されます。

3-4 パフォーマンス

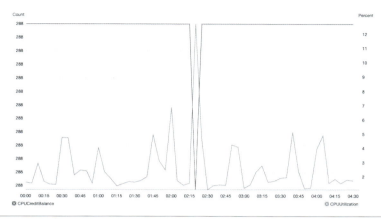

❏ CPUクレジットメトリクス

このCloudWatchメトリクスは、CPUCreditBalance（CPUクレジット残高）とCPUUtilization（CPU使用率）です。インスタンスタイプはt3.microです。t3.microのCPUベースラインは10％で、1時間あたり12クレジットが蓄積され、最大蓄積クレジットは288です。2:20ごろにCPU使用率が13%くらいになっています。10%を超えているのでバーストです。バーストしているタイミングで、288まで蓄積されていたCPUクレジットが少しだけ下がって、その直後バーストが終わったのでまた蓄積されています。このようにバーストパフォーマンスインスタンスは、クレジットの範囲内でときどきバーストするようなユースケースで使用することが望ましいです。

CPUクレジットがなくなるとCPUバーストができなくなりますが、Unlimited（無制限）モードが有効な場合は余剰クレジットを使用してバーストします。余剰クレジットはいわば借金のようなものです。借金は返さなければなりません。CPUがベースライン内に戻った際に返済が始まります。返済期間は24時間です。24時間で獲得できる最大クレジットを余剰クレジットが超えた場合は課金されます。借りすぎには注意しなければなりません。余剰クレジットが残ったままEC2インスタンスを停止、終了した場合も追加課金が発生します。また、24時間の平均CPU使用率がベースラインを超えている場合にはvCPUあたりの追加料金が発生します。

CPU使用率がベースラインを超え続けるような使い方は、バーストパフォーマンスインスタンスの使い方として不向きです。M5などのインスタンスを検討してください。

拡張ネットワーキング

シングルルート I/O 仮想化（SR-IOV）を使用して、高い帯域幅、1秒あたりのパケットの高いパフォーマンス、低いインスタンス間レイテンシーが提供されます。現行世代を含むほとんどのインスタンスタイプでは、Elastic Network Adapter（ENA）がサポートされていて、EC2インスタンスを起動した際に、拡張ネットワーキングが有効になっています。ENAの拡張ネットワーキングでは最大100Gbpsのネットワーク速度がサポートされています。一部のインスタンスでは、ENAではなく Intel 82599 Virtual Function（VF）インターフェイスがサポートされていて、最大10Gbpsのネットワーク速度です。10Gpsを超えるネットワーク速度が必要な場合は、現行世代を含むEC2インスタンスタイプを選択します。

Amazon Linux2 を例として拡張ネットワーキングの確認をします。

❏ ena モジュールがインストールされていることの確認

```
$ modinfo ena
filename:        /lib/modules/4.14.238-182.422.amzn2.x86_64/kernel/
➥drivers/amazon/net/ena/ena.ko
version:         2.5.0g
license:         GPL
description:     Elastic Network Adapter (ENA)
author:          Amazon.com, Inc. or its affiliates
```

❏ ネットワークインターフェイスドライバーの確認

```
$ ethtool -i eth0
driver: ena
version: 2.5.0g
firmware-version:
expansion-rom-version:
bus-info: 0000:00:05.0
supports-statistics: yes
supports-test: no
supports-eeprom-access: no
supports-register-dump: no
supports-priv-flags: yes
```

❏ AWS CLIでインスタンス属性の確認

```
aws ec2 describe-instances --instance-ids i-07cebed37a5d4f38b
➥--query "Reservations[].Instances[].EnaSupport"
[
    true
]
```

　有効化されています。

　旧世代のインスタンスから移行する場合は、enaモジュールのインストール、インスタンス属性の有効化が必要です。

❏ AWS CLIでインスタンス属性の有効化

```
aws ec2 modify-instance-attribute --instance-id i-07cebed37a5d4f38b
➥--ena-support
```

ジャンボフレーム

　最大送信単位（MTU）は単一パケットで渡すことのできる最大許容サイズです。すべてのEC2で1500MTUがサポートされていて、かつほとんどのインスタンスタイプで9001MTU（**ジャンボフレーム**）がサポートされています。MTUはインターフェイスで確認できます。以下はAmazon Linux2をt3a.nanoで起動した場合です。

❏ ip link showでMTUを確認

```
$ ip link show eth0
2: eth0: <BROADCAST,MULTICAST,UP,LOWER_UP> mtu 9001 qdisc mq state UP
➥mode DEFAULT group default qlen 1000
    link/ether 0e:2e:28:de:7a:e3 brd ff:ff:ff:ff:ff:ff
```

　eth0でMTUが9001になっていることがわかりました。同じVPC内の同じ構成のEC2インスタンスに対してtracepathで確認します。

❏ tracepathでMTUを確認

```
$ tracepath 172.31.41.246
 1?: [LOCALHOST]                              pmtu 9001
 1:  ip-172-31-41-246.ec2.internal           1.301ms reached
 1:  ip-172-31-41-246.ec2.internal           0.303ms reached
     Resume: pmtu 9001 hops 1 back 1
```

　MTUは9001のままであることが確認できました。しかし、外部のサイトに
対して確認すると、MTUが1500に制限されています。

❏ 外部サイトのMTUを確認

```
$ tracepath www.yamamanx.com
 1?: [LOCALHOST]                              pmtu 9001
 1:  ip-172-31-32-1.ec2.internal             0.219ms pmtu 1500
11:  100.64.50.253                          19.778ms asymm 15
30:  no reply
     Too many hops: pmtu 1500
     Resume: pmtu 1500
```

　VPCではインターネットゲートウェイやVPN接続でMTUが1500に制限さ
れます。AWS Direct ConnectとVPCの接続ではジャンボフレームが使用でき
ます。ハイブリッド構成でジャンボフレームが必要な場合は、Direct Connect
で接続します。
　逆に、VPC内の通信でMTUを制限したい場合は、OSで設定します。

プレイスメントグループ

　EC2インスタンスは、AZ(アベイラビリティゾーン)を分散させることにより、
障害発生時の影響を最小限に抑えることができます。そのためネットワークレ
イテンシーの影響は少なくとも発生します。ネットワークレイテンシーを低く
して、ネットワークパフォーマンスを向上する選択肢として**プレイスメントグ
ループ**があります。プレイスメントグループは3つの戦略から選択できます。

○ クラスタプレイスメントグループ
○ パーティションプレイスメントグループ
○ スプレッドプレイスメントグループ

3-4 パフォーマンス

❖ クラスタプレイスメントグループ

クラスタプレイスメントグループにEC2インスタンスを起動すると、同じAZ（アベイラビリティゾーン）の同じネットワークセグメントに配置されます。こうすることで同じクラスタプレイスメントグループのEC2インスタンス同士の低いネットワークレイテンシー、高いネットワークスループットを実現できます。拡張ネットワーキング、ジャンボフレームをサポートしているEC2インスタンスを起動することで、最も低いネットワークレイテンシー、高いネットワークスループットを実現できます。

❏ クラスタプレイスメントグループ

❖ パーティションプレイスメントグループ

パーティションプレイスメントグループにEC2インスタンスを起動すると、同じAZでハードウェア障害の影響を軽減しながらパーティションというセグメントに配置できます。1つのAZに7つまでパーティションを作成できます。各パーティションはラックを共有しないので、それぞれのパーティションで独自の電源、ネットワークが使用されます。HDFS、HBase、Cassandraなどの、大規模な分散および複製ワークロードを異なるラック間でデプロイするために使用できます。

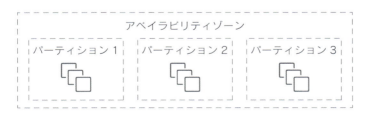

❏ パーティションプレイスメントグループ

❖ スプレッドプレイスメントグループ

　スプレッドプレイスメントグループにEC2インスタンスを起動すると、EC2インスタンスごとに独自のネットワーク、電源がある異なるラックに配置されます。1つのAZに7つまでEC2インスタンスを起動できます。同じAZで起動しながらも、ハードウェア、ネットワーク、電源などの障害リスクを軽減できます。

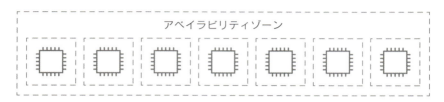

❏ スプレッドプレイスメントグループ

ストレージのパフォーマンス

　用途に応じて最適なストレージサービスを選択することでアプリケーションのパフォーマンスは向上します。また、各ストレージサービスにもパフォーマンスのための機能があります。ストレージサービスと機能の選択について解説します。

Amazon FSx for Lustre

　Lustreという、大規模なHPC（ハイパフォーマンスコンピューティング）やスーパーコンピュータで使用されている分散ファイルシステムがあります。**FSx for Lustre**はLustreを簡単に効率よく起動できます。SSD、HDDからストレージを選択することができます。また、S3と統合することで、S3のオブジェクトをインポートすることも、S3にエクスポートすることもできます。

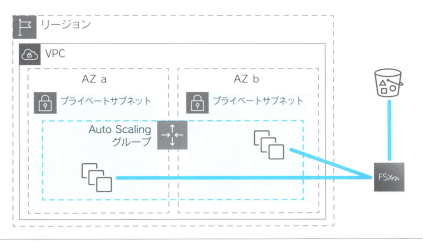

❏ FSx for Lustre

Amazon S3のパフォーマンス最適化

Amazon S3を使用する際のパフォーマンスを最適化する機能について解説します。

❖ S3マルチパートアップロードとダウンロード

S3マルチパートアップロードを使用することで、容量の大きなオブジェクトのアップロードが効率化できます。

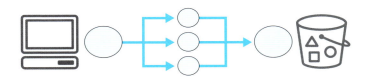

❏ S3マルチパートアップロード

オブジェクトを複数のパートに分けて並列アップロードして、完了すれば元のオブジェクトになります。低レベルのAPIを扱うCLIやSDKでは、マルチパートアップロードのプロセスをコントロールできます。そうすることで途中で中断した処理のリトライなど、再試行を実装できます。

1. **マルチパートアップロードの開始**：CreateMultipartUploadアクションを実行して、UploadIdが返される。
2. **各パートのアップロード**：UploadIdを指定してUploadPartアクションを実行する。
3. **マルチパートアップロードの完了**：CompleteMultipartUploadアクションを実行してアップロードしたパートがまとめられる。

　高レベルAPIを使用すれば、multipart_threshold、multipart_chunk_sizeなどを指定することによって、たとえば、次のようなPython SDKのコードで実行することもできます。

❏ マルチパートアップロードの実行

```
boto3.resource('s3').Bucket('bucket_name').upload_file(
    'file.txt',
    'object_key',
    Config=TransferConfig(
        multipart_chunksize=1 * MB
    )
)
```

　完了せずに不完全な状態で残ってしまったパートもストレージ料金の対象になります。ライフサイクルポリシーで自動的に削除が可能です。

期限切れの削除マーカーまたは不完全なマルチパートアップロードを削除する

期限切れのオブジェクト削除マーカー
このアクションでは、期限切れのオブジェクト削除マーカーを削除し、パフォーマンスを向上させることができます。期限切れのオブジェクト削除マーカーは、バージョニングされたオブジェクトを削除した後にすべての以前のバージョンのオブジェクトが期限切れになった場合に保持されます。このアクションは、[オブジェクトの現行バージョンの有効期限が切れる] が選択されている場合は使用できません。**詳細** ☐

☐ 期限切れのオブジェクト削除マーカーを削除する

マルチパートアップロードが未完了です
このアクションにより、未完了のマルチパートアップロードがすべて停止され、マルチパートアップロードに関連付けられたパートが削除されます。**詳細** ☐

☑ 不完全なマルチパートアップロードを削除

日数

```
7
```
整数は0より大きくする必要があります。

❏ 不完全なマルチパートアップロードの削除

ダウンロード時にもバイト範囲を指定することにより、時間のかかる大容量データのダウンロード効率化を図ったり、中断時のリトライを実装することも可能になります。

❖ S3 Transfer Acceleration

S3バケットのあるリージョンから離れた大陸や地域からアップロードが実行される場合、グローバルなインターネット上の様々な影響を受けレイテンシーが高くなる可能性があります。その場合は Transfer Acceleration を有効にすることで、全世界のエッジロケーションを経由してアップロードを実行することができます。

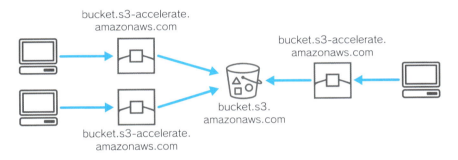

❏ S3 Transfer Acceleration

Transfer Acceleration用のエンドポイント（bucket.s3-accelerate.amazonaws.com）が作成されるので、クライアントアプリケーションでアップロード先のエンドポイントを指定する必要があります。

Amazon DynamoDBのパフォーマンス最適化

DynamoDB は NoSQL（非リレーショナル）のフルマネージドデータベースサービスです。DynamoDB テーブルではパーティションキーの値のハッシュ値によって分散保存されるパーティションが決定されます。パーティションキーはアクセスが分散しやすくなるキーで設計することが望ましいです。

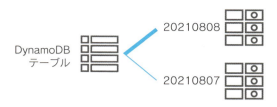

❏ DynamoDBのパーティション

　上図のように日付をパーティションキーにする必要があり、直近のアイテムほどアクセスが集中しやすいアプリケーションの場合は、特定のパーティションにアクセスが集中しやすくなる可能性があります。このようなアプリケーションのパフォーマンス最適化を図るために、パーティションにサフィックスを付加する方法があります。

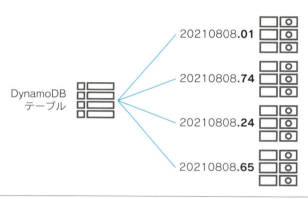

❏ パーティションキーサフィックス

　パーティションキーにサフィックスが付与されてハッシュ計算されるので、同じ日のアイテムも別のパーティションに分散されやすくなります。クエリー検索をどのように行うかによって、サフィックスをランダムに設定する方法もありますし、他の属性をもとに計算されたサフィックスを設定する方法もあります。

　投票アプリケーションのように、まとめて集計するように全アイテムにアクセスすることが多く、書き込みの処理時間を短くする要件の場合はランダムサフィックスを検討します。注文データを扱うアプリケーションのように、個別のアイテムにアクセスすることが多い場合は、計算されたサフィックスを検討します。

3-4 パフォーマンス

パフォーマンスのポイント

- T3などのバーストパフォーマンスインスタンスは、ベースラインをときどき超えることがあるワークロードで使用する。
- 拡張ネットワーキング、ENAが有効な現行世代のインスタンスを積極的に使用することでパフォーマンスの最適化が図れる。
- ハイブリッド構成でジャンボフレームが必要な場合はDirect Connectを検討する。
- 低レイテンシー、高スループットが最大要件の場合はクラスタプレイスメントグループを検討する。
- HDFS、HBase、Cassandraなどの大規模な分散および複製ワークロードではパーティションプレイスメントグループを検討する。
- 低レイテンシー、高スループットを求めるが、障害時の影響を可能な限り軽減する場合はスプレッドプレイスメントグループを検討する。
- HPCワークロードで複数EC2インスタンスからの共有ファイルシステムが必要な場合はFSx for Lustreが使用できる。
- S3オブジェクトのアップロード、ダウンロードでは並列化によって、効率化と中断時の再試行が実現できる。
- 離れた地域からのアップロードの効率化にS3 Transfer Accelerationが使用できる。
- DynamoDBパーティションキーにサフィックスを付加することで分散化を検討できる。

3

新しいソリューションの設計

163

3-5

導入戦略

導入戦略とはデプロイ戦略のことです。

ソース	ビルド	テスト	デプロイ	モニタリング フィードバック

❏ リリースプロセス

　上図は一般的なリリースプロセスです。モニタリング、フィードバックの結果、ソースコードの開発に戻り、この一連のプロセスが繰り返されます。これらがすべて手動で実行されていると、毎回リリース手順は異なるかもしれませんし、担当チームが分かれるかもしれません。分かれた各チームは、自身の担当範囲だけを実施することに注力し、他プロセスへの影響をまったく考慮しないかもしれません。その結果、ソフトウェア開発者も、インフラエンジニアも、運用担当者も、エンドユーザーへのよりよいサービスの提供よりも、事前に決めた担当範囲の手順を終了させることにしか目がいかなくなるかもしれません。

　AWSでは様々な作業の自動化が可能です。自動化することにより、失敗の可能性を減らし、デプロイのリスクを下げます。そしてリリース頻度を増やすことができ、よりよいサービスをエンドユーザーやカスタマーに提供することに注力することができます。

　この節では、リリース作業を自動化するAWSデプロイサービスと、サービスを活用することにより実現しやすくなったデプロイメントパターンを解説します。

デプロイサービス

　AWSにはリリースプロセスのライフサイクルをサポートする様々なサービスがあります。デプロイサービスは個別に解説しますが、それ以外のサービスについてはここで簡単に解説します。

3-5 導入戦略

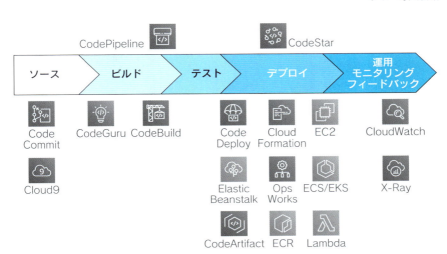

❏ デプロイサービス

○ **CodePipeline**：ソース、ビルド（テスト）、デプロイのCI/CDパイプラインを自動化します。ソース、ビルド、デプロイにサードパーティツールを使用することもできますが、AWSマネージドサービスとして、CodeCommit、CodeBuild、CodeDeployなどがあります。

○ **CodeCommit**：ソースリポジトリサービスです。プライベートなGitリポジトリをチームにプライベートで提供します。プルリクエスト、マージなど、Gitの標準機能を提供しています。

○ **Cloud9**：Cloud9は統合開発環境（IDE）をブラウザさえあれば実行できるので、ローカルマシンに開発環境を用意する必要もなく、すぐに開発を始めることができます。クラウドを通して、チームで共同開発ができます。

○ **CodeGuru**：ソースコードのレビューによってバグや問題の抽出、パフォーマンスの最適化を自動化します。

○ **CodeBuild**：ビルドとテスト環境を完全マネージドで提供します。ビルドやテストのためにサーバーやインスタンスを用意する必要はありません。必要な設定はあらかじめ行っておくので、繰り返しのビルドプロセスが可能です。

○ **CodeStar**：CodePipeline、CodeCommit、CodeBuild、CodeDeployなどを組み合わせたCI/CDパイプラインを、多種多様なプロジェクトテンプレートからすばやく構築して、すぐに開発を始めることができます。

- **CodeArtifact**：CodeArtifactでは、パッケージを適切なアクセス権限でチーム内に公開、共有できます。パッケージを管理するために必要なソフトウェアの構築、運用の必要がありません。
- **OpsWorks**：Chef、Puppetの機能をマネージドで提供します。ChefまたはPuppetを使い慣れた組織は多くの追加学習の必要なく、AWSでのデプロイを柔軟にコントロールできるようになります。
- **CloudWatch**：メトリクス、ログ、ダッシュボードなどの機能で、AWSサービスだけでなく、アプリケーションも含めた総合的なモニタリングサービスを提供し、アラームやイベント機能の通知により運用の自動化に連携します。
- **X-Ray**：X-Rayは、主にマイクロサービスなどのAPIリクエストのレスポンス時間や、結果のトレースを記録し、サービスマップで可視化することにより、サービスのバグやボトルネックの抽出に役立ちます。

AWS CodeDeploy

　CodeDeployは、EC2インスタンス（Auto Scaling含む）、ECSのコンテナ、Lambda関数、オンプレミスサーバーへのデプロイを自動化するサービスです。デプロイするアプリケーションリビジョンには、S3バケットかGitHubを指定できます。

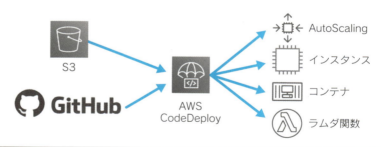

❏ AWS CodeDeploy

　まずアプリケーションを作成し、対象のプラットフォームをEC2、オンプレミス、Lambda、ECSのどれにするかを決定します。次にデプロイグループで対象のEC2インスタンスや、Auto Scalingグループ、ECSクラスタ、Lambda関数などを指定します。リビジョンではS3バケットかGitHubを指定します。最後にデプロイを作成し、AppSpec（アプリケーション仕様）を設定します。

3-5　導入戦略

❖ AppSpec

　デプロイの一連のライフサイクルイベントに対して、追加処理を設定することができます。デプロイするリビジョンにappspec.ymlを含めてデプロイで指定するか、コンソールで追加定義することで設定可能です。

デプロイのライフサイクルイベント				
イベント	期間	ステータス	開始時刻	終了時刻
BeforeInstall	1 秒未満	⊘ 成功	8月 9, 2021 2:34 午前 (UTC+9:00)	8月 9, 2021 2:34 午前 (UTC+9:00)
Install	2 分 3秒間	⊘ 成功	8月 9, 2021 2:34 午前 (UTC+9:00)	8月 9, 2021 2:36 午前 (UTC+9:00)
AfterInstall	1 秒未満	⊘ 成功	8月 9, 2021 2:36 午前 (UTC+9:00)	8月 9, 2021 2:36 午前 (UTC+9:00)
AllowTestTraffic	1 秒未満	⊘ 成功	8月 9, 2021 2:36 午前 (UTC+9:00)	8月 9, 2021 2:37 午前 (UTC+9:00)
AfterAllowTestTraffic	1 秒未満	⊘ 成功	8月 9, 2021 2:37 午前 (UTC+9:00)	8月 9, 2021 2:37 午前 (UTC+9:00)
BeforeAllowTraffic	1 秒未満	⊘ 成功	8月 9, 2021 2:37 午前 (UTC+9:00)	8月 9, 2021 2:37 午前 (UTC+9:00)
AllowTraffic	1 秒未満	⊘ 成功	8月 9, 2021 2:37 午前 (UTC+9:00)	8月 9, 2021 2:37 午前 (UTC+9:00)
AfterAllowTraffic	1 秒未満	⊘ 成功	8月 9, 2021 2:37 午前 (UTC+9:00)	8月 9, 2021 2:37 午前 (UTC+9:00)

❏ CodeDeployのライフサイクルイベント

❏ EC2のappspec.ymlの例

```
version: 0.0
os: linux
files:
  - source: /
    destination: /home/ec2-user/python-flask-service/
hooks:
  AfterInstall:
  - location: scripts/install_dependencies
    timeout: 300
    runas: root
  - location: scripts/codestar_remote_access
    timeout: 300
    runas: root
  - location: scripts/start_server
    timeout: 300
    runas: root
  ApplicationStop:
  - location: scripts/stop_server
    timeout: 300
    runas: root
```

❖ デプロイ設定

プラットフォーム（EC2、ECS、Lambda）によって設定できる内容は異なります。AWSによってあらかじめ定義されているデプロイ設定をそのまま使用することもできます。

❖ EC2のデプロイ設定

「正常なホストの最小数」を割合（％）か数値で設定できます。定義済みデプロイ設定を例に解説します。

- **AllAtOnce**
  - 正常なホストの最小数値：0
  - 一度にすべてのインスタンスにデプロイします。
- **HalfAtATime**
  - 正常なホストの最小数値：50%
  - 一度に最大半分のインスタンスにデプロイします。
- **OneAtATime**
  - 正常なホストの最小数値：1
  - 一度に1つのインスタンスにデプロイします。

❖ ECSのデプロイ設定

Canary（カナリア）とLinear（線形、リニア）から選択することができます。Canaryは最初一定の割合のみにリリースした後、指定した期間後に残りのリリースを完了させます。Linearも最初一定の割合のみにリリースした後、指定した間隔でデプロイ対象を増分していきます。定義済みデプロイ設定を例に解説します。

- **ECSCanary10Percent5Minutes**：最初10%のみ移行します。5分後に残り90%も移行します。
- **ECSLinear10PercentEvery1Minutes**：すべての移行が完了するまで、1分ごとに10%ずつ移行します。
- **ECSAllAtOnce**：一度にすべてのコンテナにデプロイします。

3-5 導入戦略

❖ Lambdaのデプロイ設定

❏ Lambdaのエイリアスとバージョン

　Canary（カナリア）とLinear（線形、リニア）から選択することができます。Lambdaのエイリアスとバージョンの紐付けで割合を指定して、トラフィックの移行を段階的に行います。定義済みデプロイ設定を例に解説します。

- **LambdaCanary10Percent5Minutes**：最初10%のみ移行します。5分後に残り90%も移行します。
- **LambdaLinear10PercentEvery1Minute**：すべての移行が完了するまで、1分ごとに10%ずつ移行します。
- **LambdaAllAtOnce**：指定したLambda関数のバージョンを1回でデプロイします。

AWS CloudFormation

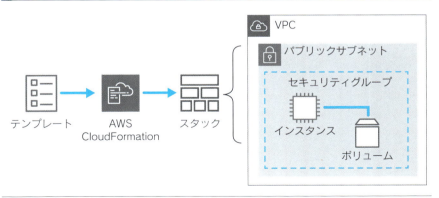

❏ CloudFormationの概要

CloudFormationは、テンプレートをもとにAWSリソースをスタックという単位で作成します。マネジメントコンソールやCLIで設定する各サービスリソースのパラメータを、テンプレートのプロパティに、あらかじめJSONかYAMLフォーマットで記述しておくことでCloudFormationエンジンがスタックを作成します。

ここでは網羅的に解説するのではなく、複雑なアプリケーションをEC2インスタンスで構成する際に使用を検討できる機能をピックアップして解説します。以下の4項目です。

- カスタムリソース
- cfn-init
- スタックポリシー
- DeletionPolicy

❖ カスタムリソース

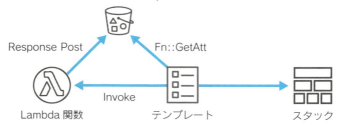

❏ Lambdaベースのカスタムリソース

CloudFormationでは、Resourcesにカスタムリソースを含めて任意のLambda関数を実行することができます。

❏ Lambdaカスタムリソースの例

```
"AMIInfo": {
    "Type": "Custom::AMIInfo",
    "Properties": {
        "ServiceToken": { "Fn::GetAtt" : ["AMIInfoFunction", "Arn"] },
        "Region": { "Ref": "AWS::Region" },
        "Architecture": {
            "Fn::FindInMap" : [ "AWSInstanceType2Arch", {
                "Ref" : "InstanceType"
            }, "Arch" ]
        }
    }
},
```

このカスタムリソースの例では、AMI ID を動的に取得しています。"Type": "Custom::AMIInfo" の AMIInfo は任意の値です。"ServiceToken" に Lambda関数の ARN を指定します。

スタック作成時に指定した Lambda関数が実行されます。Lambda関数の Event データには、レスポンス URL（S3署名付き URL）が含まれます。Lambda 関数は処理後、レスポンス URL に生成したデータを POST します。テンプレートからは、"Fn::GetAtt" で Lambda が生成したデータを受け取ります。

カスタムリソースを使用して Lambda関数を実行することによって、Cloud Formation がサポートしていない処理や、必要な情報を動的に取得することができます。

❖ cfn-init

Python による CloudFormation ヘルパースクリプトが用意されています。 Amazon Linux AMI にはすでにインストールされていて、/opt/aws/bin にあります。aws-cfn-bootstrap パッケージをインストールしても使用できます。

○ **cfn-init**：パッケージのインストール、ファイルの作成、サービスの開始などが可能です。

○ **cfn-signal**：CreationPolicy、または WaitCondition にシグナルを送信するために使用できます。

他に cfn-get-metadata、cfn-hup もありますが本書では割愛します。

cfn-init は、**AWS::CloudFormation::Init** で定義します。

❑ cfn-initの定義

```
"Resources": {
  "MyInstance": {
    "Type": "AWS::EC2::Instance",
    "Metadata" : {
      "AWS::CloudFormation::Init" : {
        "config" : {
          "packages" : {},
          "files" : {},
          "commands" : {},
          "services" : {},
          "groups" : {},
          "users" : {},
          "sources" : {},
        }
      }
    },
    "Properties": {}
  }
}
```

○ **packages**：EC2 インスタンスにソフトウェアパッケージをインストールします。

○ **files**：EC2 インスタンス上にファイルを作成します。

○ **commands**：EC2 インスタンスでコマンドを実行できます。

○ **services**：サービスの自動起動有効化、起動ができます。

○ **groups**：Linux グループを作成します。

○ **users**：Linux ユーザーを作成します。

○ **sources**：アーカイブファイルをダウンロードして展開します。

cfn-init、cfn-signal の実行は **UserData** で設定します。

次のコードは、cfn-init、cfn-signal の実行例です。aws-cfn-bootstrap の最新バージョンをインストールして実行しています。

3-5 導入戦略

❏ cfn-init、cfn-signalの実行例

```
"UserData": {
  "Fn::Base64": {
    "Fn::Join": [
      "",
      [
        "#!/bin/bash -xe\n",
        "yum install -y aws-cfn-bootstrap\n",
        "/opt/aws/bin/cfn-init -v ",
        "          --stack ", {"Ref": "AWS::StackName"},
        "          --resource MyInstance ",
        "          --region ", {"Ref": "AWS::Region"}, "\n",
        "# Signal the status from cfn-init\n",
        "/opt/aws/bin/cfn-signal -e $? ",
        "          --stack ", {"Ref": "AWS::StackName"},
        "          --resource MyInstance ",
        "          --region ", {"Ref": "AWS::Region"}, "\n"
      ]
    ]
  }
}
```

CreationPolicyを指定して、cfn-signalからの送信を受け取って、EC2イン
スタンスのリソース作成を完了とします。

❏ CreationPolicyの指定

```
"Resources": {
  "MyInstance": {
    "Type": "AWS::EC2::Instance",
    "Metadata" : {
      "AWS::CloudFormation::Init" : {
        "config" : {}
      }
    },
    "Properties": {},
    "CreationPolicy": {
        "ResourceSignal": { "Timeout": "PT5M" }
    }
  }
}
```

173

❖ スタックポリシー

　スタックに含まれるリソースを更新するときは、テンプレートの更新によって行います。意図しない更新を防ぐためには**スタックポリシー**を使用でき、スタックポリシーはスタック作成時にJSONフォーマットで定義します。明示的に許可されていない変更は暗黙的に拒否されます。一部のリソースだけを保護する場合は、すべてのリソースに対しての更新を許可（Allow）してから、保護する一部のリソースの更新だけを拒否（Deny）します。

❏ スタックポリシーの例

```
{
  "Statement" : [
    {
      "Effect" : "Allow",
      "Action" : "Update:*",
      "Principal": "*",
      "Resource" : "*"
    },
    {
      "Effect" : "Deny",
      "Action" : "Update:*",
      "Principal": "*",
      "Resource" : "LogicalResourceId/MyInstance"
    }
  ]
}
```

　上記のスタックポリシーの例では、MyInstanceの更新が拒否されています。このスタックの更新でMyInstanceを更新しようとすると、「Action not allowed by stack policy」メッセージが出力されて、UPDATED_FAILEDになります。

❖ DeletionPolicy

　DeletionPolicyを指定しておくことで、スタック削除時に特定のリソースを保護することができます。データベースやストレージを保護する際などに有効です。

174

3-5 導入戦略

❏ S3バケットを削除せずに残す場合

```
Resources:
  myS3Bucket:
    Type: AWS::S3::Bucket
    DeletionPolicy: Retain
```

Retainはあらゆるリソースタイプに追加することができます。

❏ EBSボリュームのスナップショットを取得してボリュームを削除する場合

```
NewVolume:
  Type: AWS::EC2::Volume
  Properties:
    Size: 100
    AvailabilityZone: !GetAtt Ec2Instance.AvailabilityZone
  DeletionPolicy: Snapshot
```

Snapshotは、EBSボリューム以外では以下のリソースで使用できます。

○ AWS::ElastiCache::CacheCluster
○ AWS::ElastiCache::ReplicationGroup
○ AWS::Neptune::DBCluster
○ AWS::RDS::DBCluster（Aurora）
○ AWS::RDS::DBInstance
○ AWS::Redshift::Cluster

AWS Elastic Beanstalk

Elastic Beanstalkは、開発者がすばやくAWSを使い始めることができるようにするサービスです。

次の図のように開発環境のクライアントマシンからEB CLIを操作することで、AWSへの継続的なデプロイを実行できます。これで、開発者は開発に集中することができます。Elastic Beanstalkではまずアプリケーションが作成され、環境を複数作成できます。環境ごとにDNSが生成されます。Route 53のAレコードエイリアスなど、DNSレコードを使って組織のドメインで名前解決をできるよう設定します。

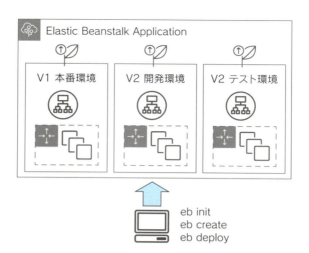

❏ Elastic Beanstalk

❖ .ebextensions

EB CLIを実行するカレントディレクトリに、**.ebextensions** ディレクトリを作成して、配下にconfigファイルを配置することで、アプリケーションのカスタマイズが可能です。構成内容と可能なことは、CloudFormationのcfn-initとだいたい同じです。

例として擬似コードで解説します。

❏ .ebextensions（擬似コード）

```
packages:
  yum:
    git: []

sources:
  /var/lib/redmine: http://www.redmine.org/releases/redmine-3.0.0.tar.
➥gz

files:
  "/var/lib/redmine/config/database.yml"
    content: |
```

```
    production:
      adapter: mysql2
      database: db_redmine
      host: localhost

container_commands:
  01_secret:
    command: rake generate_secret_token
    leader_only: true

option_settings:
  - option_name: BUNDLE_WITHOUT
    value: "test:development"
  - option_name: RACK_ENV
    value: production
```

○ **packages**：指定したパッケージをダウンロードしてインストールできます。この例ではgitをインストールしています。

○ **sources**：アーカイブファイルをダウンロードしてターゲットディレクトリに展開します。ここでは、/var/lib/redmineのredmine-3.0.0.tar.gzをダウンロードして展開しています。

○ **files**：EC2インスタンス上にファイルを作成できます。例では、/var/lib/redmine/config/database.ymlを作成しています。

○ **container_commands**：アプリケーションバージョンがデプロイされる前に、ルートユーザー権限で実行されます。leader_onlyを使用することでAuto Scaling グループのうち、1つのインスタンスのみで実行することもできます。この例では、rake generate_secret_tokenを1つのインスタンスのみで実行しています。

○ **option_settings**：Elastic Beanstalk環境設定の環境変数を定義できます。ここでは、BUNDLE_WITHOUTとRACK_ENVを定義しています。

これらの他に、groups、users、commands、servicesの指定があります。

デプロイメントパターン

Elastic Beanstalkのローリング更新

指定したバッチサイズ（インスタンス数、割合）ずつ、更新デプロイをします。デプロイ中のインスタンスはELBから切り離されます。デプロイ完了後、バッチ内のインスタンスがすべて正常な状態になってから、次のバッチの処理が開始されます。

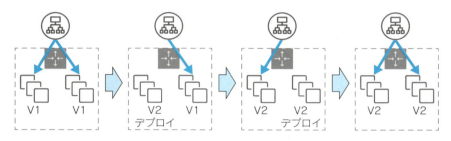

❏ Elastic Beanstalkローリング更新

Elastic Beanstalkのブルーグリーンデプロイ

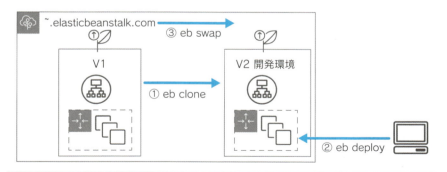

❏ Elastic Beanstalkブルーグリーンデプロイ

　eb cloneコマンドで、既存環境と同じ別の環境を作成することができます。eb deployコマンドにより新しいコードで既存環境のコードを更新します。eb swapコマンドでは、本番環境のDNSをV2の環境と付け替えます。もしもV2に

問題があった場合は、もう一度eb swapコマンドを実行してDNSをV1へ戻します。

CodeDeploy、ECR、ECSのブルーグリーンデプロイ

CodeCommitリポジトリで、AppSpec.yamlやECSタスク定義のtaskdef.jsonを管理します。コンテナイメージはECRリポジトリで管理しています。

CodePipelineのソースステージに、CodeCommitリポジトリとECRリポジトリを設定します。それぞれどちらかが更新されたときに、それぞれのCloudWatch Eventsがトリガーされて Pipelineが実行されます。CodeDeployは対象をECSで作成しています。デプロイ設定では、CodeDeployDefault.ECSAllAtOnceが指定されています。Pipelineのデプロイステージアクションプロバイダーで、Amazon ECS（ブルー / グリーン）が設定されており、デプロイグループの2つのターゲットグループでブルーグリーンデプロイが実行されます。

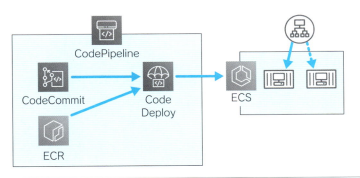

❏ CodeDeploy、ECR、ECSのブルーグリーンデプロイ

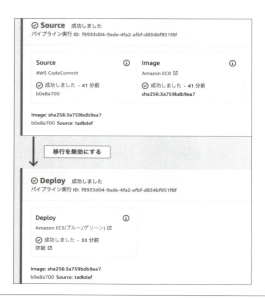

❏ ECR、ECS Pipeline

SAMをCodePipelineで継続デプロイ

　SAM（Serverless Application Model）はCloudFormationの拡張です。サーバーレスアプリケーションアーキテクチャ（Lambda、API Gateway、DynamoDB、S3など）の構築を高速化するために提供されています。

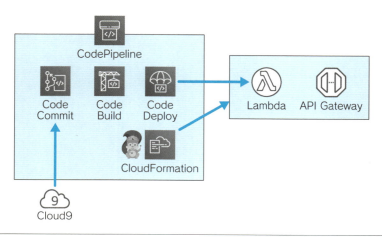

❏ SAM CodePipeline

3-5　導入戦略

　次の例では、CodePipelineのデプロイステージで、CloudFormationにより
SAMテンプレートからリソースを構築しています。

❏ SAMテンプレートの例

```
AWSTemplateFormatVersion: 2010-09-09
Transform:
- AWS::Serverless-2016-10-31

Resources:
  HelloWorld:
    Type: AWS::Serverless::Function
    Properties:
      FunctionName:
        lambda-HelloWorld
      Handler: index.handler
      Runtime: python3.7
      Role:
        Fn::GetAtt:
        - LambdaExecutionRole
        - Arn
      Events:
        GetEvent:
          Type: Api
          Properties:
            Path: /
            Method: get
```

　Lambda関数のソース、ランタイム、API Gatewayのリソース、ステージがま
とめてAWS::Serverless::Functionに定義されています。

　Lambda関数のコードと、CodeBuildのbuildspec.yml、SAMのtemplate.
ymlなどを、CodeCommitリポジトリでバージョン管理しています。Cloud9
で開発し、コミットしたプルリクエストがマージされると、CodePipelineに
より、CodeBuildが実行されます。イベントトリガーはCloudWatch Events
（EventBridge）です。

❏ CloudWatch Events（EventBridge）のルール例

```
{
  "detail-type": ["CodeCommit Repository State Change"],
  "resources": ["arn:aws:codecommit:us-east-1:123456789012:
➥RepositoryName"],
  "detail": {
    "referenceType": ["branch"],
    "event": ["referenceCreated", "referenceUpdated"],
    "referenceName": ["master"]
  },
  "source": ["aws.codecommit"]
}
```

　masterブランチが作成されたときや、更新されたときに、CodePipelineが実行されます。
　CodeBuildのビルド仕様は、buildspec.ymlに記述されます。

❏ buildspec.ymlの例

```
phases:
  install:
    runtime-versions:
      python: 3.7
    commands:
      - pip install --upgrade awscli
  pre_build:
    commands:
      - python -m unittest discover tests
  build:
    commands:
      - aws cloudformation package --template template.yml --s3-bucket
➥$S3_BUCKET --output-template template-export.yml
```

　Pythonコードの例です。pip installで依存モジュールのインストールをしています。unittestのテストをビルド前に行っています。テストが失敗した場合はパイプラインを終了します。
　CodeDeployのデプロイ設定はSAMテンプレートで指定されています。

❏ CodeDeployのデプロイ設定

```
Globals:
  Function:
    AutoPublishAlias: live
    DeploymentPreference:
      Enabled: true
      Type: Canary10Percent5Minutes
      Role: !Ref CodeDeployRole
```

Canary10Percent5Minutesが指定されているので、Lambda関数の新しいバージョンがリリースされると、最初はエイリアスに10%のトラフィックが設定されます。5分後に、100%のトラフィックをエイリアスに新しいバージョンとして設定し、デプロイが完了します。

導入戦略のポイント

- CodePipelineは、CI/CDパイプラインを自動化する。AWSマネージドサービスだけではなく、サードパーティツールを使用することもできる。
- CodeCommitはソースリポジトリを管理するGitマネージドサービス。
- Cloud9はクラウドベースのブラウザで使用できるIDE（統合開発環境）。
- CodeGuruは、ソースコードのレビューによる問題の抽出、パフォーマンスの最適化プロセスを自動化する。
- CodeBuildは、テストを含むビルドプロセスを自動実行する。
- CodeStarは、CI/CDプロジェクトのテンプレートを提供し自動で構築する。
- CodeArtifactは、パッケージを公開、共有できる。
- OpsWorksは、Chef、Puppetのマネージドサービス。
- CodeDeployのデプロイ対象は、EC2、オンプレミス、ECSのコンテナ、Lambda関数。
- CodeDeployのアプリケーション仕様AppSpecは、appspec.ymlで定義する。ライフサイクルイベントに任意のイベントを追加できる。
- CodeDeployのデプロイ設定により、CanaryリリースClear、Linearリリースを調整できる。
- CloudFormationのカスタムリソースでLambda関数を実行できる。

- CloudFormationのヘルパースクリプトcfn-initでOSのカスタマイズセットアップが可能。cfn-signalでセットアップが完了した信号をCreationPolicyに送信できる。
- CloudFormationのスタックポリシーにより、スタック更新時のリソース保護ができる。
- CloudFormationのDeletionPolicyにより、スタック削除時のリソース保護ができる。
- Elastic Beanstalkの.ebextensionsにより、OSのカスタマイズセットアップが可能。
- Elastic Beanstalkではローリングデプロイにより、指定したバッチサイズごとのデプロイを実現できる。
- Elastic Beanstalkでは、クローン、デプロイ、スワップによるブルーグリーンデプロイが可能。
- CodePipelineにより、ECRのイメージ更新をトリガーに、ECSコンテナのデプロイも可能。
- CodePipelineにより、SAMの継続的なCI/CDパイプラインを構築できる。

3-6 確認テスト

問題

 問題1

なるべくコストを抑えてKMSを使用したいと考えています。どの選択肢が適切ですか？ 1つ選択してください。

- A. CMKを任意の名前で作成して使用する。
- B. CMKを任意の名前で作成して自動ローテーションを有効にする。
- C. AWS CMKを使用する。
- D. カスタムキーストアにキーを保存する。

 問題2

非対称暗号化が要件として必要です。コストを最小化しながら最も簡単に実現できる方法を次から1つ選択してください。

- A. CloudHSMを構築する。
- B. DIYなキーサーバーを新規に構築する。
- C. KMSでCMKを作成する。
- D. KMSカスタムキーストアを使用する。

問題3

1年ごとのキーローテーションが必要です。コストを最小化しながら最も簡単に実現できる方法を次から1つ選択してください。

- **A.** CloudHSMを構築する。
- **B.** DIYなキーサーバーを新規に構築する。
- **C.** KMSでCMKを作成する。
- **D.** KMSでCMKを作成してキーローテーションを有効にする。

 問題4

複数のアプリケーションサーバーで使用するパラメータを暗号化して保存したいです。コストの最小化を図りながら実現できるサービスは次のうちどれですか？ 1つ選択してください。

- **A.** パラメータストア
- **B.** シークレットマネージャー
- **C.** セッションマネージャー
- **D.** システムズマネージャー

 問題5

使用中のEBSボリュームを暗号化しなければならなくなりました。どうしたらいいですか？ 1つ選択してください。

- **A.** 暗号化オプションを有効化する。
- **B.** 暗号化オプションを有効化した後に暗号化コマンドを実行する。
- **C.** ボリュームのコピー機能で暗号化を有効化し、新しくできた暗号化ボリュームをEC2インスタンスにアタッチする。
- **D.** スナップショットを作成して、スナップショットをもとに新規ボリュームを作成するときに暗号化を有効にする。新しくできた暗号化ボリュームをEC2インスタンスにアタッチする。

3-6 確認テスト

 問題6

特定のS3バケットでアップロードされるS3オブジェクトの保管時の暗号化が必要です。どの方法で実現しますか？ 最も簡単な方法を1つ選択してください。

 A. バケットポリシーでサーバーサイド暗号化オプションが指定されていない場合はPutObjectを拒否する。
 B. アプリケーションのIAMロール実行ポリシーでサーバーサイド暗号化オプションが指定されていない場合はPutObjectを拒否する。
 C. バケットのプロパティでTransfer Accelerationを有効にする。
 D. バケットのプロパティでデフォルトの暗号化を有効にする。

 問題7

キー管理に専有ハードウェアと高可用性が必要です。どの選択肢が最適ですか？ 1つ選択してください。

 A. KMSでCMKを作成して使用する。
 B. CloudHSMクラスタを複数のAZを指定して起動し、HSMインスタンスを複数作成して使用する。
 C. CloudHSMクラスタを複数のAZを指定して起動し、HSMインスタンスを1つ作成して使用する。
 D. CloudHSMクラスタを1つのAZを指定して起動し、HSMインスタンスを複数作成して使用する。

 問題8

Webアプリケーションにユーザーがhttpsでアクセスできるようにするために証明書が必要です。WebアプリケーションはCloudFrontを使って配信しています。次のどの方法で実現できますか？ 1つ選択してください。

 A. CloudFrontのオリジンになっているEC2インスタンスに証明書をアップロードする。
 B. CloudFrontのオリジンになっているALBにACMの証明書を設定する。
 C. CloudFrontにACMの証明書を設定する。
 D. CloudFrontに証明書をアップロードする。

問題9

開発するモバイルアプリケーションにサインインする際にMFAの実装が必要です。次のどの方法が最も早く実装できますか？ １つ選択してください。

A. MFAサインインを開発してモバイルアプリケーションに実装する。
B. IAMユーザーにMFA認証を必須にするようIAMポリシーに条件を追加する。
C. Cognito IDプールでMFAを有効にする。
D. CognitoユーザープールでMFAを有効にする。

 問題10

EC2のスケールインが実行される前に追加の処理が必要です。どうすればいいですか？ １つ選択してください。

A. インスタンス終了するときのライフサイクルフックを設定して、Event Bridgeルールを作成し、処理をするLambdaをターゲットに設定する。
B. インスタンス終了するときのライフサイクルフックを設定する。
C. インスタンス起動するときのライフサイクルフックを設定して、Event Bridgeルールを作成し、処理をするLambdaをターゲットに設定する。
D. インスタンス起動するときのライフサイクルフックを設定する。

 問題11

データが生成されてから30秒以内に必要な処理をしてS3に保存しなければなりません。次のどのサービスが適切ですか？ １つ選択してください。

A. Kinesis Data Firehose
B. Kinesis Data Streams
C. Kinesis Data Analytics
D. Kinesis Video Streams

問題 12

1デバイスあたり100kbのデータを毎秒送信しているIoTセンサーがあります。15デバイスが同時に稼働しています。Kinesis Data Streamsのシャードはいくつ必要ですか？ 1つ選択してください。

- **A**. 1
- **B**. 2
- **C**. 3
- **D**. 4

問題 13

オンプレミスのデータベースのバックアップデータをAWSに保存することを検討しています。復元時間よりもコストを最優先したいとのことです。次のどこに保存するといいでしょうか？ 1つ選択してください。

- **A**. S3低頻度アクセス
- **B**. Glacier
- **C**. Glacier Deep Archive
- **D**. S3標準

問題 14

オンプレミスのストレージ容量を節約しながらオンプレミスのアプリケーションサーバーからiSCSIで接続してデータを保存したいです。最適な選択肢はどれですか？ 1つ選択してください。

- **A**. Storage Gateway テープゲートウェイ
- **B**. Storage Gateway ファイルゲートウェイ
- **C**. Storage Gateway ボリュームゲートウェイ保管型モード
- **D**. Storage Gateway ボリュームゲートウェイキャッシュモード

問題 15

EC2同士のネットワークレイテンシーを極力低くするためのオプションは次のどれですか？ 1つ選択してください。

A. クラスタプレイスメントグループ
B. スプレッドプレイスメントグループ
C. リザーブドインスタンス
D. スポットインスタンス

 問題 16

CodeDeployでEC2インスタンスにアプリケーションをデプロイする直前にOSレベルでの処理を実行したいです。どうすればいいですか？ 1つ選択してください。

A. Ebextensionsの設定ファイルのcommandに処理を記述する。
B. buildspec.ymlのpre_buildに処理を記述する。
C. appspec.ymlのBeforeInstallに処理を記述する。
D. cfn-initのcommandに処理を記述する。

 問題 17

CloudFormationスタックの作成時にLambda関数を実行して追加の処理を実行したいです。次のどの機能を使えばいいですか？ 1つ選択してください。

A. 変更セット
B. DeletionPolicy
C. カスタムリソース
D. cfn-init

3-6 確認テスト

 問題18

CodeCommitとECRどちらかが更新されたときに、ECSへのリリースをしたいです。どのように設定すればいいでしょうか？1つ選択してください。

A. CodePipelineを2つ作成してソースをそれぞれ設定する。ビルドとデプロイには同じ内容を設定する。

B. イメージをECRで管理することをやめてCodeCommitのリポジトリに保管する。

C. CodeCommitで保管しているソースをECRにアップロードしているイメージに含める。

D. CodePipelineのソースでCodeCommitとECRのそれぞれを設定して2つのEventBridgeルールによってCodePipelineが実行されるようにする。

解答と解説

✔ 問題1の解答

答え：**C**

A、B. CMKのストレージ料金が発生します。
C. ストレージ料金分コストが抑えられます。
D. カスタムキーストアを使用しても、CMKのストレージ料金は変わりません。

✔ 問題2の解答

答え：**C**

A. CloudHSMでも非対称暗号化は実現できますが、KMSよりもコストがかかります。
B. オンプレミスもしくはEC2で管理するキーサーバーを構築すれば時間がかかるうえにKMSよりもコストが発生します。
C. KMSも非対称暗号化をサポートしています。選択肢の中で最も簡単に低いコストで開始できます。
D. カスタムキーストアを使用しても、CMKのストレージ料金は変わりません。

✔ 問題3の解答

答え：**D**

A、B. KMSより時間もコストもかかります。
C、D. キーローテーションは有効にする必要があります。

✔問題4の解答

答え：**A**

A. システムズマネージャーパラメータストアのSecureStringを使用すればKMS CMKで暗号化されます。パラメータストアは無料で使用できます。

B. 暗号化はされますがシークレットマネージャーに課金が発生します。ローテーションなどシークレット情報の管理に必要な機能を備えています。

C. サーバーにブラウザからインタラクティブにコマンドを実行する機能です。パラメータを保存するサービスではありません。

D. 答えが不十分です。Aのほうが明確です。

✔問題5の解答

答え：**D**

A、**B**. 作成済みのEBSボリュームは暗号化できません。

C. EBSボリュームコピー機能はありません。

D. EBSボリュームは作成時に暗号化可能です。

✔問題6の解答

答え：**D**

A、**B**. 強制化はできますが、Dのほうが簡単です。

C. Transfer Accelerationはネットワーク最適化オプションです。暗号化とは関係ありません。

D. アップロードされたオブジェクトが自動でサーバーサイドで暗号化されます。

✔問題7の解答

答え：**B**

A. KMSでは共有ハードウェアが使用されます。

B. CloudHSMクラスタを複数AZで起動し、HSMインスタンスを複数作成することで1つのAZが使えなくなっても継続して使用できます。

C. HSMはAZに依存するので複数作成して高可用性を実現します。

D. CloudHSMクラスタは複数のAZで作成して高可用性を実現します。

✔問題8の解答

答え：**C**

A、**B**. オリジンに設定してもユーザーからのアクセスはCloudFrontなので関係ありません。

C. ACMで所有しているドメインの証明書を作成してCloudFrontで設定できます。

D. サイト証明書をCloudFrontに直接アップロードすることはできません。

3-6 確認テスト

✔ 問題9の解答

答え：**D**

    A. 開発に時間がかかります。

    B. モバイルアプリケーショのサインインにはIAMユーザーのMFAは関係ありません。

    C. IDプールにはサインインそのものの機能はありません。

    D. ユーザープールでMFAの有効化をすることで比較的簡単に実装できます。

✔ 問題10の解答

答え：**A**

    A. スケールインはインスタンスの終了です。トリガーはEvent Bridgeルールで設定します。

    B. Event Bridgeルール設定記述がないので、Aのほうが正確な説明です。

    C、**D**. インスタンス起動はスケールアウトです。

✔ 問題11の解答

答え：**B**

    A. データが送られてから60秒のバッファ時間が必要です。

    B. すぐに取得できます。

    C. ストリームデータを分析するサービスです。

    D. 動画のストリームサービスです。

✔ 問題12の解答

答え：**B**

  シャード1つで、1秒あたり最大1MB、1000レコードの取り込みと、1秒あたり最大2MBの読み込みが可能です。1秒あたり1500kbのデータが送信されるので、シャードは2必要です。

✔ 問題13の解答

答え：**C**

  選択肢の中でGlacier Deep Archiveが最も保存コストが低いです。取り出しには最大12時間がかかります。

✔ 問題14の解答

答え：**D**

    A. 仮想テープライブラリへの接続を提供します。

    B. NFS/SMBプロトコルでの接続を提供します。

    C. iSCSI接続ですが、オンプレミスにも同じ容量のストレージが必要です。AWSを非同期で透過的なバックアップとして使用する場合に選択します。

    D. オンプレミスのキャッシュストレージにキャッシュデータを持ちます。それ以外はAWSのみに保存します。

3

新しいソリューションの設計

✔問題 15 の解答

答え：**A**

A. 同じアベイラビリティゾーンの同じネットワークセグメントに配置されます。

B. 同じアベイラビリティゾーンの EC2 インスタンスごとに独自のネットワーク、電源がある異なるラックに配置されます。クラスタプレイスメントグループのほうがレイテンシーは低くなる可能性があります。

C、**D**. コストのためのオプションです。

✔問題 16 の解答

答え：**C**

A. Ebextensions は Elastic Beanstalk の拡張機能です。

B. buildspec.yml は CodeBuild のビルド仕様です。

C. CodeDeploy のアプリケーション仕様です。

D. cfn-ini は CloudFormation のヘルパースクリプトです。

✔問題 17 の解答

答え：**C**

A. 変更セットはスタック更新時にリソースの追加、削除、変更、置換を事前確認できる機能です。

B. DeletionPolicy はスタック削除時にリソースを保護する機能です。

C. Lambda 関数の ARN を指定して実行できます。

D. cfn-init は OS 上での追加設定を実行します。

✔問題 18 の解答

答え：**D**

A. CodePipeline を 2 つ作成する必要はありません。

B、**C**. ソース、コンテナイメージのそれぞれに適したリポジトリサービスを使用します。

D. ソースステージを追加して設定することができます。

第4章

移行の計画

オンプレミスからAWSへ移行する際の、移行の目的、可否、対象や、移行ツール、移行後に置き換えられる機能などを検討します。検討プロセスにおいて、要件に応じた最適な選択を行うためのサービスについて解説します。移行についての基本的な考え方の7つのRをはじめて見るという人は「4-4 移行戦略」を先に読むことをお勧めします。

4-1　移行可能なワークロードの選択

4-2　移行ツール、移行ソリューション

4-3　移行後の設計

4-4　移行戦略

4-5　確認テスト

4-1

移行可能なワークロードの選択

　ワークロードとは、ビジネスの目的に応じた様々な役割を実現するアプリケーションやプロセスを指します。既存のオンプレミスシステムが実現している役割を移行する目的を決定して、移行によりその目的が達成できるかを判断し、移行対象を決定します。

　ここでは、組織としての準備を計画する上で何をするべきかを自身でチェックできるAWS Cloud Adoption Readiness Toolと、エージェントベースでサーバーのデータを収集して計画に役立てるAWS Application Discovery Serviceを解説します。

AWS Cloud Adoption Readiness Tool

　AWS Cloud Adoption Readiness Tool（CART）はクラウド導入準備ツールです。6つのパースペクティブ（ビジネス、人材、プロセス、プラットフォーム、運用、セキュリティ）についての質問に答えることで、クラウド移行の準備状況に関する大まかな推奨事項のレポートが生成されます。

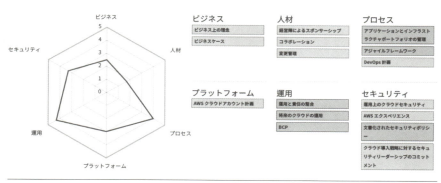

❏ AWS Cloud Adoption Readiness Tool

Webサイトで提供されているので、AWSアカウントを作らなくても使用できます。移行に向けてエンジニアリングだけではなく、組織として準備するべきプロセスを計画することに役立ちます。レポートはPDFでダウンロードできるので、関係者に共有して意思疎通を図ることができます。

AWS Application Discovery Service

AWS Application Discovery Serviceは、オンプレミスのサーバーの使用状況や設定データを収集することで、AWSへの移行計画をサポートします。

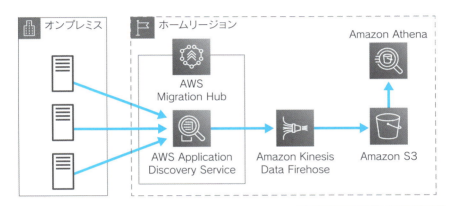

❏ AWS Application Discovery Service

　Application Discovery Serviceは**AWS Migration Hub**に統合されており、収集した情報はAWS Migration Hubで確認することができ、そのまま移行管理にも使用できます。追加のオプションで、収集した情報をKinesis Data FirehoseからS3へ送信し、AthenaでSQL分析することも可能です。

　WindowsやLinuxにインストールできる**エージェント型**と、VMware向けの**エージェントレスコネクタ型**があります。

　サーバーの設定情報（IPアドレス、ホスト名、ストレージ容量など）や、パフォーマンス情報（CPU、メモリ、ディスクIO、ネットワークなど）を収集します。

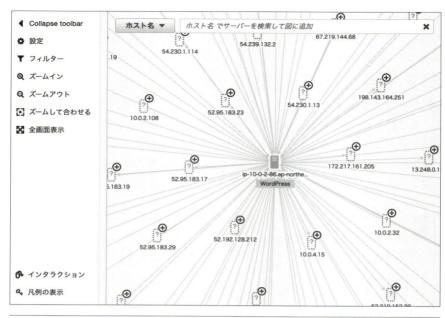

❏ Application Discovery Service Network

　サーバーからのネットワーク送信先情報についても、自動で収集され、可視化されます。

移行可能なワークロードの選択のポイント

- 組織とシステムの両面において、移行対象と目的、準備を計画する。
- AWSクラウド導入準備ツール（CART）を使用して、組織として準備するべき推奨事項を確認できる。
- AWS Application Discovery Serviceはサーバーの設定、パフォーマンス、ネットワーク情報を検出する。WindowsやLinux向けのエージェント型とVMware向けのエージェントレスコネクタ型がある。
- AWS Application Discovery Serviceで移行対象アプリケーションを決定しサーバーと紐付けて移行管理ができる。
- AWS Application Discovery ServiceはKinesis Data Firehose、S3、Athenaと連携してさらに詳細情報を分析することもできる。

4-2 移行ツール、移行ソリューション

AWSへのサーバー移行、データ移行を支援するサービスについて解説します。

AWS Snowファミリー

AWS SnowファミリーはSnowball Edgeをはじめ、物理的な筐体を運送することでデータを移行できます。

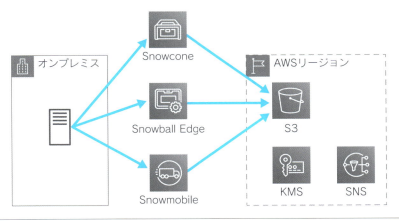

❏ Snowファミリー

データセンターのネットワーク回線が不安定な場合や回線速度が低い場合に利用します。また、物理的に隔離された場所からのデータの転送も可能です。データの転送にはおよそ1週間程度の期間が必要です。S3へのデータインポートだけではなく、S3からのデータエクスポート、転送を目的としないデバイスの使用も可能です。S3からのデータエクスポートの場合は、Snowファミリーの利用料金に加え、データ転送料金も必要です。

写真は、筆者が実際に**Snowball Edge**を持っているところです。これはAWS re:Inventの展示場で撮影しました。すぐ後ろには水に浸けられているSnowball Edgeもあります。防水や耐衝撃性のある物理デバイスになっています。マネジメントコンソールなどでジョブを作成することで、指定した住所にSnowball Edgeが届きます。Snowball Edgeのネットワークインターフェイスに、ローカルエリアネットワークを接続してデータをコピーします。

Snowball Edgeに保存されたデータは、KMS（Key Management Service）のキーを使って暗号化されます。次の図はSnowballのジョブ作成画面のKMSキー選択です。キーはデバイスに保存されることはありません。物理的にも不正開封防止機能により保護されています。

❏ Snowball Edge

❏ SnowballジョブのKMSキー選択

4-2 移行ツール、移行ソリューション

　SnowballはAmazon SNS（Simple Notification Service）によりステータス変更の通知を行います。

❏ Snowballジョブの通知設定

　通知されるイベントステータスは主に以下です。

- Job created（ジョブ作成）
- Preparing device（デバイスの準備）
- Preparing shipment（出荷準備）
- In transit to you（配送中）
- Delivered to you（配送完了）
- AWSに返送中
- AWSデータセンター到着
- S3へデータインポート中
- S3へデータ転送完了
- ジョブのキャンセル

　Snowファミリーのデバイスでは、EC2インスタンスをホストしたり、AWS IoT GreengrassでLambda関数をデプロイすることもできます。デバイス側でデータの加工処理や分析処理を行うことができます。

❏ Snowball コンピューティングオプション

Snow デバイスは用途に応じて数種類から選択できます。

❏ Snow デバイスの選択

○ **Snowcone**：8TBのHDDストレージ、4GBのメモリ、2vCPUを搭載した一番小さなデバイスです。スペースが限られている場合や、データセンターの外への持ち運びが必要な場合に有用です。IoT、車載、ドローンなどの用途での使用ケースもあります。オフラインでのデータ転送目的だけではなく、AWS DataSyncを使用したエッジロケーション経由のデータ転送も可能です。

○ **Snowball Edge Storage Optimized（ストレージ最適化）**：80TBのHDDストレージ、32GBのメモリ、24vCPUを搭載したデバイスです。データ加工などの処理を必要としない転送に向いています。

○ **Snowball Edge Compute Optimized（コンピューティング最適化）**：39.5TBのHDDストレージ、7.68TBのSSDブロックストレージ、208GBのメモリ、52vCPUを搭載したデバイスです。EC2インスタンスをホストして、データの加工処理が可能です。Snowファミリージョブを作成する際にAMIを選択します。

○ **Snowball Edge Compute Optimized with GPU（コンピューティング最適化GPU）**：39.5TBのHDDストレージ、7.68TBのSSDブロックストレージ、208GBのメモリ、52vCPUに加え、P3 EC2インスタンスタイプで利用可能なGPUを搭載したデバイスです。デバイス側での推論処理などの利用のために選択します。

○ **Snowmobile**：選択画面にはありませんが、エクサバイト規模のデータ転送をサポートするSnowmobileというオプションもあります。セミトレーラートラックが牽引する長さ14mの輸送コンテナで、1台あたり100PBまでのデータ転送が可能です。

AWS Server Migration Service（SMS）

AWS Server Migration Service（SMS）は、オンプレミスのVMware vSphere、Microsoft Hyper-V、Azure仮想マシンインスタンスをEC2のAMIに移行します。Server Migration Connector（OVA形式のFreeBSD仮想マシン）を各仮想環境にセットアップします。マネジメントコンソールからジョブを作成し、移行を開始することができます。

増分レプリケーション

事前にオンプレミスのアプリケーションサーバーの移行を開始しておき、最終の切り替え時に増分のみを移行して、システムの停止時間を最小限に抑えることができます。

AWS Database Migration Service (DMS)

　AWS Database Migration Service（**DMS**）はデータベースの移行サービスです。オンプレミスからAWSへの移行、AWSからオンプレミスへの移行をサポートします。

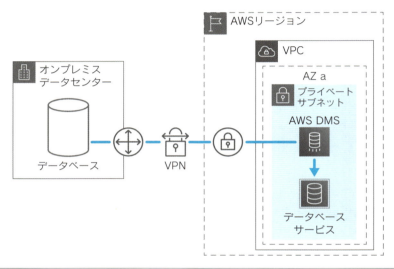

❏ AWS DMS

　1回だけの実行も継続的な差分移行も可能です。継続的なデータ移行では、ソースデータベースの変更をキャプチャ（CDC）します。

　現時点では、次のような様々なソースデータベース、ターゲットデータベースをサポートしています。

❖ ソースデータベース
- Oracle
- Microsoft SQL Server
- MySQL
- MariaDB
- PostgreSQL

4-2 移行ツール、移行ソリューション

○ MongoDB
○ SAP Adaptive Server
○ IBM DB 2
○ Azure SQL データベース
○ RDS
○ Aurora
○ S3
○ DocumentDB

❖ ターゲットデータベース
○ Oracle
○ Microsoft SQL Server
○ MySQL
○ MariaDB
○ PostgreSQL
○ SAP Adaptive Server
○ RDS
○ Aurora
○ Redshift
○ DynamoDB
○ S3
○ OpenSearch Service
○ Kinesis Data Streams
○ DocumentDB
○ Neptune
○ Apache Kafka
○ Managed Streaming for Apache Kafka（MSK）

DMSの設定

　EC2やRDSと同様に、レプリケーションインスタンスタイプを選択します。評価目的であれば、dms.t3.microなどを選択して安価に検証することも可能です。

ソースデータベースとターゲットデータベースを選択して、移行タイプを選択します。移行タイプでは、「既存データの移行」「既存データを移行して、継続的な変更をレプリケート」「データ変更のみのレプリケート」から選択できます。「既存データを移行して、継続的な変更をレプリケート」では、変更データキャプチャ（CDC）プロセスが継続的な差分を移行します。CDCプロセスには、OracleではサプリメンタルロギングのMySQLでは行レベルのバイナリログ（binログ）が必要です。

モニタリング

移行タスクを開始するとモニタリングが可能になります。テーブル統計情報ではテーブルごとのステータスや行数を確認できます。イベントはSNSで通知することが可能です。CloudWatchではレプリケーションインスタンスのメトリクスをモニタリングできます。

❏ データ統計

AWS Schema Conversion Tool (AWS SCT)

DMSはスキーマなどは変換しません。同じデータベースエンジンの場合は、データベースエンジンの管理ソフトウェア（Oracle SQL Developer、MySQL Workbench、pgAdminなど）を使用してください。異なるデータベースエンジン間については、AWS Schema Conversion Tool（AWS SCT）を使用します。SCTはWindows、macOSなどのクライアントにインストールして使用します。

4-2 移行ツール、移行ソリューション

❏ AWS Schema Conversion Tool（AWS SCT）

テーブル、インデックス、ビュー、トリガーなどの一部またはすべてをソースデータベースから読み取って、ターゲットデータベースへ変換して作成できます。

SCTデータ抽出エージェント

SCTデータ抽出エージェントを使用して、ソースデータベースより変換データを抽出し、移行することも可能です。

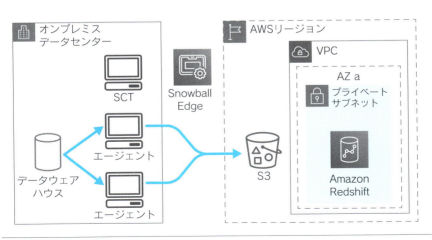

❏ SCTデータ抽出エージェント

たとえば、以下のデータウェアハウスからのデータを抽出してS3へアップロードし、Amazon Redshift に移行できます。データ容量が大きい場合には、Snowball Edge の使用も検討できます。

○ Greenplum データベース
○ Microsoft SQL Server
○ Netezza
○ Oracle
○ Teradata
○ Vertica
○ Azure SQL データウェアハウス

移行ツール、移行ソリューションのポイント

- Snow ファミリーを使用することで物理デバイスを介して大容量データを移行できる。
- Snow ファミリーでは KMS によるデータの暗号化、物理セキュリティが実装されている。
- Snow ファミリーのステータスは SNS によって通知される。
- SMS は仮想マシンを EC2 AMI に増分移行できる。
- DMS はデータベースの差分移行を CDC プロセスによって継続的に実行できる。
- SCT によって異なるデータベースエンジンのスキーマを変換できる。
- SCT 抽出データエージェントによって変換データの抽出が可能。大容量の場合 Snowball Edge の使用も検討できる。

4-3 移行後の設計

AWSへの移行時に、オンプレミスのすべてを移行し、クラウドに最適化するためにすべてをリファクタリングするのは、必ずしも移行プロセスにおいての正解ではありません。移行してからクラウドの最適化を進め、継続的な改善ができる状態にしていくことを一般的に「**クラウドジャーニー**」と呼びます。

❏ クラウドジャーニー

クラウドジャーニーのプロセスでは、人員の状況、ステークホルダーとの関係、要件、将来的な事業計画など、様々な理由が各組織ごとに千差万別であると考えられます。ベストプラクティスに基づくクラウドネイティブアーキテクチャについては第6章の継続的な改善で触れることとし、この節では特定の要件を満たす選択肢について解説します。

S3を中心としたデータレイク

　クラウドに送信されたデータを収集して保存し、保存したデータを加工処理したり、分析して可視化します。可視化された結果から気づきを得てビジネス戦略を練ったり、エンドユーザーに対しての提案を行ったりしています。

　そのために組織は様々な大量のデータを収集します。データの保存先には、管理が必要なく無制限に保存でき、耐久性が高いストレージが望まれます。その要件を満たすため、ビッグデータの保存先として、S3やDynamoDBが多く採用されます。収集したデータは多方面から処理・分析・可視化されますが、そのためにデータの複製を持つのではなく、ストレージと他のプロセスを分けることによって1種類のデータの保存先は1リソースと一元化してまとめることができます。このようなアーキテクチャが**データレイク**です。

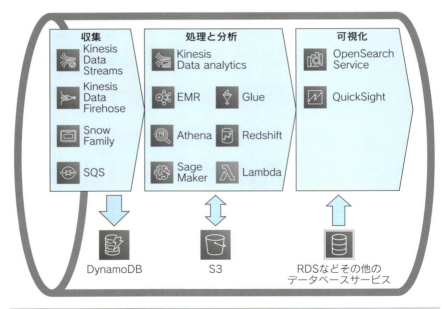

❏ データレイク

　ここでは関連サービスとしてGlueとAthenaの概要を解説します。

AWS Glue

AWS GlueはフルマネージドなETL（Extract・抽出、Transform・変換、Load・格納）サービスです。Glueは、S3のデータをGlue Data Catalogでカタログ化し、AthenaやRedshift Spectrumでも使用できます。

データソースとして、S3、RDS（他JDBC対応データベース）、DynamoDB、DocumentDB（他MongoDB）、Kinesis Data Streams、Apache Kafkaをサポートしています。データターゲットとしては、S3、RDS（他JDBC対応データベース）、DocumentDB（他MongoDB）をサポートしています。

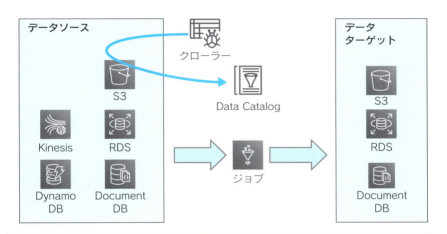

❏ AWS Glue

クローラーは指定したデータソースを読み取って、データカタログにテーブル定義を入力します。クローラーは1回の実行で複数のデータストアをクロールできます。データソースがS3の場合、オプションの増分クロールで、最後の実行後に追加されたフォルダのみをクロールし時間を短縮できます。クローラーにカスタム分類子を組み込んで、独自のスキーマを確実に読み込むことも可能です。

ETLジョブでは、データカタログをソースの定義として、ターゲットへマッピングするとPythonコードを自動生成します。ETLジョブはスケジュールによって定期的に、またはイベントトリガーで実行し、データの変換を行います。

Output Schema Definition

AWS Glue が作成したマッピングを確認します。**ターゲットにマッピング**を持つ他の列を選択して、マッピングを変更します。すべての**マッピングを消去**してデフォルトの AWS Glue **マッピングにリセット**できます。AWS Glue は定義済みのマッピングでスクリプトを生成します。

ソース				ターゲット			列の追加	クリア	リセット
列名	**データ型**	**ターゲットにマッピング**		**列名**	**データ型**				
year	bigint	year	→	year	long	×	↓	↑	
quarter	bigint	quarter	→	quarter	long	×	↓	↑	
month	bigint	month	→	month	long	×	↓	↑	
day_of_month	bigint	day_of_month	→	day_of_month	long	×	↓	↑	
day_of_week	bigint	day_of_week	→	day_of_week	long	×	↓	↑	
fl_date	string	fl_date	→	fl_date	string	×	↓	↑	
unique_carrier	string	unique_carrier	→	unique_carrier	string	×	↓	↑	
airline_id	bigint	airline_id	→	airline_id	long	×	↓	↑	
carrier	string	carrier	→	carrier	string	×	↓	↑	
tail_num	string	tail_num	→	tail_num	string	×	↓	↑	
fl_num	bigint	fl_num	→	fl_num	long	×	↓	↑	
origin_airport_	bigint	origin_airport_id	→	origin_airport_id	long	×	↓	↑	
origin_airport_	bigint	origin_airport_seq_id	→	origin_airport_seq_id	long	×	↓	↑	
origin_city_ma	bigint	origin_city_market_id	→	origin_city_market_ic	long	×	↓	↑	
origin	string	origin	→	origin	string	×	↓	↑	
origin_city_nar	string	origin_city_name	→	origin_city_name	string	×	↓	↑↑	

❏ ETLジョブのマッピング

たとえば、ソースS3バケットのJSONをデータカタログのテーブル定義に沿って読み取って、Apache Parquet形式に変換してターゲットのS3バケットへ保存できます。

Amazon Athena

Amazon Athenaは、S3内のデータをSQLを使用して簡単に分析できるサービスです。S3に格納したCSV、JSON、ParquetなどのデータをSQLで分析する要件の場合は、まずAthenaを検討します。

4-3 移行後の設計

❏ Amazon Athenaのクエリー実行画面

S3バケットに格納されているCloudTrailのログをSQLで抽出した画面です。

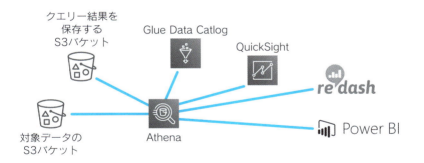

❏ Amazon Athena

Athenaはクエリーの結果をあらかじめ指定したS3バケットに保存します。AthenaをサポートしているBI（ビジネスインテリジェンス）ツールを使うことでSQLクエリーの結果をグラフなどで可視化したり、セルフ分析することもできます。もちろん、AWSのBIサービスであるQuickSightからも可視化できます。

❏ テーブル作成時のCREATE文

```
CREATE EXTERNAL TABLE `cloudtrail_yamamugi_partiion_table`(
  `eventversion` string COMMENT 'from deserializer',
  `eventtime` string COMMENT 'from deserializer',
  `eventsource` string COMMENT 'from deserializer',
  `eventname` string COMMENT 'from deserializer',
  `awsregion` string COMMENT 'from deserializer',
  `sourceipaddress` string COMMENT 'from deserializer',
  `useragent` string COMMENT 'from deserializer',

~中略~

  `sharedeventid` string COMMENT 'from deserializer',
  `vpcendpointid` string COMMENT 'from deserializer')
PARTITIONED BY (
  `region` string,
  `year` string,
  `month` string,
  `day` string)
ROW FORMAT SERDE
  'com.amazon.emr.hive.serde.CloudTrailSerde'
STORED AS INPUTFORMAT
  'com.amazon.emr.cloudtrail.CloudTrailInputFormat'
OUTPUTFORMAT
  'org.apache.hadoop.hive.ql.io.HiveIgnoreKeyTextOutputFormat'
LOCATION
  's3://bucketname/AWSLogs/123456789012'
TBLPROPERTIES (
  'transient_lastDdlTime'='1622711468')
```

　テーブル作成時のCREATE文です。このようにSQLを直接実行してテーブルを作成することもできます。対象データは、次のようにLOCATIONで指定したプレフィックスの後ろに、さらにプレフィックスがあっても問題ありません。

```
s3://bucketname/AWSLogs/123456789012/CloudTrail/
➥ap-northeast-3/2021/08/22/CloudTrail.json.gz
```

	最終更新日	Thu Jun 03 18:11:08 GMT+900 2021
	入力形式	com.amazon.emr.cloudtrail.CloudTrailInputFormat
	出力形式	org.apache.hadoop.hive.ql.io.HiveIgnoreKeyTextOutputFormat
Serde シリアル化ライブラリ		com.amazon.emr.hive.serde.CloudTrailSerde
	Serde パラメータ	serialization.format 1
	テーブルのプロパティ	EXTERNAL **TRUE** transient_lastDdlTime **1622711468**

スキーマ

表示中: 1 - 27 of 27

	列名	データ型	パーティションキー	コメント
1	eventversion	string		
2	useridentity	struct		
3	eventtime	string		
4	eventsource	string		
5	eventname	string		
6	awsregion	string		
7	sourceipaddress	string		
8	useragent	string		
9	errorcode	string		
10	errormessage	string		
11	requestparameters	string		
12	responseelements	string		

❏ Glue Data Catalog

Athenaで作成したテーブルの定義はGlue Data Catalogに保存されます。

Amazon Simple Email Service（SES）

Amazon Simple Email Service（SES）は大規模なEメール送受信を可能
とするサービスです。所有ドメインに対してのメール受信や、キャンペーンメ
ールの送信などを行うことが可能です。

SES受信

Route 53などのDNSサービスで、MXレコードをSESドメインに向けて設
定します。たとえば、バージニア北部ならinbound-smtp.us-east-1.amazonaws.
comです。

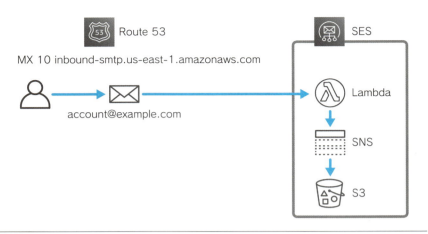

❏ SESメール受信

　受信時のアクションをルール定義できます。たとえば、任意のLambda関数でスパムなどのフィルタリング判定をして、SNSトピックにメール受信したことをイベントとして通知して、S3バケットにメールメッセージを保存するといったことができます。メール受信をイベントトリガーとして、その後の運用を自動化できます。

SES送信

　SESはメールを送信することができます。エンドユーザーからの問い合わせフォームや資料請求、ECサイトでの購入確認メールの送信など、取引における送信メールの自動化、マーケティング目的のダイレクトメールや、エンドユーザーへの一括アナウンスを自動化できます。

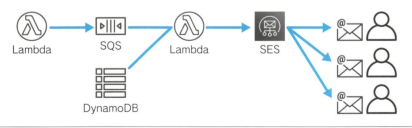

❏ SESメール送信

4-3 移行後の設計

たとえば、フォームから問い合わせが送信されたときに、必要な情報や返信する文章などはDynamoDBに保存されているとします。送信するためのジョブメッセージはSQSキューに送信されます。SQSキューをトリガーとしているLambdaがSES SendEmail APIにリクエストして、メールを送信できます。

キャンペーンメールなどを配信した後には、メールの到達や開封などイベントをモニタリングして、分析します。そうすることで、より効果的でエンドユーザーに価値のある情報発信へと改善していくことができます。そのためにマーケティング部門の担当者がSQLなどで分析することもあります。

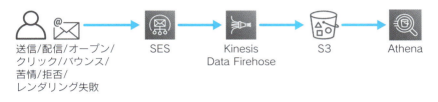

送信/配信/オープン/　　　SES　　　Kinesis　　　S3　　　Athena
クリック/バウンス/　　　　　　　　Data Firehose
苦情/拒否/
レンダリング失敗

❏ Firehoseへイベント発行

Amazon SESはイベント発行設定で、Kinesis Data Firehose、CloudWatch Event、Pinpoint、SNSを送信先として設定できます。上図ではKinesis Data FirehoseからS3へイベントを保存して、AthenaでSQL分析できるようにしています。ses.amazonaws.comからのsts:AssumeRoleを許可した信頼ポリシーを持つIAMロールに、実行ポリシーでfirehose:PutRecordBatchを許可する必要があります。SES設定セットを作成して、イベント送信先にKinesis Data Firehoseなどを指定します。SendEmail APIアクションのパラメータで、X-SES-CONFIGURATION-SETに設定セットを指定してメールを送信します。

AWS Transfer Family

AWS Transfer Familyを使用することで、S3バケット、EFSファイルシステムへのデータ保存に、SFTP、FTPS、FTPプロトコルが使用できます。S3やEFSへのデータの読み取り・書き込みの権限は、TransferサービスがIAMロールを引き受けることで実現できます。S3に関してはセッションポリシーも有効なので、クライアントユーザーごとに対象のプレフィックスを絞り込むことも可能です。SFTPでパブリックなエンドポイントを使用することも、VPCエン

ドポイントを使用したプライベートなエンドポイントを作成することもできます。ユーザー ID の認証は、Transfer Family サービス自体でマネージドとして管理するか、AWS Directory Service for Microsoft Active Directory を使用するか、API Gateway 経由で独自の認証サービスを利用することもできます。

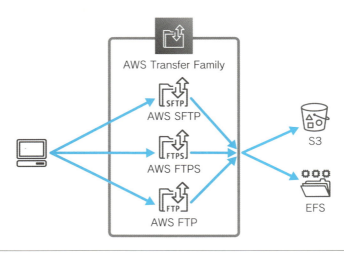

❏ AWS Transfer Family

　クライアントから送信先の IP アドレスを固定化したい場合は、Elastic IP アドレスを使用することもできます。SFTP 対応サーバーを VPC で設定し、パブリックサブネットにエンドポイントを設定します。リージョンで作成済みの Elastic IP アドレスを設定することができます。エンドポイントにはセキュリティグループが設定できるので、特定の送信元からの送信のみを許可することが可能です。

4-3 移行後の設計

❏ SFTP対応サーバーでElastic IPアドレスを使用する

IPアドレスに依存した設計

Network Load BalancerにIPアドレスを固定する

　たとえば、外部送信元サーバーに許可リストがあり、そのサーバーが所有している固定化されたパブリックIPアドレスが登録済みで、変更には運用プロセス上の時間がかかる場合があります。このような柔軟ではない構成に対応する必要がある場合は、サービスをNetwork Load Balancerで構築する手段もあります。

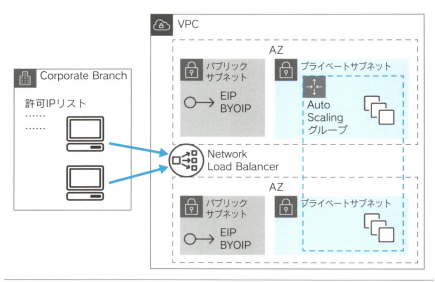

❏ Network Load BalancerにIPアドレスを固定する

　Elastic IP（EIP）アドレスには、BYOIPとしてAWSに持ち込んだIPアドレスを設定できます。Network Load BalancerにはAZ（アベイラビリティゾーン）ごとにElastic IPアドレスを設定することができます。これでオンプレミスで使用していたIPアドレスを使用できるので、外部の許可リストを更新しなくてもシステムを移行できます。

Elastic Network Interface

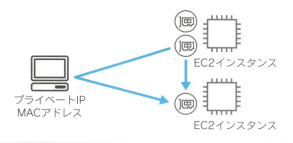

❏ Elastic Network Interface

　Elastic Network Interface（ENI）には、プライベートIPアドレス、MACアドレスやセキュリティグループ、Elastic IPアドレスなどを紐付けておくことが

できます。プライベートIPアドレス、MACアドレスが情報として事前に必要な場合や、固定しないといけない場合は、ENIを作成しておいて起動したEC2インスタンスにアタッチできます。

Egress-Onlyインターネットゲートウェイ

VPCではIPv6を使用することができます。IPv4では、プライベートサブネットからインターネットへの出口にNATゲートウェイを使用しますが、IPv6では**Egress-Onlyインターネットゲートウェイ**を使用します。

❏ Egress-Onlyインターネットゲートウェイ

Egress-Onlyインターネットゲートウェイは、インターネットゲートウェイ同様にVPCにアタッチしてルートテーブルでターゲットとして設定します。名前のとおりVPC内からのアウトバウンド専用のゲートウェイです。

低遅延を実現するサービス

低遅延（低レイテンシー）といえばCloudFrontやGlobalAcceleratorが思い浮かびますが、ここではOutposts、Wavelength、LocalZoneについて解説します。

AWS Outposts

AWS Outpostsは、ユーザーのデータセンターなど、より近い場所でAWSサービスを使用できるサービスです。オンプレミスのロケーションでAWSサービスを使用することによりレイテンシーを下げます。クラウドへの移行が簡

単ではないローカルの大量なデータを処理するために使用することもできます。非常に厳しい規制を実現するために、特定の市町村にデータを留めなければならない場合にも検討できます。

❏ re:Invent会場に展示されていたAWS Outposts

　ラック、サーバー、スイッチ、ケーブルなどのOutposts機器は、すべてAWSが所有し管理するので、ユーザーは物理的な管理をしません。現時点でサポートされているサービスは以下のとおりです。

- Amazon EC2、EBS
- Amazon ECS/EKS
- Amazon ElastiCache
- Amazon EMR
- Amazon RDS
- Amazon S3
- Application Load Balancer
- AWS App Mesh

AWS Local Zones

AWS Local Zonesはリージョンの拡張です。ユーザーにより近い拠点で、一部のサービスを使用できます。EC2のダッシュボードから有効にすることでサブネット作成時に選択できます。

AWS Wavelength

AWS Wavelengthでは、5Gネットワークの通信事業者のネットワークへの直接的なデータ送受信が可能になります。Wavelengthを使用することにより、インターネット上のホップを経由することで生じるレイテンシーを回避し、5Gネットワークの低レイテンシー、広い帯域幅のメリットを最大限に活かすことが可能です。日本ではKDDI 5Gネットワークを利用できます。

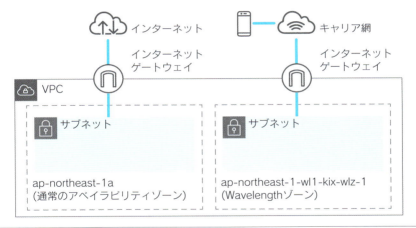

❏ AWS Wavelength

AWS Local Zones同様にEC2のダッシュボードから有効にすることでサブネット作成時に選択できます。

サブネットの設定
サブネットの CIDR ブロックとアベイラビリティーゾーンを指定します。

サブネット 1 (1 個中)

サブネット名
「Name」というキーと、指定した値を使用してタグを作成します。

```
my-subnet-01
```

名前の長さは最大 256 文字です。

アベイラビリティーゾーン 情報
サブネットが存在するゾーンを選択するか、Amazon が選択するゾーンを受け入れます。

アジアパシフィック (KDDI) / ap-northeast-1-wl1-kix-wlz-1	▲

🔍

指定なし

アジアパシフィック (東京) / ap-northeast-1a　　　　　　　　ap-northeast-1
ID: apne1-az4　　ネットワークボーダーグループ: ap-northeast-1

アジアパシフィック (東京) / ap-northeast-1c　　　　　　　　ap-northeast-1
ID: apne1-az1　　ネットワークボーダーグループ: ap-northeast-1

アジアパシフィック (東京) / ap-northeast-1d　　　　　　　　ap-northeast-1
ID: apne1-az2　　ネットワークボーダーグループ: ap-northeast-1

アジアパシフィック (KDDI) / ap-northeast-1-wl1-kix-wlz-1　　ap-northeast-1-wl1
ID: apne1-wl1-kix-wlz1　　ネットワークボーダーグループ: ap-northeast-1-wl1-kix-wlz-1

アジアパシフィック (KDDI) / ap-northeast-1-wl1-nrt-wlz-1　　ap-northeast-1-wl1
ID: apne1-wl1-nrt-wlz1　　ネットワークボーダーグループ: ap-northeast-1-wl1-nrt-wlz-1

新しいタグを追加

さらに 50 個の タグ. を追加できます。

❏ Wavelength ゾーン選択

4-3 移行後の設計

移行後の設計のポイント

- 大量のデータを無制限に保存できるS3バケットをデータレイクとして、データの様々な加工処理、分析、可視化ができる。
- Glueクローラーは、データソースを読み取ってデータカタログにテーブル定義を自動入力する。
- Glue ETLジョブは、データソースからデータカタログ定義に沿ってデータを読み取って、変換して、ターゲットに保存する。
- AthenaはS3内のデータをSQLを使用して分析できる。
- SESでメールの送受信ができる。メールのアクティビティをFirehoseに発行してS3に保存できる。
- Transfer FamilyでSFTP、FTPS、FTPプロトコルを使用して、S3、EFSへデータを保存できる。
- Transfer Familyではパブリックエンドポイント、IPアドレス固定、VPCのみのアクセスも可能。
- BYOIPとしてAWSに持ち込んだIPアドレスを、Elastic IPアドレスで使用できる。
- Network Load Balancerには、サブネットごとにElastic IPアドレスを設定できる。
- Elastic Network Interfaceには、プライベートIPアドレス、MACアドレスが紐付く。
- IPv4アドレスではNATゲートウェイを使用するが、IPv6アドレスではEgress-Onlyインターネットゲートウェイを使用する。
- Outpostsは専用のラックで、ユーザーの施設内でAWSサービスを実行し、低レイテンシーを実現できる。
- Local Zonesは、リージョンよりもユーザーに近いロケーションを選択して低レイテンシーを実現できる。
- Wavelengthは、5Gネットワークの低レイテンシー、広い帯域幅のメリットを最大限に活かすことができる。

4

移行の計画

225

4-4

移行戦略

　この節では移行においての考え方を紹介します。ここで解説することがそのまま試験に出題される可能性はほぼありませんが、「何でもかんでもベストプラクティスで考える」、あるいは逆に「クラウドのベストプラクティスは理想論で現実的には絶対に無理」、このいずれかの考えを持っている方は読んでいただいたほうがいいでしょう。

　このどちらでもなく、要件やそれぞれの組織の状態、歴史、理由や事情によって最適な選択肢を選ぶことで、最適なアーキテクチャを実現するべきであると考えている方は、この節をスキップしていただいてもよさそうです。なお、ここでいう選択肢の中には、AWSの様々なサービスや機能、公開されているフレームワーク、AWSとパートナーから提供されるコンサルティング/技術的バックアップ、レビュー、アドバイスなどが含まれます。

　認定試験では、このままの文言ではないものの、次のような要件が示されます。それは、「コストの最適化を最大限」「移行インパクトを減らす」「運用を変えずに」「なるべく設計を変えずに」「ネットワークレイテンシーを最小限に」などの要件です。「Replatformで」などと具体的に示されるわけではありませんが、本節の内容を1つの考え方として認識しておくとよいでしょう。

7つのR

　6つのRをご存知の方はたくさんいらっしゃると思いますが、本書執筆の段階ではRelocate（再配置）が追加されていたので7つのRについて解説します。ただしこれらは「状況に応じて柔軟に考えればいいですよ」というちょっとした指標であり、絶対的なものではありません。

Refactor（リファクタリング）

　Refactor（リファクタリング）は、アプリケーションをフルにカスタマイズ

4-4 移行戦略

できるケースです。すべてのコードや詳細設計をすべてやり直すことができるので、コストもアプリケーション内部のレイテンシーも制約にはなりません。ベストプラクティスに突き進める移行戦略です。

Replatform（リプラットフォーム）

Replatform（リプラットフォーム）では、アプリケーションのカスタマイズは行いません。ですのでアプリケーション内部のレイテンシーや、オンプレミスで使用しているソフトウェアやデータベースなどの制約はそのまま引き継ぎます。可能な部分はマネージドサービスを使用します。

たとえば、RDSでデータベースのためのOSメンテナンス、ソフトウェアメンテナンス、バックアップ、レプリケーションフェイルオーバーのための運用コストを削減することができます。もちろんMySQLやPostgreSQLをAuroraに移行することにも大きな価値があります。Amazon EFSやFSxを使用して複数のアプリケーションサーバーから共通のクラウドストレージを使用する構成もいいですね。オンプレミスのサーバーがEFSを使用したIPアドレスに依存したくないのであれば、Route 53 Resolverも使用できます（詳しくは第2章やユーザーガイドを参照してください）。オンプレミスで使用しているDNSサーバーをRoute 53に変更することでも、クラウドのメリットを活用できます。Amazon MQもActiveMQやRabbitMQを提供しているので、そのまま移行できる可能性が高いです。Amazon ElastiCacheも、MemcachedやRedisを提供しています。

デプロイメントでは、ChefやPuppetを採用している組織はOpsWorksが最短の選択肢です。PythonやTypeScriptでインフラストラクチャを管理したいのであればCDKがあります。

アプリケーションや運用をカスタマイズしなくてもそのまま置き換えることのできるサービスが、AWSには多数あります。たとえばOSS（オープンソースソフトウェア）のEC-CUBEをAWSに移行するとします。高可用性を実現するために複数のAZ、EC2 Auto Scalingグループを使用します。ファイルの保存先にEFSをマウントします。データベースにはAuroraを使用することで高可用性、高パフォーマンスを実現します。ここまでがReplatformです。

追加の機能が必要な場合は、Refactorとして追加のフォームをS3で静的に作成して、API Gateway、Lambdaなど、サーバーレスアーキテクチャでマイクロ

4

移行の計画

227

サービスを構築して、EC-CUBE APIと連携することで機能追加します。このようにEC-CUBEのソースコードに手を加えることなく、AWSの様々なサービスを使用したり、機能追加したりといったことが考えられます。

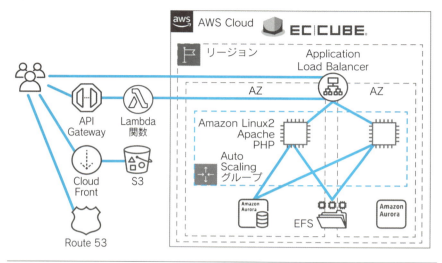

❏ ReplatformとRefactorの組み合わせ

Repurchase（再購入）

これまで組織で運用管理していたシステムを運用しなくてよくなり、同じ価値をSaaSなどによりエンドユーザーやバックオフィスに提供できるのであれば、Repurchase（再購入）は最適な選択肢です。

Rehost（リホスト）

Rehost（リホスト）はシンプルな乗せ替えです。アンマネージドサービスであるEC2を中心に構成することになります。オンプレミス構成と設計、運用、考え方、知識、スキルの変更は少ないかもしれません。ですが、EC2を使い捨てできないことによりスケーリングできないなど、制約は強いままであることが考えられます。

まずはReplatformを検討した上で、Replatform先がないものやOSレベルでのフルコントロールが必要なもののみをRehostすればいいでしょう。もちろん、

「プラットフォームはいっさい変更してはいけない」「最も何も変更しない選択肢」と問われた場合には選択する可能性はあります。

Relocate（再配置）

Relocate（再配置）はここ数年で追加されたRです。VMware Cloud on AWSの使用を開始し、そのままAWSへ移行する手段です。Rehostと同じ要件で、さらに移行における工数を削減することができます。

Retain（保持）

クラウドに移行する目的があり、検討した結果、オンプレミスのままというビジネス判断をしたものです。検討した結果、Retain（保持）が最適な選択肢であれば、システムを見直すいい機会になったということになります。妥協によるものである場合は、他のRを再検討するべきです。そして、どうすればその妥協した制約を乗り越えて目的を達成できるかを、AWS Cloud Adoption Readiness Tool（CART）などを指標にして、組織やチームで議論します。

Retire（廃止）

移行を検討する段階で、そもそも不要なシステムやインフラストラクチャが発見できたケースです。もしかしたらRetire（廃止）が一番望ましい選択肢かもしれません。

移行戦略のポイント

- 要件によっては必ずしもクラウドのベストプラクティスを実装するべきではない場合もある。
- アプリケーションのカスタマイズができるかできないかで、Replatformか Refactorかを判断する。
- Refactorの場合は、要件次第ではベストプラクティスを実装する。
- Replatformの場合は、ソフトウェアや同じプロトコルのマネージドサービスを使用することで移行できる可能性が高くなる。

4-5

確認テスト

問題

 問題1

エンジニアリングだけではなくビジネスや人材についての質問にも回答することで、クラウド移行の準備に役立つツールは次のどれですか？ 1つ選択してください。

- **A**. Server Migration Service
- **B**. AWS Migration Hub
- **C**. AWS Application Discovery Service
- **D**. CART

 問題2

オンプレミスのサーバーの使用状況や設定データを自動収集するサービスは次のどれですか？ 1つ選択してください。

- **A**. Database Migration Service
- **B**. AWS Migration Hub
- **C**. AWS Application Discovery Service
- **D**. CART

 問題3

音声ファイルをデータセンターからS3へ移行します。インターネット回線の帯域幅が少なくオンラインではデータの移行に1か月がかかることが予想されます。2週間で移行を完全に完了したい場合、次のどのサービスを使用しますか？ 1つ選択してください。

A. DMS
B. Snowball
C. SMS
D. File Transfer

 問題4

仮想マシンの移行を差分レプリケーションで実行します。次のどのサービスを使用しますか？ 1つ選択してください。

A. Server Migration Service
B. AWS Application Discovery Service
C. DMS
D. SCT

 問題5

異なるデータベースエンジン間でデータ移行します。最も簡単に安全に実行できる方法は次のどれですか？ 1つ選択してください。

A. DMSでスキーマ変換してSCTでデータ移行する
B. SCTでスキーマ変換してDMSでデータ移行する
C. SCTでスキーマ変換してSMSでデータ移行する
D. SMSでスキーマ変換してDMSでデータ移行する

 問題6

S3バケットに格納されているJSONデータを変換して別のS3バケットに格納します。次のどのサービスを使用しますか？ 1つ選択してください。

A. Athena
B. Kinesis
C. Glue
D. DocumentDB

問題7

S3バケットに保存したデータをSQLで分析したいです。次のどのサービスを使用しますか？1つ選択してください。

A. SNS
B. SES
C. Glue
D. Athena

問題8

メールの送受信のためのサービスはどれですか？1つ選択してください。

A. SNS
B. SES
C. SMS
D. SQS

問題9

固定したIPアドレスのSFTPサーバーにデータをアップロードしてS3に保存したいです。どの方法で実現できますか？1つ選択してください。

A. Transfer FamilyでFTP対応サーバーを作成する。
B. Transfer FamilyでFTPS対応サーバーを作成する。
C. Transfer FamilyでSFTP対応サーバーを作成する。
D. Transfer FamilyでSSH対応サーバーを作成する。

4-5　確認テスト

 問題10

5Gネットワークのレイテンシー、帯域幅のメリットを最大限に活かすためのサービスはどれですか？ 1つ選択してください。

    A. Outposts
    B. Local Zones
    C. Wavelength
    D. Availability zone

 問題11

ユーザーの敷地内でAWSのサービスを実行できるサービスはどれですか？ 1つ選択してください。

    A. Outposts
    B. Local Zones
    C. Wavelength
    D. Availability Zone

 問題12

オンプレミスでApache ActiveMQを使用しているアプリケーションがあります。AWSへなるべくカスタマイズなしで移行する場合に選択するサービスは次のどれですか？ 1つ選択してください。

    A. ElastiCache
    B. SQS
    C. Amazon MQ
    D. DocumentDB

解答と解説

✔問題1の解答

答え：**D**

    A. 仮想サーバーを移行するサービスです。

    B. 移行を統合管理するサービスです。

    C. サーバーの設定や情報を自動収集するサービスです。

    D. AWS Cloud Adoption Readiness Toolです。Webフォームで質問に答えることで移行準備に役立つレポートが提供されます。

✔問題2の解答

答え：**C**

    A. データベースを移行するサービスです。

    B. 移行を統合管理するサービスです。

    C. サーバーの設定や情報を自動収集するサービスです。

    D. AWS Cloud Adoption Readiness Toolです。Webフォームで質問に答えることで移行準備に役立つレポートが提供されます。

✔問題3の解答

答え：**B**

    A. データベースの移行サービスです。

    B. 物理デバイスを輸送してデータ移行を1週間ちょっとで完了できます。

    C. 仮想サーバーの移行サービスです。

    D. SFTP、FTPS、FTPプロトコルが使用できます。オンラインでは移行に1か月かかるとあるので、期日に間に合いません。

✔問題4の解答

答え：**A**

    A. 仮想サーバーの増分レプリケーションが可能です。

    B. サーバーの設定や情報を自動収集するサービスです。

    C. データベースの移行サービスです。

    D. 異なるデータベースエンジン間のスキーマを変換するツールです。

4-5 確認テスト

✔ 問題5の解答

答え：**B**

   A. DMSとSCTが逆です

   B. SCTはスキーマ変換が可能です。DMSはデータの差分移行も1回の移行も可能です。

   C、D. SMSは仮想サーバーの移行サービスです。

✔ 問題6の解答

答え：**C**

   A. S3のデータをSQLで分析します。

   B. シャードにレコードを格納します。変換はしません。

   C. データソースからデータを変換してターゲットに保存できます。

   D. MongoDB互換のデータベースサービスです。

✔ 問題7の解答

答え：**D**

   A. メッセージ通知のサービスです。

   B. メール送受信サービスです。

   C. ETLサービスです。

   D. SQLで分析できます。

✔ 問題8の解答

答え：**B**

   A. サブスクライブでメール送信はできますが、メール受信はできません。

   B. ドメイン設定して送受信できます。

   C. 仮想サーバーの移行サービスです。

   D. キューのサービスです。

✔ 問題9の解答

答え：**C**

   A. FTPです。

   B. FTPSです。

   C. VPCのパブリックサブネットでElastic IPをアタッチすることでIPアドレスを固定することができます。

   D. SSH対応サーバーはありません。

4

移行の計画

✔問題10の解答

答え：**C**

- **A**. ユーザーのデータセンターなどでAWSサービスを実行できるラックを設置して低レイテンシーを実現します。
- **B**. リージョンよりもユーザーに近いロケーションを選択して低レイテンシーを実現できます。
- **C**. 5Gネットワークの通信事業者のネットワークへの直接的なデータ送受信を可能とします。
- **D**. 複数のデータセンターで構成されます。

✔問題11の解答

答え：**A**

- **A**. ユーザーのデータセンターなどでAWSサービスを実行できるラックを設置して低レイテンシーを実現します。
- **B**. リージョンよりもユーザーに近いロケーションを選択して低レイテンシーを実現できます。
- **C**. 5Gネットワークの通信事業者のネットワークへの直接的なデータ送受信を可能とします。
- **D**. 複数のデータセンターで構成されます。

✔問題12の解答

答え：**C**

- **A**. Memcached、Redisを提供するマネージドサービスです。
- **B**. AWSフルマネージドのキューサービスです。ActiveMQとの互換性はありません。
- **C**. Apache ActiveMQを提供するマネージドサービスです。
- **D**. MongoDBの互換データベースです。

第 5 章

コスト管理

第5章ではコスト管理について解説します。料金モデル、コストのモニタリング、設計変更によるコスト最適化について、詳しく見ていきます。

5-1 料金モデルの選択

5-2 コスト管理、モニタリング

5-3 コスト最適化

5-4 確認テスト

5-1

料金モデルの選択

　ここでは、サービスに用意されている料金モデルとユースケースによる使い分けを解説します。

Amazon EC2のコスト

　まずは、EC2のリザーブドインスタンス、スポットインスタンスの使い分け、Dedicated Hosts（専有ホスト）の使い方、Savings Plansの設定と対象サービスを解説します。

リザーブドインスタンス

　Savings Plansもありますが、**リザーブドインスタンス**も依然として有効な割引オプションです。1年または3年の購入期間が必要なので、1年以上継続する予定の場合に必ず使用する量の分を選択します。たとえば、1インスタンス分購入している場合、30日ある月では720時間使用分にリザーブドインスタンスが適用されます。2インスタンスを360時間ずつ利用しても適用されます。リザーブドインスタンスの適用は、Organizationsで一括請求している場合は、複数のアカウントで共有できます。

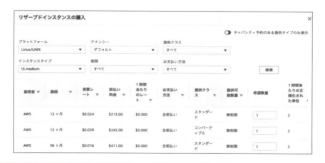

❏ リザーブドインスタンス購入画面

即時購入することも、購入予約をキューに入れることもできます。キューに入れておくことで、現在のリザーブドインスタンスの期限切れに合わせて予約しておくことができます。ただし、購入予約ではゾーン指定はできません。予約日まではいつでもキャンセルできます。

料金は次の条件で決定します。

○ **インスタンスタイプ**：正規化係数（nano 0.25、micro 0.5、small 1、medium 2、large 4、xlarge 8、……）に基づきます。たとえば、t2.medium 1インスタンスのリザーブドインスタンスを購入していると、「t2.medium 1インスタンス」や「t2.small 2インスタンス」だけでなく、「t2.large 1インスタンスを半分の時間使用」でも適用されます。

○ **リージョン**：AZ（アベイラビリティゾーン）も指定してキャパシティを予約し、確実に起動させることも可能です。たとえば、「1か月だけのキャンペーンで利用」のように、1年も使わない期間限定の予約が必要なときがあります。その場合は、割引はなくなりますがリザーブドインスタンスではなくオンデマンドインスタンスを使い、AZを指定したキャパシティ予約を使用してください。

○ **プラットフォーム**：Linux/Unix、SUSE Linux、Red Hat Enterprise Linux、WindowsなどOSの選択です。

○ **テナンシー**：デフォルトの共有だけでなく、専有インスタンスも選択できます。

○ **購入期間**：1年または3年です。

○ **支払い**：すべて前払い、一部前払い、前払いなし（毎月払い）から選択できます。

○ **提供クラス**：スタンダード、コンバーティブルから選択できます。**スタンダード**は変更はできますが、交換はできません。変更は、次のパターンが可能です。「スコープをリージョンからAZ」「その逆のAZからリージョンへの変更」「同じリージョン内でのAZの変更」「同じインスタンスファミリー内でのサイズ変更」です。ただし、サイズの変更は元の正規化係数の合計と一致している必要があります。

　　コンバーティブルは変更だけでなく、交換も可能です。交換は、インスタンスファミリー、プラットフォーム、テナンシーを交換できますが、元のリザーブドインスタンスよりも下がるレベルには交換できません。同等か上のレベルのみです。

スポットインスタンス

スポットインスタンスは、各AZの各インスタンスタイプの使用されていない量によって決定されるスポット料金で使用できます。上限料金をリクエスト

して使用します。スポット料金が上限料金を超えた場合か、AZに利用可能なキャパシティがなくなった場合、スポットインスタンスは中断されます。中断時にはEC2インスタンスは終了、停止、休止状態になります。中断の2分前にメタデータ（spot/instance-action）への通知とEventBridge（"detail-type": "EC2 Spot Instance Interruption Warning"）で知ることができます。また、中断のリスクが高まったときにも再調整に関する推奨事項がEventBridge（"detail-type": "EC2 Instance Rebalance Recommendation"）で通知されます。

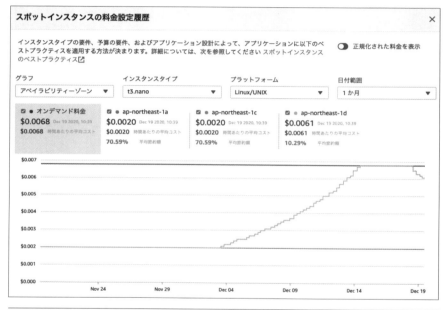

❏ スポットインスタンス料金設定履歴

　中断が発生してもアプリケーションに影響が少ないケースで使用します。たとえば、実行時間の期限が厳密ではないデータ分析や、ステートレスなバッチジョブや検証環境です。また最低限必要なインスタンス数があるようなアプリケーションの場合は、Auto Scalingグループでオンデマンドインスタンスとスポットインスタンスの割合を決めることができます。複数のAZ、複数のインスタンスタイプを含めることができるので、中断が発生したとしても他のAZ、他のインスタンスタイプでカバーできるように構成します。

❖ 中断に備えたベストプラクティス

○ リクエスト料金にデフォルトのオンデマンドインスタンス料金を使用する。

○ 中断されたインスタンスの代わりのインスタンスをすぐに起動できるように、AMI、起動テンプレートを準備しておく。

○ S3、DynamoDB、RDS、EFS などにデータを保存する。

○ SQS からジョブメッセージを受信して処理をし、中断時には可視性タイムアウトによって他のインスタンスによって再試行できる構成にする。

○ 中断前の処理が必要な場合、メターデータのポーリングかEventBridge で検知し処理を完了させる。

Dedicated Hosts（専有ホスト）

Dedicated Hosts（専有ホスト）で専用物理サーバーにEC2 インスタンスを起動できます。Dedicated Hosts を使用すれば、Windows Server、Microsoft SQL Server、SUSE Linux Enterprise Server などのソフトウェアのライセンスを、既存のソケット単位、コア単位またはVM単位でBYOLとして使用できます。Dedicated Hosts はインスタンスファミリー、AZ（アベイラビリティゾーン）を指定する必要があります。ホストが起動した後は、ホストにインスタンスを作成できます。

EC2 インスタンスが停止した後に再起動するときに、同じホストで再開するためにはアフィニティでホストを選択します。インスタンスとホストの間にアフィニティの関係が作成されます。

テナンシー ⓘ	専有ホスト - このインスタンスを専有ホスト上で起動 ◆	
	専有テナンシーには追加料金が適用されます。	
ホストリソースグループ ⓘ	☐ ホストリソースグループにインスタンスを起動	
ホスト ⓘ	h-01f0236eabc3187fa 新しいホストの割り当て	
アフィニティ ⓘ	ホスト	◆

❏ アフィニティ設定

❖ 料金オプション

オンデマンド Dedicated Hosts では最低1分、以降1秒単位の請求が発生します。Dedicated Hosts Reservations では1年または3年でインスタンスファミリー、AZ を指定して予約することで割引が適用されます。リザーブドインスタン

ス同様に支払いオプションも「全額前払い」「一部前払い」「前払いなし」から
選択できます。

❖ Dedicated Instance（ハードウェア専有インスタンス）との違い

　専用物理サーバーを使用するもう1つのオプションにハードウェア専有イン
スタンスがあります。ソケット、コア、ホストIDはハードウェア専有インスタ
ンスでは見えません。インスタンスの配置もコントロールできません。ですの
でアフィニティも設定できません。ハードウェア専有インスタンスはユーザー
のAWSアカウントで物理サーバーを専有しますが、配置はAWSによって行わ
れます。ライセンス要件ではなく、専用物理サーバーのみが必要な要件で選択
してください。

Savings Plans

　1年または3年期間で時間あたりの使用料金を契約することで、割引料金で使
用できます。EC2 Instance Savings Plans、Compute Savings Plans、SageMaker
Savings Plansの3種類があります。

❖ EC2 Instance Savings Plans

　期間（1年、3年）、リージョン、インスタンスファミリー、時間あたりの料金
（$0.001以上）、支払い（全額前払い、一部前払い、前払いなし）を決定します。
インスタンスタイプではなくインスタンスファミリーを決めればいいので、
Dedicated Hostsにも適用されます。サイズ、OSも関係ありません。

❖ Compute Savings Plans

　EC2インスタンス、Fargate、Lambdaの使用に適用されます。期間（1年、3年）、
時間あたりの料金（$0.001以上）、支払い（全額前払い、一部前払い、前払いなし）
を決定します。EC2はリージョン、Dedicated Hostsなどテナンシー、インスタ
ンスファミリー、サイズ、OSに関係なく適用されます。Fargate、Lambdaもリ
ージョンに関係なく適用されます。

242

❖ SageMaker Savings Plans

SageMaker Studio Notebook、SageMaker On-Demand Notebook、SageMaker Processing、SageMaker Data Wrangler、SageMaker Training、SageMaker Real-Time Inference、SageMaker Batch Transform など、対象となる SageMaker ML インスタンスの使用に適用されます。期間（1年、3年）、時間あたりの料金（$0.001以上）、支払い（全額前払い、一部前払い、前払いなし）を決定します。リージョン、インスタンスファミリー、サイズに関係なく適用されます。

Amazon S3 のコスト

S3 のコスト最適化のために S3 ストレージクラス（S3標準と S3-IA）を比較して解説します。

S3 ストレージクラス（S3標準と S3-IA）

S3標準と S3-IA はどちらともオブジェクトにミリ秒単位でリアルタイムにアクセスできます。アクセス頻度によって使い分けをします。東京リージョンの料金で以下のオブジェクトアクセスパターンで料金を比較します。1GB のオブジェクトが1000、2か月に1回、1か月に1回、1か月に2回、ダウンロードを1年継続した場合の比較です。データ転送料金は同じなので比較には含めません。

結果、1か月に1回であれば S3標準のほうがコスト効率が良いことになります。2か月に1回の場合は S3-IA のほうがコスト効率が良いです。S3-IA のデータ取り出し料金が大きく影響しています。アップロード後に経過した日数でアクセス頻度が下がり、S3-IA のほうがコスト効率がよくなるケースの場合は、ライフサイクルルールにより S3-IA に自動で移動するよう設定します。S3-IA の最小保存期間は30日なので、30日経過前に削除した場合は30日分の料金が請求されます。

❖ S3 標準

○ 比較対象料金

（1年間のストレージ料金）＋（リクエスト料金）＋（データ取り出し料金）

○ 2か月に1回

（$0.025×1000×12）＋（$0.00037×6）＝ $300.00222

- **1か月に1回**

  （$0.025×1000×12）+（$0.00037×12）= $300.00444

- **1か月に2回**

  （$0.025×1000×12）+（$0.00037×12×2）= $300.00888

✤ S3-IA

- **2か月に1回**

  （$0.019×1000×12）+（$0.001×6）+（$0.01×6×1000）= $288.006

- **1か月に1回**

  （$0.019×1000×12）+（$0.001×12）+（$0.01×12×1000）= $348.012

- **1か月に2回**

  （$0.019×1000×12）+（$0.001×12×2）+（$0.01×12×2×1000）= $468.024

S3 Intelligent-Tiering

　アップロード後の経過日数によってアクセス頻度が変化するパターンが一定でない場合は、Intelligent-Tieringを使用することによってコスト効率がよくなります。ライフサイクルルールを使用してIntelligent-Tieringへ移行することもできます。

　Intelligent-Tieringでは30日間リクエストのないオブジェクトが自動で、低頻度アクセス階層へ移動します。低頻度アクセス階層のオブジェクトにリクエストがあると高頻度アクセス階層へ移動します。

　次の図は筆者のブログの画像を保存配信しているS3バケットのIntelligent-Tiering高頻度階層と低頻度階層のストレージ容量メトリクスです。

　3月の最初に約1.2GBのオブジェクトをIntelligent-Tieringへ保存しました。最初の30日が経過したタイミングで、約400MBが低頻度階層へ移動しました。その後は、互いの階層間を移動しながら遷移していることがグラフからわかります。

5-1　料金モデルの選択

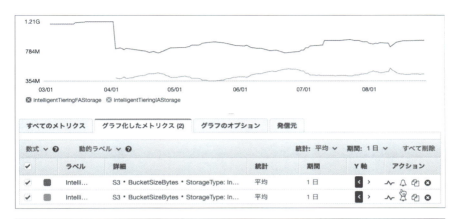

❏ Intelligent-Tieringの階層メトリクス

S3リクエスタ支払い

　S3の利用料金のうち、リクエスト料金とデータ転送料金をリクエストした側のアカウントに請求するのが、リクエスタ支払いです。リクエスタ支払いを有効にすると、AWSアカウント以外からのアクセスができなくなります。とはいえ、認証済みのユーザーやロールからのリクエストに対して送信元の許可なく請求が発生するわけにもいきませんので、リクエスタはヘッダーにx-amz-request-payerを含めることで、課金されることを了解している旨を伝える必要があります。x-amz-request-payerの値には、requesterを設定する必要があります。

　次のコードは、CLIで別のAWSアカウントのIAMユーザーから取得する例です。

❏ requesterの設定

```
$ aws s3api get-object \
> --bucket bucket-name \
> --key object.png \
> object.png \
> --request-payer requester
```

Amazon DynamoDBのコスト

DynamoDBのアイテムの読み込み・書き込みにはオンデマンドモードとプロビジョンドキャパシティモードがあります。コスト最適化のための2つのモードの選択を東京リージョンの料金を例に解説します。

オンデマンドモード

オンデマンドモードでは、書き込みリクエスト、読み込みリクエストが発生するごとに料金が発生します。書き込みは1KBの項目100万回あたりの料金です。読み込みは4KBの項目を強い整合性の読み込み100万回または結果整合性の読み込み200万回分の料金です。

- **書き込み**：$1.4269
- **読み込み**：$0.285

プロビジョンドキャパシティモード

プロビジョンドキャパシティモードは、1秒間の書き込み回数・容量に対して設定するWCU、読み込み回数・容量に対して設定するRCUを設定します。1WCUで1秒間に1KBの項目を1回書き込みできます。1RCUで1秒間に4KBの項目を強い整合性で1回、または結果整合性で2回読み込みできます。設定したWCU、RCUの1時間あたりの料金です。

- **WCU**：$0.000742
- **RCU**：$0.0001484

プロビジョンドキャパシティモードには、リザーブドキャパシティがあります。1年または3年の期間から選択できます。容量は100RCU、100WCU単位です。

比較

プロビジョンドキャパシティモードの1時間あたりの料金に合わせた場合、オンデマンドモードでは何回リクエストが実行できるのかを確認してみると約520回であることがわかります。

- **書き込み**：$1.4269 × 0.000001 × 520 = \$0.000741988$
- **読み込み**：$0.285 × 0.000001 × 520 = \$0.0001482$

プロビジョンドキャパシティモードは1秒間に1回実行できるので、毎秒実行したとして3600回実行できる計算になります。単純に比較するとオンデマンドモードのほうが1回あたりのコストは高くなることがわかりました。

しかし、リクエストが常に発生せず稀に発生するケースでは頻度にもよりますが、リクエスト単位で料金が発生するオンデマンドモードのほうが優位性があると考えられます。また、急激なスパイクリクエストが発生するケースでは、プロビジョンドキャパシティモードのAuto Scalingは間に合わない場合もあるので、オンデマンドモードを採用するべきと考えられます。

継続的なリクエストが発生し、ゆるやかな増減が発生するケースではプロビジョンドキャパシティモードの優位性が高いと考えられます。

請求モードはテーブル作成後にも24時間に1回切り替えることができます。

DynamoDB Accelerator（DAX）

DynamoDB Accelerator（**DAX**）はVPC内でDynamoDBのキャッシュにアクセスできます。DynamoDBテーブルへは数ミリ秒でのリクエストができますが、マイクロ秒の応答が必要なケースでDAXを検討できます。DAXはノードの集合のクラスタを作成して、複数のアベイラビリティゾーンに配置できます。ノードの時間単位で料金が発生します。

❏ DAX

DAXの追加料金は発生しますが、同じGETリクエストを何度も大量にDynamoDBテーブルへ実行しているのであれば、DAXを使用することでDynamoDBテーブルへの読み込みリクエストを低減することができ、全体のコストとパフォーマンスの最適化を検討できます。

その他リザーブドオプション

その他リザーブド（予約）オプションのあるサービスを解説します。

○ **Amazon RDS**：リージョン、データベースエンジン、インスタンスクラス、マルチ AZ、期間、支払い方法を選択して購入できます。

○ **Amazon ElastiCache**：リージョン、Memcached or Redis、ノードタイプ、期間 を選択して購入できます。

○ **Amazon Redshift**：リージョン、ノードタイプ、期間、支払い方法を選択して購入 できます。

○ **Amazon OpenSearch Service**：リージョン、インスタンスクラス、インスタン スサイズ、期間、支払い方法を選択して購入できます。

料金モデルの選択のポイント

- リザーブドインスタンスはOrganizations組織で共有できる。
- リザーブドインスタンスは正規化係数により複数サイズの組み合わせでも適用 できる。
- スポットインスタンスは中断が発生しても影響が少ないケースで使用できる。
- Dedicated Hostsを使用してソフトウェアライセンスを使用できる。
- Savings Plansにより柔軟でコスト最適化したコンピューティングサービスの利 用ができる。
- S3-IAはおよそ1か月に1回未満のGETリクエストしか発生しないオブジェク トに有効。
- S3 Intelligent-Tieringを使用することで、高頻度階層と低頻度階層が自動で移行 し、コスト最適化が実現される。
- DynamoDBの2つの請求モードを要件に応じて選択する。
- DAXによってパフォーマンスと全体コストの最適化を実現できる。
- リザーブドオプションはEC2だけでなく一部のデータベースサービスでも提供 されている。

5-2

コスト管理、モニタリング

　コストの最適化にあたり、モニタリングは重要です。この節ではコストのモニタリングについて解説します。

コスト配分タグ

　タグをサポートしているリソースに適切なタグを設定することは、コスト分析、モニタリングに役立ちます。組織におけるタグのルールを決め、そのルールに基づいてタグを運用します。タグキーの例としては、Project、CostCenter、Environmentなどがよく使われます。

　アカウントや組織のリソースで使用されているタグは、請求メニューのコスト配分タグで指定してアクティブにできます。アクティブにしたタグは、コスト配分レポートで使用されます。Cost Explorerで分析に使うことも可能です。

　次の2点は、適切なタグをエンジニアに設定してもらうためのアプローチです。

○ **Organizationsタグポリシー**：キーの大文字・小文字を統一化し、値の種類を限定する。リソースグループのコンプライアンスレポートで管理し、非準拠タグを修正することができる。

○ SCPで特定のリソース作成時のタグ付けを必須にする。

❏ EC2インスタンス起動時にProject、CostCenterタグキーがないと
　拒否するポリシー

```
{
  "Version": "2012-10-17",
  "Statement": [
    {
      "Sid": "DenyRunInstanceWithNoProjectTag",
      "Effect": "Deny",
```

```
      "Action": "ec2:RunInstances",
      "Resource": [
        "arn:aws:ec2:*:*:instance/*",
        "arn:aws:ec2:*:*:volume/*"
      ],
      "Condition": {
        "Null": {
          "aws:RequestTag/Project": "true"
        }
      }
    },
    {
      "Sid": "DenyRunInstanceWithNoCostCenterTag",
      "Effect": "Deny",
      "Action": "ec2:RunInstances",
      "Resource": [
        "arn:aws:ec2:*:*:instance/*",
        "arn:aws:ec2:*:*:volume/*"
      ],
      "Condition": {
        "Null": {
          "aws:RequestTag/CostCenter": "true"
        }
      }
    }
  ]
}
```

AWS Cost Explorer

AWS Cost Explorerでは、コストと使用状況のグラフビューが使用できます。コスト配分タグでアクティブにしたタグキーで分析したり、様々なフィルタリングでコストデータを確認できます。フィルタリングの種類には、API、リージョン、AZ、アカウント、サービス、使用タイプ、インスタンスタイプ、データベースエンジンなどがあります。

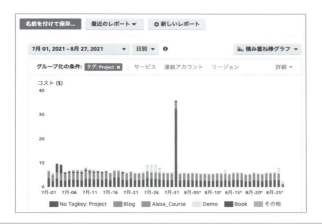

❏ AWS Cost Explorer

使用タイプでは、EC2：Data Transfer-Internet（Out）、RDS：ストレージなど、特定サービスの使用状況のモニタリングにも使用できます。除外フィルターでは、クレジット、払い戻し、税金などを除外することができ、より正確な使用状況を確認することができます。時系列のグラフで見ることができるので、いつもと異なるコストの状況にいち早く気づくことができます。設定したフィルター状態を保存したり、CSVでダウンロードすることもできます。

コストの予測

日付範囲に未来の日付を含めることで、予測を作成することができます。

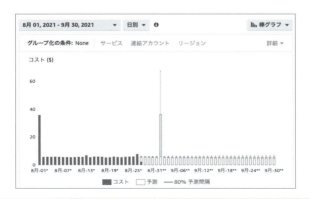

❏ コストの予測

予約

Cost Explorerでは、使用状況だけではなく、予約（EC2 RI、ElastiCache、OpenSearch Service、Redshift、RDS）の使用状況も確認できます。期限切れのアラートを、指定したメールアドレスに送信することもできます。

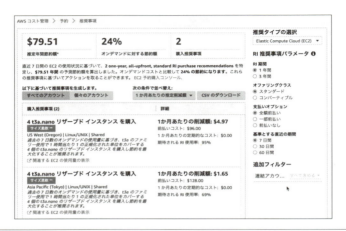

❏ 予約の推奨事項

現在の使用状況に対しての予約推奨事項を提供してくれます。使用状況が1年や3年続くのであれば、予約オプションを購入することでコスト最適化を実現できます。

AWS Cost Anomaly Detection

AWS Cost Anomaly Detectionは、支払いパターンをモニタリングしながら異常なコストを検出します。AWSサービス別、アカウント別、コスト配分タグの値に対して、コストカテゴリーで任意のカテゴリーを設定しての異常検知が可能です。コストモニターとして、それぞれ作成することが可能です。Organizationsでの連結アカウントは、最大10までコストモニターで選択できます。

検証用のリソースを削除し忘れていたり、不正アクセスによって正常時には使われないリソースが使用された場合など、コストに影響のある検知を行うことができます。

AWS Budgets

　AWS Budgetsは予算の閾値を超えたとき、もしくは超えることが予測されたタイミングでアラートを発信します。Budgetsダッシュボードで予算に対しての使用状況をモニタリングできます。固定目標金額で予算管理することもできますが、キャンペーン施策など目標金額が変わる月のために月次予算や、増加していく予算パターンを設定することもできます。

　Budgetsの情報は8〜12時間に1回更新されるので、1日の更新は2〜3回です。予算アラートでは、最大10個のメールアドレスに直接送信するか、1つのSNSトピックにパブリッシュできます。

　コスト、使用量、予約（リザーブド）、Savings Plansに対しての予算を設定できます。コストは、課金状況に対しての予算が作成できます。使用量は、使用タイプと使用タイプグループで設定できます。EC2、RDS、S3、DynamoDBの時間、容量などの使用量に基づいて作成できます。予約（リザーブド）、Savings Plansは、それぞれの使用率などの予算が作成できます。

　予算にはフィルターを追加することができて、コスト配分タグもフィルターの対象にできます。次の図では、ProjectタグがBlogのリソースのみにフィルタリングしました。2021年4月から予算超過していることがわかります。

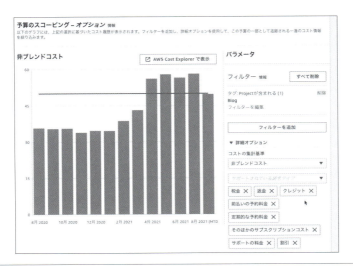

❏ 予算フィルター分析

請求アラーム

アカウントの請求設定で、「請求アラートを受け取る」オプションを有効にしていると、バージニア北部のCloudWatchで請求アラームを設定できます。請求額メトリクスに対してアラーム設定し、SNSトピックを介して担当者に通知できます。

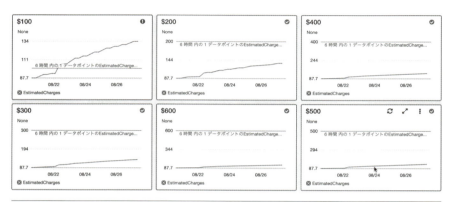

❏ 請求アラーム

上図では、$100から$100単位でアラームを設定していて、$100の閾値だけがアラーム状態です。段階的に設定していると、いつもよりも課金のペースが速いことなどを検知できますが、アラームにも課金は発生するので不要なアラートを作成しないようにしてください。

Organizationsで一括請求としている場合、マスターアカウントで組織の合計請求額に対しての請求アラームと各アカウント別の請求アラームを設定できます。各部門別、プロジェクト別、環境別の閾値に対してアラームを設定できます。

5-2 コスト管理、モニタリング

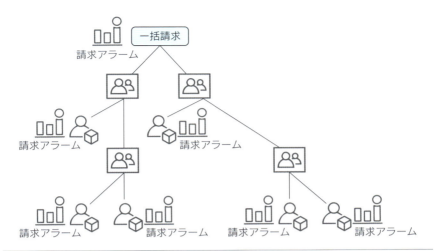

❏ マルチアカウントの請求アラーム

コスト管理、モニタリングのポイント

- リソースに適切なタグを設定するルールを設けることでコストの分析に使用できる。
- タグ付けを強制する場合は、SCP、IAMポリシー、タグの形式を統一するためのタグポリシーを使う。AWS Configルールでの検知も可能。
- Cost Explorerで時系列の、およびフィルタリングしたコスト分析を行える。
- Cost Explorerでコストの予測、予約（リザーブド）、Savings Plansの推奨事項も提供される。
- Cost Anomaly Detectionでコストに影響のある異常を検知できる。
- Budgetsでは、予算に対するアラート、予算のモニタリング、分析が行える。
- Budgetsでは、コスト配分タグでフィルタリングができる。
- 一括請求していてもアカウント別に請求アラームが作成できる。

5-3

コスト最適化

コスト最適化のための設計と選択肢について解説します。

マネージドサービスの利用

AWSの請求だけがコストではありません。運用に関わるコスト、開発にかかるコスト、人が行う手作業に時間がかかればそれはコストに直結します。

アンマネージドサービスのEC2インスタンスを使えば、OSを管理者権限で操作できるので、OSの設定を自由に変更し、使いたいソフトウェアをインストールすることができます。しかし自由な反面、OSの運用管理も必要です。また、ユーザー側が自由に設定できるということは、冗長化などについても、AWSが全面的に行うことはできません。すべて、ユーザー側で設定する必要があります。つまり、構築、設定、運用、障害対応にコストが発生することになります。また、CPUやメモリリソースを効率的に使えるかどうかはユーザー次第です。

ここでは、コスト最適化の面から2つの例を解説します。

EC2中心のアーキテクチャからサーバーレスアーキテクチャへ

エンドユーザーのサインインや、サービスに登録して使えるようにするサインアップが必要で、データベースへのシンプルな書き込み・読み取りが必要なアプリケーションがあります。このアプリケーションでは外部のAPIへのリクエストも発生するので、NATゲートウェイを使用しています。このようなWebアプリケーションを、サーバーレスアーキテクチャにリファクタリングすることによってコストが圧倒的に下がります。

サーバーレスアーキテクチャでは、Web GUIを構成する静的なコンテンツはS3から配信しています。エンドユーザーのサインイン、サインアップにはCognitoユーザープールを使用します。Cognito IDプールで、IAMロールを介したDynamoDBテーブルからの読み込みを許可します。フォームなどからのエ

ンドユーザーの入力情報の送信は、API Gateway と Lambda で構成した API へ POST して、DynamoDB へ書き込まれます。外部 API へのリクエストも Lambda から GET リクエストを実行します。EC2 インスタンスの運用を必要とせず、AZ（アベイラビリティゾーン）を意識することもありません。さらに AWS のサービス利用料金についても、EC2 を中心としたアーキテクチャよりもコストが圧倒的に下がります。

　サーバーレスな構成にするために、AWS SDK や AWS のベストプラクティス、各サービスについて学ぶ必要がある開発者の場合、開発コスト、開発期間を削減するために、下図の左側の EC2 を中心としたアーキテクチャにする場合もあります。特に LAMP 構成の開発を得意とするチームの場合には、EC2 を中心としたアーキテクチャのほうが開発コストと開発期間を削減できる可能性が高いです。要件として、どのコストの削減が望まれているのかも考慮してアーキテクチャを検討します。EC2 を中心としたアーキテクチャの場合でも、Elastic Beanstalk を使用することで、デプロイを簡易化することができます。

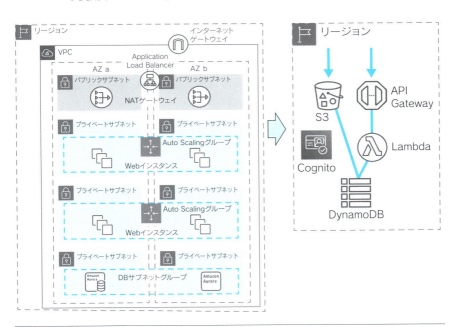

❏ EC2 中心のアーキテクチャからサーバーレスアーキテクチャへ

NATインスタンスをNATゲートウェイに変更する

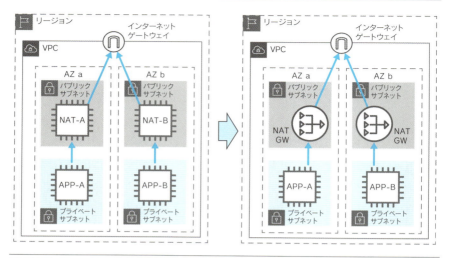

❏ NATインスタンスからNATゲートウェイへ

　上図の左側にはプライベートサブネットに2つのEC2インスタンスが配置されていて、外部のAPIへリクエストを実行しています。このシステムは問題なく稼働していましたが、突然ある日から処理の50%が失敗しはじめました。このような状況が発生した場合に疑うのは、いずれかのNATインスタンスの障害です。最適な対応はNATインスタンスをNATゲートウェイに変更することです。

　NATゲートウェイは、内部的な冗長化、復元可能性を持っているので、コンポーネントレベルの障害からは自動復旧します。帯域幅は45Gbpsまで拡張できます。メンテナンスの必要もありません。

　NATインスタンスは、送信先・送信元チェックを無効化したEC2インスタンスです。コンポーネントレベルの障害で到達不能になります。復旧はユーザーが行い、ENIをアタッチし直すか、プライベートサブネットのルートテーブルの変更が必要になります。OSレベルのメンテナンスも必要です。帯域幅はEC2インスタンスタイプによって異なります。これだけでも運用面でのコストの大きな削減になります。

　NATゲートウェイの料金は東京リージョンを例にすると、1つあたりの利用料金が$0.062/時間、NATゲートウェイを経由するデータの処理料金が$0.062/

GBです（本書執筆時点）。NATインスタンスはEC2インスタンスなので、EC2インスタンスの料金と比較します。ファミリーにもよりますが、Large以上のサイズの場合、オンデマンドインスタンスではNATゲートウェイよりも利用料金は高くなります。Medium以下のサイズでは、帯域幅が最大5Gbps程度のものが多いので、転送量が低ければ検討できるかもしれません。EC2のリザーブドインスタンスも検討できるかもしれません。ただし、運用において復元、メンテナンスが必要になることを考慮して決定してください。

データ転送料金の削減

データ転送料金の削減に関する検討事項を、2つのケースで解説します。

NATゲートウェイの料金削減

NATゲートウェイには時間利用料金とデータ処理料金が発生します。データ処理料金はデータ量に応じて増加します。

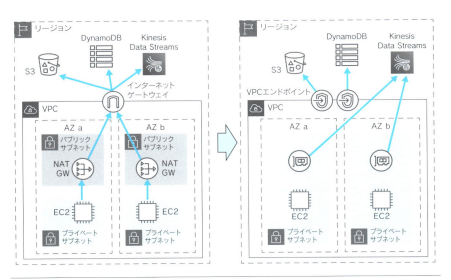

❏ NATゲートウェイの料金削減

VPC内のEC2インスタンスからS3、DynamoDBへリクエストしている場合は、ゲートウェイエンドポイントを使用することでコスト削減になります。ゲ

ートウェイエンドポイントは利用料金が発生しないので、NATゲートウェイの利用料金とデータ処理料金が削減されます。

　Kinesis Data Streamsなど、いくつかのサービスにはインターフェイスエンドポイントがあります。インターフェイスエンドポイントは利用料金が発生します。例として挙げると、東京リージョンでの利用料金は$0.014/時間、データ処理料金が$0.01/GBです（本書執筆時点）。NATゲートウェイよりも安価ですが、サービスごとに必要なので、いくつのAWSサービスに対してEC2からリクエストを実行しているかによってコストの比較ができます。

　セキュリティのために、プライベートサブネットでEC2インスタンスを起動していますが、とにかくコストを最優先したい場合は、EC2インスタンスをパブリックサブネットで起動し、パブリックIPアドレスを付与する設計も検討します。こうすれば、NATゲートウェイもVPCエンドポイントも必要ありませんし、AWS以外の外部のAPIへのリクエストも問題なく実行できます。

　この場合は、セキュリティグループの管理が重要になります。設定を間違えるとたちまちリスクになります。IAMポリシーは最小権限の原則を実装し、AWS Configルールで開放されたポートを検知できるようにします。また、必要に応じてサブネットのネットワークACLの設定も検討します。

■メディア配信コストの最適化

　データのリージョン外への転送にはコストが発生します。メディアファイルは比較的容量が大きくなりますが、アプリケーションで必要としている容量はオリジナルよりも低いケースが多いです。

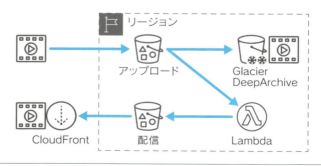

❏ メディア配信コストの最適化

アップロードされた画像や動画を、S3トリガーによりLambda関数でアプリケーションに必要な容量にリサイズして、配信用バケットに保存します。トリガーとなっているバケットと保存先とを同一のバケットにしてしまうと、Lambda関数が再帰的に実行されるリスクがあるので、別のバケットにするようにします。

配信のためにCloudFrontからキャッシュ配信を使用します。変換元のオリジナルのメディアファイルは保存しておく必要はありますが、アプリケーションではいっさい利用しない場合は、Glacier DeepArchiveの使用を検討します。取り出しには12時間必要になりますが、アクセスする必要がなければ取り出すこともありません。

AWS Compute Optimizer

AWS Compute Optimizerは、EC2インスタンス、Auto Scalingグループ、EBSボリューム、Lambda関数について、使用率メトリクスを分析し、リソースサイズの選択が最適かどうかをレポートして、コスト削減とパフォーマンスに関する推奨事項を提供します。

Organizationsと連携して、組織のアカウントすべてに対して有効にすることもできます。

EC2インスタンスは特定のインスタンスファミリー（C、D、H、I、M、R、T、X、Zなど）を対象にします。過去14日間で30時間以上の連続したメトリクスが必要です。Lambda関数は、過去14日間に50回以上呼び出された場合に、メモリサイズの推奨事項が提供されます。

コスト最適化のポイント

- EC2からマネージドサービスに変更することで、運用も含めたコストの最適化が可能。
- EC2を中心とした設計よりもサーバーレスアーキテクチャのほうが圧倒的にコスト最適化が図りやすい。
- Elastic Beanstalkを使用することで開発エンジニアの学習コストを削減できる。
- NATインスタンスをNATゲートウェイにすることで、運用も含めたコスト削減が可能。
- 設計によってはNATゲートウェイを使わずにVPCエンドポイントを使用したほうがコストが削減されるケースもある。
- データ転送コスト削減のためにメディアファイルは適切なサイズにリサイズし、オリジナルはGlacierまたはDeep Archiveに保存することでコスト削減が可能。
- Compute Optimizerによって、EC2、EBS、Lambdaの最適な設定推奨が提供される。

5-4

確認テスト

問題

 問題1

　組織でバックオフィスアプリケーションを運用しています。EC2インスタンスはm5.largeを3つのアベイラビリティゾーンに1つずつ、Auroraはdb.r5.largeを使用しています。このアプリケーションを使用している事業が終了したとしてもエンドユーザーとの利用規約で1年間はサービスが利用できることが約束されています。組織の営業時間9:00～18:00以外はユーザーのアプリケーションアクセスはありませんが、営業中の業務停止は致命的なので発生してはいけません。コストの最適化を実現するためには次のどの選択肢が有効でしょうか？ 1つ選択してください。

- A. EC2はスポットインスタンスを使用し、RDSのリザーブドインスタンスを必要数購入。
- B. EC2のリザーブドインスタンスm5.largeを3インスタンス分とRDSのリザーブドインスタンスを必要数購入。
- C. EC2のリザーブドインスタンスm5.largeを2インスタンス分とRDSのリザーブドインスタンスを必要数購入。
- D. EC2のリザーブドインスタンスm5.largeを1インスタンス分とRDSのリザーブドインスタンスを必要数購入。

問題2

組織ではリザーブドインスタンスを1年単位で複数購入しています。担当者は期限切れになったときになるべく未適用期間が発生しないようにしたいと考えています。どの方法が最適でしょうか？1つ選択してください。

A. 期限切れアラートをSNSにパブリッシュし、担当者のメールアドレスにサブスクライブして、担当者が手動で購入する。

B. EventBridgeでスケジュール設定し、ターゲットで起動したLambda関数がDynamoDBから項目を読み取り事前設定されたとおりにリザーブドインスタンスを購入するコードをデプロイする。

C. 購入予約をキューに入れる。

D. 卓上カレンダーに期限切れ日をマークしておき、出勤時に毎朝確認するルーティン。

問題3

組織ではOrganizationsで複数アカウントを管理しています。アカウントには開発者が個人別に検証で使用しているものも多数あります。検証用のコードやデータは別途S3やCodeCommitリポジトリに保存するルールとなっていて、EC2インスタンスにはデータを持ちません。財務担当者は開発者の自由を奪うことなく、コストの最適化を図るために開発者に何を指示するべきでしょうか？1つ選択してください。

A. 検証用のEC2インスタンスはオンデマンドインスタンスを予約して使うように推奨する。

B. 検証用のEC2インスタンスはスポットインスタンスをなるべく使うように推奨する。

C. 検証用のEC2インスタンス用にリザーブドインスタンスを購入し、指定したインスタンスタイプのみしか使えないようにSCPで制限する。

D. 検証用のEC2インスタンス用にリザーブドインスタンスを購入し、指定したインスタンスタイプのみを使うように推奨する。

5-4 確認テスト

 問題4

スポットインスタンスを使用してバッチアプリケーションを実行しています。トリガーとなるジョブメッセージはSQSに格納され、各処理のステータスはDynamoDBで管理しています。中断が発生したときにはなるべく早く処理途中のデータから続きが再開できるようにしたいと考えています。次のどの方法が最適でしょうか？ 1つ選択してください。

- **A.** EventBridgeで"detail-type": "EC2 Spot Instance Interruption Warning"のイベントを作成しターゲットのSSM AutomationでEBSスナップショットを作成する。
- **B.** オンデマンドインスタンスに変更して中断されないようにする。
- **C.** http://169.254.169.254/latest/meta-data/spot/instance-actionをポーリングして、中断通知を確認した際にS3へ処理途中のファイルをアップロードする。S3のイベントでLambdaを実行してDynamoDBテーブルでオブジェクトキーとステータスを更新する。
- **D.** オンデマンドインスタンスを予約して確実に実行できるようにする。

 問題5

組織は保持しているWindows Serverのライセンスを有効に利用することを検討しています。一時停止した際も開始時には同一ホストで再開する必要があります。次のどのオプションを使用しますか？ 1つ選択してください。

- **A.** Dedicated Hosts（専有ホスト）
- **B.** Dedicated Instance（ハードウェア専有インスタンス）
- **C.** Reserved Instance
- **D.** EC2 Savings Plans

問題6

組織ではオンプレミスアプリケーションをEC2に移行した後、1年を目標期間として、順次コンテナ化して、部分的にサーバーレスアーキテクチャに変更することも予定しています。可能な限り割引を適用したいと考えています。どのオプションを使用しますか？

- A. EC2 Instance Savings Plans
- B. Compute Savings Plans
- C. SageMaker Savings Plans
- D. EC2 Reserved Instance

 問題7

Intelligent-Tieringでオブジェクトはどのように扱われますか？ 適するものを1つ選択してください。

- A. アーカイブされるのでアクセスするときは取り出しに3～5時間が必要。
- B. アクセスされないオブジェクトは自動的に低頻度階層へ移動し自動的にコストが最適になる。
- C. アップロードした日から設定した日数追加したオブジェクトがS3-IAへ移動する。
- D. コンプライアンスモードではオブジェクトが削除から保護される。

 問題8

S3オブジェクトに対してリクエストしたアカウントに請求が発生するようにしたいです。次のどの選択肢が最適でしょうか？ 1つ選択してください。

- A. リクエスタ支払いを有効にして、リクエスト側はx-amz-request-payerをリクエストに含める。リクエスト料金とデータ転送料金とストレージ料金がリクエスト側に請求される。
- B. リクエスタ支払いを有効にして、リクエスト料金とデータ転送料金とストレージ料金がリクエスト側に請求される。
- C. リクエスタ支払いを有効にして、リクエスト料金とデータ転送料金がリクエスト側に請求される。

5-4　確認テスト

D. リクエスタ支払いを有効にして、リクエスト側はx-amz-request-payerをリクエストに含める。リクエスト料金とデータ転送料金がリクエスト側に請求される。

 問題9

部門やプロジェクトなど独自のカテゴリーでのコスト分析をするには何を設定しますか？ 1つ選択してください。

A. 請求アラーム
B. コスト配分タグ
C. 一括請求
D. 通貨設定

 問題10

未来のコスト予測を日時ベースで確認したいです。どうすれば簡単にできますか？ 1つ選択してください。

A. Cost Explorerの日付範囲で未来の日付を選択する。
B. Cost Explorerの未来予測ビューで確認する。
C. Cost Explorerの未来予測機能を有効にする。
D. 使用量と請求データをAmazon Forecastで分析して予測を確認する。

 問題11

コストの異常検知をするためにはどの機能を使用しますか？ 1つ選択してください。

A. コスト配分タグを有効にする。
B. Budgetsを設定する。
C. Cost Explorerでアカウント別分析を有効にする。
D. Cost Anomaly Detectionでコストモニターを作成する。

問題 12

課金状況に対して月ごとに増加する予算管理をしたいです。どの方法が最適でしょうか？ 1つ選択してください。

　　A. コスト予算の月次予算設定で初期予算と成長率を入力する。
　　B. 使用量予算を作成する。
　　C. 予約に対しての予算を作成する。
　　D. Savings Plans に対しての予算を作成する。

 問題 13

複数アカウントの一括請求をしている組織でアカウントごとの請求アラームを設定したいです。簡単に設定できる方法を1つ選択してください。

　　A. 各アカウントのCloudWatchで請求メトリクスにアラームを設定する。
　　B. Cost Explorer からエクスポートしたデータを分析してメール送信する。
　　C. マスターアカウントのCloudWatchでアカウント別の請求メトリクスにアラームを設定する。
　　D. 使用量レポートを使用してアラームを設定する。

 問題 14

静的なHTML、CSS、JavScript、画像で構成されるWebフォームがあります。次のうちコスト効率のよい選択肢はどれですか？ 1つ選択してください。

　　A. EC2にNginxをインストールして複数のAZでALBとAuto Scalingで構成する。
　　B. Elastic BeanstalkでWebアプリケーション環境を構築する。
　　C. ハードウェアを購入してオンプレミスデータセンターでWebサーバーを構築する。
　　D. S3バケットを作成してファイルを保存して適切なアクセス権限を設定する。

 問題 15

エンドユーザーがアプリケーションにサインインしている場合のみ実行可能な保護されたAPIを開発します。どのように実現しますか？ 次から2つ選択してください。

A. API GatewayでIAM認証を有効にする。
B. API GatewayでLambdaオーソライザーを有効にする。
C. API GatewayでCognitoオーソライザーを有効にする。
D. Cognito IDプールでエンドユーザーを認証する。
E. Cognitoユーザープールでエンドユーザーを認証する。

 問題16

EC2インスタンスタイプ、Lambda関数のメモリの最適化レポートを確認できるサービスは次のどれですか？ 1つ選択してください。

A. AWS Cost Explorer
B. AWS Cost Anomaly Detection
C. AWS Compute Optimizer
D. AWS Budgets

解答と解説

✔ 問題1の解答

答え：**D**

A. スポットインスタンスは中断する可能性があります。3つのアベイラビリティゾーンで一気に中断することは想定しづらくはありますが、「業務が停止してはいけない」という前提があり、バックオフィスアプリケーションの仕様（メモリ上のデータやセッションなど）が明確でないので、中断する可能性があるスポットインスタンスは利用できません。

B、C、D. 3つのインスタンスを営業日に9時間使います。確実に使用される量は1インスタンス分といえますので、Dが正解です。B、Cは過剰な購入になる可能性があります。

✔ 問題2の解答

答え：**C**

A. 実現できますが、手動作業です。正確性、リアルタイム性が損なわれています。
B. 実現できますが、購入予約機能のほうが簡単に準備、実現できます。
C. 他の方法でも実現できますが、簡単で便利な機能がある場合はそれを選択します。
D. 実現できますが、最も正確性、リアルタイム性の低い方法です。

✔ 問題3の解答

答え：**B**

A. オンデマンドインスタンスの予約はコストの最適化には影響ありません。

B. 開発者がインスタンスタイプを選択できる自由を残したまま、コストの最適化を図れます。検証用でデータは保存しないので中断しても大きな影響はありません。

C. リザーブドインスタンスを複数アカウントで共有できますが、開発者の自由を強く妨げています。

D. リザーブドインスタンスを複数アカウントで共有できますが、インスタンスタイプが制限されています。

✔ 問題4の解答

答え：**C**

A. 処理途中のデータはEBSスナップショットに残りますが、ボリューム全体までを残す必要はありませんし、DynamoDBのステータス更新はされていません。

B. 中断が発生しないようにしたいのではなく、中断が発生しても柔軟に対応できることが要件です。

C. crontabなどで繰り返しスクリプトを実行してメタデータを確認します。S3にアップロードして、その後の処理はS3イベントで実行することができます。

D. EC2インスタンスが確実に実行できることが要件ではなく、中断が発生しても柔軟に対応できることが要件です。

✔ 問題5の解答

答え：**A**

A. ライセンス要件のために使用できます。同一ホストを使い続けるアフィニティも設定できます。

B. アフィニティは設定できず自動配置です。

C、**D**. ライセンス要件のために使用するオプションではなく、長期契約で割引を受けるオプションです。

✔ 問題6の解答

答え：**B**

A、**D**. EC2インスタンスのみに適用できます。コンテナ、サーバーレスには適用できません。

B. EC2インスタンス、Fargate、Lambdaに適用できます。アーキテクチャを変更してもコンピューティングリソースの割引が受けられます。

C. SageMakerインスタンスの割引オプションです。

5-4 確認テスト

✔ 問題7の解答

答え：**B**

    A. Glacier の特徴です。

    B. Intelligent-Tiering の特徴です。

    C. ライフサイクルルールの特徴です。

    D. オブジェクトロックの特徴です。

✔ 問題8の解答

答え：**D**

    A、**B**. ストレージ料金はバケット所有アカウントに請求されます。

    C. D のほうが正しい選択肢です。

    D. リクエスト側がx-amz-request-payerをリクエストに含めることも書いてあるので、Cよりも正確に説明されている選択肢です。

✔ 問題9の解答

答え：**B**

    A. 金額の閾値を決めてSNSトピックからメール送信します。

    B. 任意のタグをリソースに設定してコスト分析機能で利用できるようにアクティブ化します。

    C. 複数アカウントの請求をまとめます。

    D. 指定した通貨の請求にできます。

✔ 問題10の解答

答え：**A**

    A. 日付範囲で未来の日付を含めると予測が確認できます。

    B、**C**. そのようなビューや機能はありません。

    D. Cost Explorer で未来の日付を選択するほうが簡単です。

✔ 問題11の解答

答え：**D**

  Cost Anomaly Detectionでコストモニターを作成することで簡単に異常検知のモニタリングが可能です。

✔ 問題12の解答

答え：**A**

    A. 課金状況に対しての予算は、コスト予算で作成できます。月次予算設定で初期予算と成長率を入力することで、増加する予算を設定できます。

    B、**C**、**D**. Budgetsの他の予算設定です。

271

✔ 問題13の解答

答え：**C**

A. 各アカウントでの設定も可能ですが、マスターアカウントでまとめて設定できます。

B、**D**. 手間がかかります。

C. マスターアカウントで各アカウント別に設定ができます。

✔ 問題14の解答

答え：**D**

A、**B**、**C**. 実現できますが、コスト効率はよくありません。

D. 静的なコンテンツはS3から配信できます。

✔ 問題15の解答

答え：**C**、**E**

A. API GatewayのIAM認証はIAMユーザーに対して認証する機能でエンドユーザー向けではありません。

B. API GatewayのLambdaオーソライザーは独自の認証ロジックを組み込んだり、外部認証を呼び出したりする場合に使用します。Cognitoユーザープールと組み合わせる際には必要ありません。

C. Cognitoユーザープールで認証されたユーザーのみAPIの実行が可能になります。

D. エンドユーザーの認証はIDプールではなくユーザープールです。

E. CognitoユーザープールをAPI GatewayのCognitoオーソライザーで連携できます。

✔ 問題16の解答

答え：**C**

A. コスト分析サービスです。

B. コストの異常検出サービスです。

C. コンピューティングサービスの最適化レポートを提供します。

D. 予算管理サービスです。

第6章

継続的な改善

クラウドにシステムを移行した後は、設計そのものに対して改善を続けていきます。ここでは、改善すべき課題の原因を調査するためのトラブルシューティングについて解説します。さらに、Well-Architectedの5本の柱のうち、運用の優秀性、信頼性、パフォーマンス、セキュリティの4本の柱の改善と、デプロイの改善にまつわる関連サービス、およびその機能についても解説します。

6-1　トラブルシューティング

6-2　運用の優秀性

6-3　信頼性の改善

6-4　パフォーマンスの改善

6-5　セキュリティの改善

6-6　デプロイメントの改善

6-7　確認テスト

6-1

トラブルシューティング

　問題が発生した際のトラブルシューティングに関連するサービスと機能を解説します。本試験においてより重要と考えられる機能をピックアップしています。

AWS Healthイベント

　AWS Healthイベントでは、AWSアカウントに影響を及ぼすイベント（機能変更や障害など）をモニタリングできます。AWS Healthイベントには、アカウント固有のイベントとパブリックイベントがあります。**アカウント固有のイベント**では、AWSアカウントで使用中のリソースなど、直接的に影響がある情報が提供されます。**パブリックイベント**では、アカウントでは使用していないサービスについても情報が提供されます。これらのイベント情報には、AWS Personal Health Dashboard、Service Health Dashboard、AWS Health APIからアクセスできます。

AWS Personal Health Dashboard

　AWS Personal Health Dashboardでは、マネジメントコンソールにサインインして、ダッシュボードとイベントログで、過去90日のアカウント固有のイベントとパブリックイベントを確認できます。アカウント固有のイベントは、EventBridgeと連携して自動アクションが可能です。

　イベントには、イベントタイプカテゴリー（eventTypeCategory）が含まれます。イベントタイプカテゴリーは、問題（issue）、アカウント通知（account Notification）、スケジュールされた変更（scheduledChange）の3種類です。各イベントにはイベントタイプコード（eventTypeCode）が含まれます。

274

6-1 トラブルシューティング

❖ 問題 (issue) のイベントタイプコードの例
- AWS_EC2_OPERATIONAL_ISSUE：EC2サービスの遅延などサービスの問題。
- AWS_EC2_API_ISSUE：EC2 APIの遅延などAPIの問題。
- AWS_EBS_VOLUME_ATTACHMENT_ISSUE：EBSボリュームの問題。
- AWS_ABUSE_PII_CONTENT_REMOVAL_REPORT：アクションをしないとアカウントが一時停止される可能性があります。

❖ アカウント通知 (accountNotification) のイベントタイプコードの例
- AWS_S3_OPEN_ACCESS_BUCKET_NOTIFICATION：パブリックアクセスを許可するS3バケットがあります。
- AWS_BILLING_SUSPENSION_NOTICE：請求未払いがあり、アカウントが停止もしくは無効化されています。
- AWS_WORKSPACES_OPERATIONAL_NOTIFICATION：Amazon WorkSpacesのサービスに問題があります。

❖ スケジュールされた変更 (scheduledChange) のイベントタイプコードの例
- AWS_EC2_SYSTEM_MAINTENANCE_EVENT：EC2のメンテナンスイベントがスケジュールされています。
- AWS_EC2_SYSTEM_REBOOT_MAINTENANCE_SCHEDULED：EC2インスタンスの再起動が必要です。
- AWS_SAGEMAKER_SCHEDULED_MAINTENANCE：SageMakerにはサービスの問題を修正するためのメンテナンスが必要です。

❖ EventBridge連携の自動アクション例

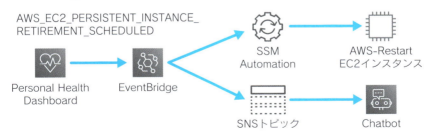

❏ Health EventのEventBridge連携の自動アクション

起動中のEC2インスタンスのホストがリタイア予定のため、自動で停止・開始してホストを変更する例です。

❏ イベントプレビュー

```
{
  "source": ["aws.health"],
  "detail-type": ["AWS Health Event"],
  "detail": {
    "service": ["EC2"],
    "eventTypeCategory": ["scheduledChange"],
    "eventTypeCode": ["AWS_EC2_PERSISTENT_INSTANCE_RETIREMENT_
➡SCHEDULED"]
  }
}
```

　イベントルールで、eventTypeCodeにAWS_EC2_PERSISTENT_INSTANCE_RETIREMENT_SCHEDULEDを設定します。ターゲットにSystems Manager AutomationのAWS-RestartEC2Instanceを指定します。パラメータのInput Transformerに、{"Instances":"$.resources"}、{"InstanceId": <Instances>}を指定します。適切な権限を持ったIAMロールを指定します。

　ターゲットにSNSトピックを指定して、AWS ChatbotからSlackなどに通知することも可能です。

✤ Organizationsとの連携

　Organizationsの組織で有効化して、組織まとめてのダッシュボード、イベントログを確認できます。

AWS Health API

Personal Health Dashboardの情報にAPIでアクセスできます。

Service Health Dashboard

　インターネット上の公開ページで、パブリックイベントを確認できます。アカウントは特定されないので、アカウント固有のイベントは含まれません。

AWS X-Ray

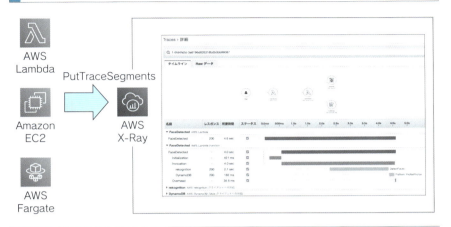

❏ X-Ray

AWS X-Rayは、アプリケーションの潜在的なバグとボトルネックを抽出します。X-Ray SDKをアプリケーションに組み込むことで、X-RayのPutTraceSegments APIアクションにより、実行時間やリクエストの成功失敗がX-Rayに送信されます。結果をサービスマップやトレース情報で確認できます。

たとえば、Pythonソースコードで次のように記述すると、サポートしているすべてのライブラリの呼び出しを記録できます。ライブラリには、importで呼び出しているライブラリも含まれます。

❏ ライブラリの呼び出しを記録する

```
import boto3
import botocore
import requests
import sqlite3
import mysql-connector-python
import pymysql
import pymongo
import psycopg2
```

```
from aws_xray_sdk.core import xray_recorder
from aws_xray_sdk.core import patch_all

patch_all()
```

　boto3はPython SDKです。AWS APIサービスの呼び出しを記録します。requestsは外部のAPI呼び出しに使用されます。AWS以外のサービスのAPI呼び出しを記録します。sqlite3、pymongo、psycopg2は、それぞれSQLite、MongoDB、PostgreSQLへのリクエストです。SQLリクエストなどデータベースへの呼び出しを記録できます。mysql-connector-pythonとpymysqlは、MySQLデータベースへのリクエストです。RDSなどのデータベースへのリクエストのトレースに使用できます。

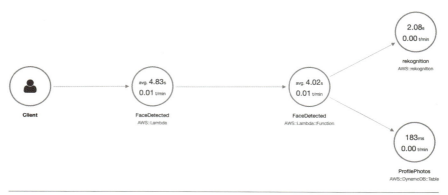

❏ サービスマップの例

　トレースした結果をサービスマップで可視化したり、トレースで詳細を確認して、実行時間やエラー発生状況を確認します。

Amazon VPCのモニタリング

　VPC Flow Logsもミラーリングオプションも ENI を流れるネットワークの情報をモニタリングできます。より詳細な情報（パケットの内容など）が必要な場合に、トラフィックミラーリングを使用します。

VPC Flow Logs

❏ VPC Flow Logs

　VPC Flow LogsはENIへのインバウンド・アウトバウンドトラフィックに関する情報を、CloudWatch LogsまたはS3バケットへ送信できます。CloudWatch LogsへはVPC Flow LogsサービスにIAMロールを設定します。S3バケットへの送信許可はS3バケットのバケットポリシーで設定します。

　VPC Flow Logsでは各種のAWS情報をモニタリングできます。ENIのID、送信元IPアドレス、送信元ポート、送信先IPアドレス、送信先ポート、プロトコル、パケット数、転送バイト数、開始・完了時間、ACCEPT/REJECTの記録や、オプションでTCPフラグのビットマスク値、パケットレベルのIPアドレス、リージョン、AZ、VPC、サブネット、サービスなどです。ただし、パケットの内容など、トラフィックのすべてをモニタリングするものではありません。

　VPC Flow Logsの役割は、接続とセキュリティの問題のトラブルシューティングを行い、セキュリティグループなどのネットワークルールが期待どおりに機能していることを確認することです。

トラフィックミラーリング

　パケットの内容など、トラフィックそのもののコピーが必要な場合は**トラフィックミラーリング**を使用します。

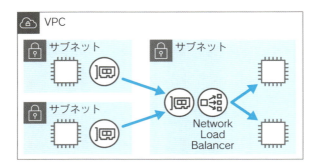

❏ トラフィックミラーリング

　EC2インスタンスにアタッチされたENIを送信元として、送信先のENIを指定できます。送信先には1つのEC2インスタンスにアタッチされたENIを指定することも、Network Load Balancerを指定することもできます。高可用性を考慮するならNetwork Load Balancerを使用して複数のモニタリング用のEC2インスタンスに送信します。

　主に次のような目的で使用します。

- 実際のパケットを分析することによる、パフォーマンスの問題に関する根本原因分析の実行。
- 高度なネットワーク攻撃に対するリバースエンジニアリング。
- 侵害されたワークロードの検出と停止。

トラブルシューティングのポイント

- AWS Healthイベントには、パブリックイベントとアカウント固有のイベントがある。
- Personal Health DashboardでAWS Healthイベントのモニタリングができる。
- EventBridgeと連携してHealthイベントに対するアクションを自動化できる。
- X-RayでAPIリクエストやSQLリクエストの実行時間、成功・失敗をトレースできる。
- VPCネットワークルールをモニタリングするにはVPC Flow Logsを使用する。
- VPCネットワークのパフォーマンス、セキュリティの詳細分析を行うには、トラフィックミラーリングを使用する。

6-2

運用の優秀性

運用の優秀性の改善に関連するサービスと機能を解説します。本試験においてより重要と考えられる機能をピックアップしています。

AWS Systems Manager

❏ AWS Systems Manager

LinuxやWindowsのEC2インスタンス、オンプレミスのサーバーに**SSM Agent**(**AWS Systems Managerエージェント**)をインストールすることで、**Systems Manager**のマネージドインスタンス(管理対象)にできます。SSM AgentはSystems Managerサービスからのリクエストや変更をマネージドインスタンスで実行して、結果をレポートします。SSM Agentには、AWS管理ポリシー AmazonSSMManagedInstanceCoreの権限と、Systems Managerサービスへリクエストできるネットワークが必要です。すべてではありませんが、特に重要な機能について解説します。

Session Manager

❏ Session Manager

　Systems Managerの **Session Manager** を使用すれば、セキュリティグループでSSHポートを許可する必要もありません。ブラウザのSession Managerからsudo可能なssm-userを使って対話式コマンドを実行できます。

　コマンドの実行履歴は、CloudWatch LogsとS3バケットに出力することができます。

Run Command

　Run Command では、EC2、オンプレミスサーバーなどマネージドインスタンスに、コマンドドキュメントに事前定義されたコマンドを実行できます。SSM Agentそのものの更新や、CloudWatch Agentや各エージェントのインストールなど、運用でよく発生するコマンドがすでにコマンドドキュメントとして定義されています。独自のコマンドドキュメントも作成できます。コマンドドキュメントはバージョン管理でき、バージョンを指定した実行も可能です。

　定型運用をドキュメント化して、Run Commandにより1回のみ実行したり、Lambdaから動的に実行するなども可能です。コマンド実行対象のマネージドインスタンスは、インスタンスID、タグ、リソースグループから指定できます。Systems Managerメンテナンスウィンドウで時間を決めてスケジュール実行することも可能です。

パッチマネージャー

　パッチマネージャー は、マネージドインスタンスへのパッチ適用を自動化できます。オペレーティングシステム（OS）とアプリケーションの両方が適用対象です。どのレベルや範囲のパッチを適用するかを定義するベースラインを作成することができます。パッチを指定して明示的な適用や拒否を行うことも可能です。

6-2 運用の優秀性

　作成したベースラインにパッチグループを設定できます。対象のEC2インスタンスにはタグを設定します。タグキーにPatch Group、値にベースラインに設定したパッチグループ名を設定します。

❏ Run CommandのAWS-RunPatchBaseline

　Run CommandのAWS-RunPatchBaselineドキュメントを実行すると、パッチベースラインが適用できます。再起動するかしないかも選択できます。対象にしたEC2インスタンスにパッチグループのタグが設定されていない場合は、OSのデフォルトのベースラインが適用されます。

Automation

　Automationは、定義済みのオートメーションドキュメントを実行します。たとえば、Health EventのEventBridge連携の自動アクションで紹介したAWS-RestartEC2Instanceは以下のようなドキュメントです。

283

❏ AWS-RestartEC2Instance

```json
{
  "description": "Restart EC2 instances(s)",
  "schemaVersion": "0.3",
  "assumeRole": "{{ AutomationAssumeRole }}",
  "parameters": {
    "InstanceId": {
      "type": "StringList",
      "description": "(Required) EC2 Instance(s) to restart"
    },
    "AutomationAssumeRole": {
      "type": "String",
      "description": "(Optional) The ARN of the role that allows
➡Automation to perform the actions on your behalf.",
      "default": ""
    }
  },
  "mainSteps": [
    {
      "name": "stopInstances",
      "action": "aws:changeInstanceState",
      "inputs": {
        "InstanceIds": "{{ InstanceId }}",
        "DesiredState": "stopped"
      }
    },
    {
      "name": "startInstances",
      "action": "aws:changeInstanceState",
      "inputs": {
        "InstanceIds": "{{ InstanceId }}",
        "DesiredState": "running"
      }
    }
  ]
}
```

インスタンスIDとIAMロールがパラメータで定義されています。Event Bridgeのターゲットパラメータで設定したり、実行する際に値を指定できます。アクションは、aws:changeInstanceStateで、stopped、runningの順で実行しています。

OpsCenter

❏ Systems Manager OpsCenter

　OpsCenterは、運用で発生した問題の確認やステータスを一元管理できます。上の図はAuto ScalingでEC2インスタンスが起動失敗した問題です。問題発生時に自動で記録されます。原因の調査を開始したら「進行中」にして、完了したら「解決済み」にします。

Amazon Inspectorの結果から
AWS Systems Managerによって脆弱性修復を自動化する

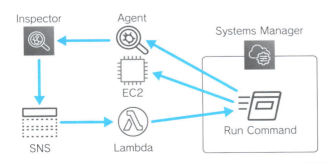

❏ Amazon Inspectorのセキュリティ結果を自動修正

Run Commandでの対象のEC2インスタンスに一括で**Inspector**エージェントをインストールします。SNSトピックポリシーでは、inspector.amazonaws.comからのSNS:Publishを許可しておきます。Inspectorの評価テンプレートでSNSトピックへの通知を設定します。SNSトピックでは、サブスクリプションに、Run Commandを実行するLambda関数を設定します。これでInspectorが脆弱性を検出した際に自動でLambda関数が実行されて、Systems Manager Run CommandによりEC2のOSを修復できます。実行する修復内容がオートメーションドキュメントの場合は、Systems Manager Automationを実行する場合もあります。

S3バッチオペレーション

S3のオブジェクト管理機能に**バッチオペレーション**があります。数十億のオブジェクトを大規模に管理できます。S3バッチオペレーションが使用するIAMロールには、batchoperations.s3.amazonaws.comからの信頼ポリシーが必要です。マニフェストリストとして、オブジェクトのリストであるインベントリファイルが必要です。S3バケットのインベントリ設定で、日次・週次で自動作成されるインベントリファイルを指定することもできますし、任意に作成したCSVファイルを用意することもできます。

可能なバッチオペレーションは以下のとおりです。

- **オブジェクトのコピー**：同じリージョンや違うリージョンのバケットへコピーできます。
- **AWS Lambda関数の呼び出し**：Lambda関数で任意のカスタムアクションを実行できます。
- **すべてのオブジェクトタグを置換する**：オブジェクトのすべてのタグを置換します。既存のオブジェクトタグは保持されない点に注意してください。
- **すべてのオブジェクトタグを削除する**：オブジェクトのすべてのタグを削除します。
- **アクセスコントロールリストを置き換える**：すべてのオブジェクトのACLを置き換えます。すでに許可されているパブリックアクセスを制限したい場合は、バッチオペレーションよりもパブリックアクセスブロックを使用するほうが簡単です。

○ **オブジェクトの復元**：Glacier、Glacier Deep Archiveにアーカイブされたオブジェクトの復元ができます。

○ **S3オブジェクトロックの保持**：オブジェクトロック保持期間をまとめて一括で設定できます。

○ **S3オブジェクトロックのリーガルホールド**：オブジェクトへのリーガルホールドの有効化、解除をまとめて一括で設定できます。

異常検出

　正常ケースと異常ケースを見極めてモニタリングすることは重要ですが、すべてのケースを網羅することは難しく、漏れなくチェックすることは不可能です。異常検出をサポートする機能をいくつか解説します。

Amazon GuardDuty

　Amazon GuardDuty は、CloudTrail、S3データログ、VPC Flow Logs、DNSクエリーログを分析して、脅威を抽出します。GuardDutyはリージョンごとに有効にします。脅威レポートの事前確認をしたい場合は、サンプルを作成することができます。リクエスト元として任意の許可IPアドレスリスト、脅威として考えられるIPアドレスリストを指定することもできます。

　たとえば、Backdoor:EC2/DenialOfService.Dnsは、EC2インスタンスがDNSプロトコルのDOS攻撃に使用されている可能性があります。CryptoCurrency:EC2/BitcoinTool.Bは、EC2インスタンスがビットコインのマイニングに使用されている可能性があります。UnauthorizedAccess:EC2/MetadataDNSRebindでは、EC2インスタンスでメタデータへのクエリーがDNS再バインドによって実行されています。Discovery:S3/MaliciousIPCallerでは、既知の悪意のあるIPアドレスからS3 APIへのリクエストを検出しています。Policy:IAMUser/RootCredentialUsageでは、ルートユーザー認証情報が使われたことを検出します。

　他にも多数の検出タイプが用意されています。

Amazon Macie

Amazon Macieは、S3バケットに保存された機密データを、機械学習とパターンマッチングで検出・監視できます。機密データ検出ジョブを作成して実行することで、検出とレポート出力を自動化できます。複数の種類の個人情報（PII）、個人の健康情報（PHI）、財務データなど、様々なデータ型のリストを使用して検出できます。カスタムデータ識別子を追加することで、検出の補足も可能です。ジョブの検出結果は、指定したS3バケットにKMS CMKで暗号化されて保存されます。

Amazon CloudWatch Anomaly Detection

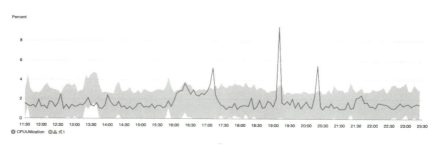

❏ CloudWatch Anomaly Detection

CloudWatchメトリクスで異常検出を設定できます。統計アルゴリズムと機械学習アルゴリズムによって、正常ベースラインが計算されます。上の図では、17:00、19:00、20:30ごろに異常値を瞬間的に示していることがわかります。異常値に対してCloudWatchアラームを設定することも可能です。

6-2 運用の優秀性

運用の優秀性のポイント

- Systems Manager Session Managerを使用すればセキュリティグループで管理ポートを許可することなくサーバーに対話コマンドを実行できる。
- Systems Manager Run Commandによって、運用を定義したドキュメントに基づいてEC2インスタンス、オンプレミスサーバーの運用をリモートで自動化できる。
- Systems Managerパッチマネージャーでベースラインを設定してパッチグループごとに任意の設定を適用できる。パッチ運用を自動化できる。
- Systems Manager Automationによって定義済みのオートメーションドキュメントを実行できる。
- Systems Manager OpsCenterで、発生した問題の自動記録から解決されるまでのステータスを管理できる。
- Inspectorで検出した脆弱性をSNS、Lambda、Systems Manager Run Commandなどで自動修復できる。
- S3バッチオペレーションによって数十億のオブジェクトに対するコピーやLambda関数カスタムスクリプトなどを実行できる。
- GuardDutyにより、リージョンごとのセキュリティ脅威を検出できる。
- Macieにより、S3バケットに保存された機密情報を検出できる。
- CloudWatch Anomaly Detectionにより、正常ベースラインが自動作成され異常検出をすばやく行える。

6

継続的な改善

289

6-3

信頼性の改善

　信頼性の改善に関連する機能やサービスを解説します。オンプレミスから、そのままの設計で移行したワークロードを改善するシナリオに基づいていくつかの機能をピックアップします。

EC2インスタンスをステートレスに

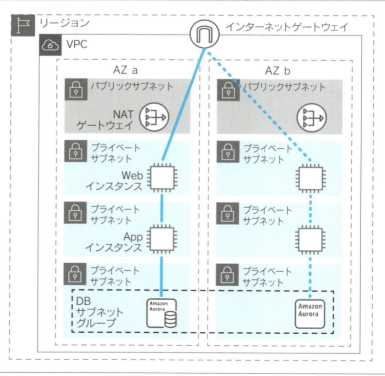

❏ オンプレミスのアーキテクチャ

6-3 信頼性の改善

　前ページの図はオンプレミスから移行してきたアーキテクチャです。青の実線がアクティブで点線がスタンバイです。Webインスタンスもアプリインスタンスも、サーバーのローカルにデータを保存するアプリケーションで、いわゆる**ステートフル**なアプリケーションですので、リクエストの分散もできません。アクティブからスタンバイにフェイルオーバーするために、データのレプリケーションも必要です。アベイラビリティゾーンレベルの障害でなくても、EC2インスタンスが起動しているハードウェアに障害が発生しただけで、システムにはダウンタイムが発生します。このような信頼性の低い設計を、次の図のように改善します。

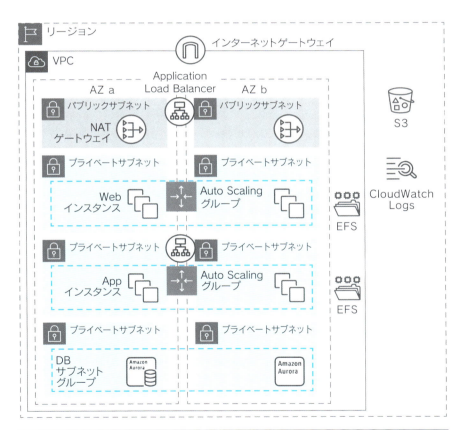

❏ EC2インスタンスをステートレスにする

改善するためには、EC2インスタンスを**ステートレス**にして使い捨てすることを検討します。そのためにはEC2インスタンスにデータを保存しないことが必要です。もちろん、アプリケーションを動作させるために必要なデータは、AMIに紐付くスナップショットに保存しておく必要があります。保存してはいけないデータは、起動後にユーザーやシステムによって追加されるデータです。データを保存しなければ、ユーザーからのリクエストは複数のEC2インスタンスに分散できます。分散できるので複数のAZ（アベイラビリティゾーン）に冗長化できます。一方のAZやEC2インスタンスに障害が発生しても、もう一方のAZやEC2インスタンスでリクエストに対しての処理を継続できます。

　データの保存先としてS3を使用するケースでは、アプリケーションをSDKを使ってカスタマイズします。保存したデータを編集する必要もなく、直接ユーザーがダウンロードするケースでは最適です。たとえば、PDFや画像・動画、ユーザーがアップロードしてくるドキュメントなども有効です。

　アプリケーションのカスタマイズができないケースでは、EFSを使用します。複数のEC2インスタンスから共有ファイルシステムとしてマウントして使用できます。また、保存後に編集する必要があるデータを扱うときにも有効です。

　ログなどローカルに書き込まれる記録は、EC2にCloudWatchエージェントをインストールして、CloudWatch Logsに出力します。

　これでEC2インスタンスはステートレスになり、AMIから起動したインスタンスをすぐに使用できます。不要になったEC2インスタンスは終了にできるので、Application Load Balancerによる分散リクエストだけではなく、Auto Scalingを使うことも可能です。

疎結合化による信頼性の改善

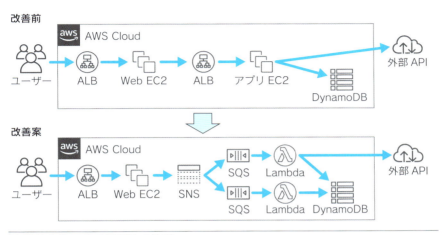

❏ 疎結合化による信頼性の改善

　上の改善前のアーキテクチャでは、ユーザーからのリクエストを、Web EC2 インスタンスからアプリケーション EC2 インスタンスへ Application Load Balancer を介してリクエストします。アプリケーション EC2 インスタンスの主な処理は2つで、ユーザーリクエストの情報と、外部の API へリクエストして受け取ったレスポンスを DynamoDB テーブルへ書き込んでいます。リクエストの順番を守る必要があるとします。

　上の改善前のアーキテクチャには、次のような課題があるとします。外部 API は同時実行数が決まっていて、ユーザーからのリクエストが急速に増加した場合、スロットリングによるリクエスト拒否が発生することがありました。また、現時点では発生していませんが、外部 API の障害やサービス停止が発生することも考慮しなければなりません。

　下の改善案アーキテクチャでは、SNS と SQS でファンアウトして、アプリケーション EC2 インスタンスが行っていた処理を Lambda が実行しています。順番を守るためには、SNS トピックと SQS キューの両方で FIFO トピックと FIFO キューを選択します。外部 API にリクエストしている Lambda 関数の同時実行数を外部 API の同時実行数に合わせて制限します。外部 API の障害時の対応としては、キューのデッドレターキューによってメッセージが失われないように

します。DynamoDBへは並列で非同期な書き込みをすることにより、外部APIの状態に極力依存しない設計になっています。

これでサービス全体の信頼性が向上できました。

データベースへのリクエスト改善

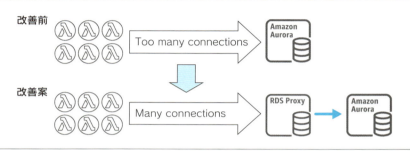

❑ RDS Proxyの使用

　MySQLやPostgreSQLに、Lambda関数など多くの接続が発生する可能性があるアーキテクチャの場合、リクエストが少ないときは安定しているように見えるかもしれません。しかし、リクエストの増加に伴い接続が増える設計の場合、「Too many connections」などのメッセージとともに接続拒否が発生します。ユーザーからのリクエスト拒否による機会損失や、プロセスからのリクエストが拒否されて、データが失われてしまうこともあるかもしれません。

　このようなケースで信頼性を高めるために、**RDS Proxy**が使用できます。RDS Proxyはデータベース接続プールを確立し再利用することで効率的な接続を提供します。データベース本体の接続が使えないときには、RDS Proxy側で自動調整されます。データベースへの接続拒否などの問題が発生する可能性のあるアーキテクチャでは有効な機能です。

　RDS Proxyを作成するときに、Aurora、RDSのMySQL、PostgreSQLデータベースに関連付けます。Aurora Serverlessはサポートしていないので設定できません。RDS Proxyを作成するとRDS Proxyのエンドポイントが生成されるので、アプリケーションからはRDS Proxyのエンドポイントにリクエストを実行します。データベースのユーザー名、パスワード用にSecrets Managerが必要で、セキュリティグループはアプリケーションからリクエスト送信を許可する必要

があります。また、データベース本体のセキュリティグループではRDS Proxyからのリクエスト送信を許可する必要があります。

　Auroraサーバーレスでは、RDS Proxyは使用できませんが、Data APIが使用できます。たとえば、次のようなコードでSQLの実行ができます。

❏ Aurora Data APIでSQLを実行する

```python
import json
import boto3

def lambda_handler(event, context):
  rds_data_client = boto3.client('rds-data')

  response = rds_data_client.execute_statement(
    resourceArn='arn:aws:rds:us-east-1:123456789012:cluster:
➥cluster-id',
    secretArn='arn:aws:secretsmanager:us-east-1:123456789012:
➥secret:secret-name',
    database='demo',
    sql='select * from user'
  )

  print (response['records'])
```

　Aurora Data APIでは、Secrets Managerが必要になります。IAMポリシーはSecrets Managerからシークレットの取得と、rds-data:ExecuteStatementなど、RDSDataServiceのAPIアクションへの権限が必要です。

信頼性の改善のポイント

- EC2インスタンスをスケーリングできるよう使い捨てにするには、ステートレスにする。そのために適切なストレージやサービスを選択する。
- バックエンド処理でエラーが発生したときにプロセスのはじめではなく途中から処理が再開できるように、SQSで非同期な疎結合化を実装する。
- RDSデータベースの接続拒否の対応にRDS Proxyが使用できる。
- Aurora ServerlessではData APIを使用できる。

6-4

パフォーマンスの改善

　パフォーマンスの改善に関連する機能やサービスを解説します。主にキャッシュとエッジについて解説します。

Amazon CloudFront

　Amazon CloudFrontはWebコンテンツを、グローバルに低いレイテンシーで配信できます。全世界に展開されているエッジロケーションからキャッシュしたコンテンツを配信できます。オリジンとして指定したS3やApplication Load Balancerへのリクエストが軽減され、EC2やRDSに対しての負荷も軽減され、さらにバックエンドのパフォーマンス最適化の効果もあります。

Webコンテンツの配信

　CloudFrontの配信設定やリソースのことを**ディストリビューション**と呼びます。CloudFrontディストリビューションのオリジンには、S3やWebサーバーのドメインを指定できます。複数のオリジンを設定して、ビヘイビアの設定により、パスパターンに応じてオリジンへのルーティングをコントロールできます。CloudFrontは、**cloudfront.net**サブドメインのDNSを提供します。cloudfront.netサブドメインに対して、独自ドメインから名前解決できるように、Route 53 Aレコードエイリアス、もしくは独自のDNSサービスでCNAMEレコードを設定します。

　エンドユーザーがCloudFrontで構成されたWebコンテンツにアクセスしたとき、レイテンシーの面から最寄りの**POP**（Point Of Presence）エッジロケーションにルーティングされます。そのPOPに対象のコンテンツファイルがあれば、ユーザーに返されます。POPになければ、ビヘイビアに設定されたパスパターンに応じてオリジンへリクエストされ、オリジンからPOPへファイルが転送され保存されます。そしてPOPからユーザーにファイルが返されます。

オリジンへのアクセス制限

CloudFrontディストリビューションを構築したのにオリジンへ直接アクセスされてしまったのでは、例外的なリクエストによるパフォーマンスの悪化が懸念されます。オリジンへのアクセスを制限する3つの方法（OAI、カスタムヘッダー、IPアドレス制限）を解説します。

❖ OAI

S3バケットがオリジンの場合は**OAI**（オリジンアクセスアイデンティティ）が使用できます。OAIというCloudFrontで作成できるユーザーを作成して、オリジン設定に関連付けます。S3のバケットポリシーでOAIからのGetObjectのみを許可します。

OAIからのリクエストのみを許可したS3バケットポリシーの例です。

❏ OAIからのリクエストのみを許可したS3バケットポリシー

```
{
  "Version": "2012-10-17",
  "Statement": [
    {
      "Effect": "Allow",
      "Principal": {
        "AWS": "arn:aws:iam::cloudfront:user/CloudFront Origin Access
➥Identity EH1HDMB1FH2TC"
      },
      "Action": "s3:GetObject",
      "Resource": "arn:aws:s3:::bucket-name/*"
    }
  ]
}
```

❖ カスタムヘッダー

カスタムヘッダーは、オリジンがApplication Load Balancerなどの場合に有効な方法です。

ディストリビューションのオリジン設定に任意のキーと値でカスタムヘッダーを追加します。Application Load Balancerのルーティングで、指定したHTTPヘッダーがリクエストに含まれる場合のみ、正常なターゲットへルーティングします。指定したHTTPヘッダーが含まれない場合は、403 Access Deniedを返

すように設定します。

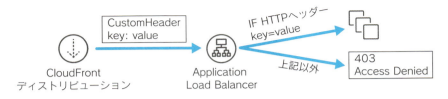

❏ カスタムヘッダーによるALBへのリクエスト制限

❖ IPアドレス制限

オリジン側でIPアドレスによってCloudFrontからのリクエストを判定したい場合は、インターネットで公開されている次のJSONファイルにアクセスして、service: "CLOUDFRONT"のip_prefixを確認します。

📖 https://ip-ranges.amazonaws.com/ip-ranges.json

ip-ranges.jsonには、AWSサービスが使用しているIPアドレス範囲が公開されています。

エッジロケーションが拡張を続けていることからもIPアドレス範囲は増加・変更の可能性があります。ネットワーク設定で使用する場合は定期的な確認と変更が必要です。

セキュリティグループのインバウンドルールで使用する場合は、セキュリティグループのインバウンドルールを変更するLambda関数をAWS SDKで実装し、EventBridgeによって定期実行するなどの自動メンテナンスが考えられます。

オンデマンドビデオ、ライブストリーミングビデオの配信

❏ CloudFrontオンデマンドビデオの配信

アプリケーションからS3バケットにアップロードされた動画ファイルを、**AWS Elemental MediaConvert** によって HLS などに変換して、配信用の S3 バケットに保存します。CloudFront ディストリビューションから再生アプリやデバイスへ配信できます。変換元の動画ファイルはライフサイクルに従って Glacier へアーカイブします。

❏ CloudFront ライブストリーミング配信

AWS Elemental MediaLive で、リアルタイムにエンコードしたコンテンツを **AWS Elemental MediaStore** に保存して、CloudFont を使用して配信できます。

フィールドレベルの暗号化

❏ CloudFront フィールド暗号化

CloudFront はフィールドレベルの暗号化が可能です。公開鍵と秘密鍵を使用した非対称暗号化で、指定したフィールドを暗号化できます。たとえば、ユーザーがフォームで入力した電話番号を、CloudFront ディストリビューションで登録された公開鍵で暗号化して、オリジンの API Gateway に POST します。API Gateway は、暗号化された電話番号を DynamoDB に PutItem します。DynamoDB テーブルには、暗号化された電話番号が保存されます。

秘密鍵は、パラメータストアで Secure String として KMS で暗号化して保存しておきます。Lambda は、GetParameter した秘密鍵を使用して、DynamoDB テーブルから GetItem した暗号化された電話番号を復号して、Amazon Connect

を呼び出し、自動で電話発信できます。アプリケーション開発者もシステム管理者も電話番号を知る必要はなくセキュアに保存することができています。

署名付きURLと署名付きCookieを使用したプライベートコンテンツの配信

CloudFrontディストリビューションでもリクエストに認証を必要とさせることができます。公開鍵・秘密鍵のキーペアをローカルで作成して、CloudFrontへアップロードしてキーグループに追加します。ルートユーザーを使ってCloudFrontのキーペアとして作成して使用することもできますが、ルートユーザーを使用すること自体が非推奨です。IAMユーザーによるキーグループへの追加が推奨とされています。キーグループは、署名者としてディストリビューションへビヘイビア設定で選択できます。

CloudFrontディストリビューションにおいて、ビヘイビア設定で署名者が追加されたパスパターンへのアクセスは、署名付きURLか署名付きCookieをアプリケーションによって生成してアクセスを許可します。

エッジ関数

CloudFrontディストリビューションへのHTTPリクエスト、レスポンスの処理をエッジ関数でカスタマイズできます。エッジ関数にはCloudFront FunctionsとLambda@Edgeの2種類があります。

○ **CloudFront Functions**：CloudFrontの機能です。JavaScriptで実装できます。Lambda@Edgeよりも軽量な実行時間の短い関数に適しています。ビューワーへのリクエスト、レスポンス処理のみをサポートしていて、オリジンへのリクエスト、レスポンスはサポートしていません。リクエストURLを変換することで、キャッシュキーの正規化によってキャッシュヒット率を向上したり、ヘッダーを追加したり、リクエストのトークン検証をするためなどに使用できます。CloudFront Functionsでは最大2MBのメモリしか使用できません。

○ **Lambda@Edge**：AWS Lambdaの拡張機能で、Node.js、Pythonがサポートされます。CloudFront Functionsではできない処理に使用します。メモリサイズが必要な場合や、オリジンへのリクエスト・レスポンスの処理や、他のAWSサービスとの統合や外部サービスの利用などの場合です。

AWS Global Accelerator

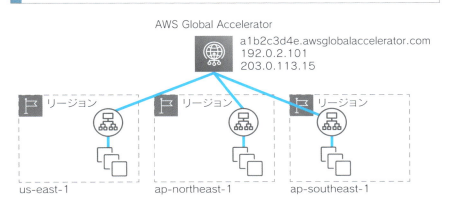

❏ AWS Global Accelerator

　AWSグローバルネットワークを利用することで、AWSリージョンへのネットワーク経路を最適化します。静的エニーキャストIPアドレスが提供されます。BYOIPとしてIPアドレスを持ち込むこともできます。

　作成したアクセラレーターには複数のエンドポイントを設定できます。エンドポイントには、Application Load Balancer、Network Load Balancer、EC2インスタンス、Elastic IPアドレスを設定できます。トラフィックダイヤルを使用してエンドポイントに重み付けができます。リージョンごとにアプリケーションをデプロイするために重み付けを変更したり、近いリージョンではなく混合的なトラフィックにしたい場合に変更します。デフォルトは100です。各リージョン内に複数エンドポイントがある場合は、そのエンドポイントごとにWeight設定で重み付けができます。

　エンドユーザーがアクセラレーターにアクセスすると、最も近いエッジロケーションでリクエストが受け付けられて、ヘルスチェックに合格したエンドポイントのうち、近い場所や重み付けした設定によってルーティングされます。

　エンドポイントがヘルスチェックに失敗し、異常と見なされた場合は、他のエンドポイントに即座にルーティングされます。IPアドレスは変わらないため、DNSフェイルオーバーのようにキャッシュなどの影響を受けません。

　リスナーでポート番号範囲とTCP/UDPを設定できます。リスナー設定でク

ライアントアフィニティを有効化した場合、同じ送信元IPアドレスからは同じエンドポイントに継続的にリクエストを送信できます。ステートフルアプリケーションの場合など、リクエストの送信先を維持したい場合はアフィニティを有効にします。

Amazon ElastiCache

Amazon ElastiCacheは、インメモリのデータストアをMemcahcedエンジン、またはRedisエンジンを使用して提供します。

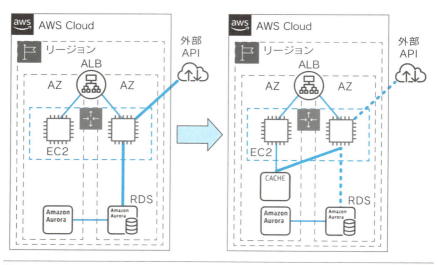

❏ Amazon ElastiCacheの利用

　たとえば上図の左の例では、ElastiCacheを使っていません。ユーザーセッションはEC2のローカルで保存するので、Application Load Balancerではスティッキーセッションを有効にしています。ユーザーからリクエストがあるたびに外部APIへGETリクエスト、RDSへSQLクエリーを実行しています。

　ElastiCacheを使ってユーザーセッションを保存して、Application Load Balancerのスティッキーセッションはオフにすることで、EC2インスタンスへのリクエストを均等にできます。外部APIへのGETリクエスト結果をElastiCacheに保存することで、外部APIへの重複したリクエストを排除で

6-4 パフォーマンスの改善

き、アプリケーションの応答時間を短縮できます。RDSへのクエリー結果を
ElastiCacheに保存することで、データベースへの重複したクエリーを排除で
き、アプリケーションの応答時間を短縮し、さらにデータベース負荷を下げる
ことによりインスタンスクラスを縮小しコストの最適化も可能です。

Memcahcedと Redis

次の表は、**ElastiCache for Memcached** と **ElastiCache for Redis** を比較
したものです。

❏ Memcahced と Redis

	ElastiCache for Memcached	ElastiCache for Redis
マルチスレッド	○	
水平スケーリング	○	
構造化データ		○
永続性		○
アトミックオペレーション		○
Pub/Sub		○
リードレプリカ/フェイルオーバー		○

Memcachedは、マルチスレッドでの実行が可能です。自動検出機能によって、
ノードの追加、削除が行われ、自動的に再設定がされます。フラットな文字列を
キャッシュするように設計されています。永続性はありません。

Redisは、複数の構造化データ(ソート済みセット型、ハッシュ型など)をサ
ポートしています。永続性を持ち、キャッシュ目的だけではなくプライマリデ
ータストアとして使用できます。アトミックオペレーションによりキャッシュ
内のデータ値をINCR/DECRコマンドで増減できます。パブリッシュ、サブス
クライブメッセージング機能により、チャットやメッセージングサービスにも
使用できます。マルチAZでリードレプリカを作成してフェイルオーバーも可
能です。

Redisのソート済みセット型の使用例として、ゲームアプリケーションのリ
ーダーボードがあります。

303

❏ ゲームアプリケーションのリーダーボード

```
ZADD leaderboard 132 Robert
ZADD leaderboard 231 Sandra
ZADD leaderboard 32 June
ZADD leaderboard 381 Adam

ZREVRANGEBYSCORE leaderboard +inf -inf
1) Adam
2) Sandra
3) Robert
4) June
```

　各プレイヤーのスコアを leaderboard として記録しています。ZREVRANGE BYSCORE コマンドで順位を出力しています。

Amazon API Gateway

API Gateway のパフォーマンスに関する機能を解説します。

API Gateway キャッシュ

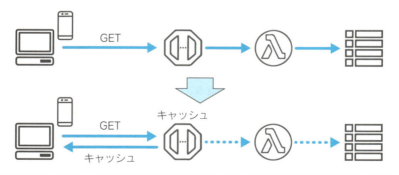

❏ API Gateway キャッシュ

　API Gateway の API ステージで、GET リクエストに対してキャッシュを有効にできます。上図の例では、API から Lambda を呼び出して DynamoDB を検索して結果をレスポンスします。キャッシュを有効にすることにより、Lambda から DynamoDB への検索は行われないので、そのぶんの処理レイテンシーが省略

されパフォーマンスが向上します。キャッシュを有効にすると時間単位での追加料金が発生します。

　キャッシュ容量は0.5GBから237GBの範囲で、8段階で指定することができます。指定したサイズのキャッシュインスタンスが作成されます。キャッシュ容量を変更したときはインスタンスの再作成になるので、その時点までのキャッシュは削除されます。TTL（Time To Live、有効期限）を秒数で指定できます。

エッジ最適化API

　API GatewayのAPIエンドポイントには、**エッジ最適化APIエンドポイント**、**リージョンAPIエンドポイント**、**プライベートAPIエンドポイント**の3つのタイプがあります。エッジ最適化APIエンドポイントはエッジロケーションPOPを経由してルーティングされるので、全世界のユーザーが使用するようなAPIに最適です。使用するユーザーが特定地域に集中している場合はリージョンAPIエンドポイントを使用します。VPCのみから使用するAPIはプライベートAPIエンドポイントを使用します。

使用量プラン

　使用量プランを使用して、APIキーごとに1秒、1日、1週間、1か月のAPI利用量を設定できます。顧客に配布するAPIキーごとに設定して、異常な数のAPIリクエストが実行されて、他の顧客へ影響が発生しないよう調整できます。

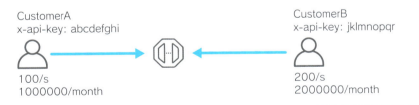

❏ API使用量プラン

APIの認証

　APIの実行に関して認証を有効にすることで、不要なリクエストを排除できます。

❖ IAM認証

IAM認証を有効にすると、IAMポリシーで許可されたIAMユーザーのみに
APIの実行が許可されます。実行を許可するIAMユーザーのアクセスキーID、
シークレットアクセスキーを発行して、署名バージョン4で署名を作成して、リ
クエストに含めます。実行を許可するIAMユーザーには以下のようなIAMポ
リシーを設定します。

❏ 実行を許可するユーザーのIAMポリシー

```
{
  "Version": "2012-10-17",
  "Statement": [
    {
      "Effect": "Allow",
      "Action": [
        "execute-api:Invoke"
      ],
      "Resource": [
        "arn:aws:execute-api:us-east-1:123456789012:apiid/*/GET/"
      ]
    }
  ]
}
```

他アカウントのIAMユーザーに許可する場合は、API Gatewayのリソースベ
ースポリシーに他アカウントからの実行を許可するポリシーを定義する必要が
あります。

❖ Cognitoオーソライザー

Cognitoユーザープールでサインインして取得したJWT（JSON Web Token）
をAuthorizationヘッダーに含めて、API Gatewayにリクエストを実行します。
Cognitoユーザープールで認証済みのJWTがなければ、APIを実行することは
できません。

6-4 パフォーマンスの改善

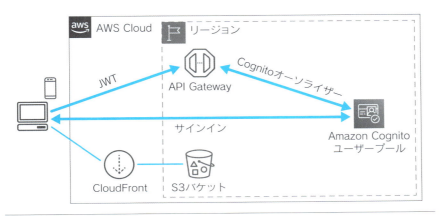

❏ Cognitoオーソライザー

❖ Lambdaオーソライザー

　Lambdaオーソライザーによって、カスタム認証を検証したり、サードパーティ製品の認証を検証することができます。

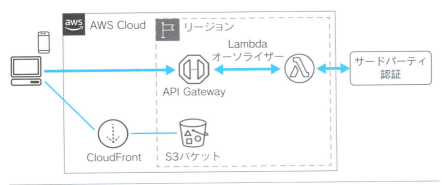

❏ Lambdaオーソライザー

パフォーマンスの改善のポイント

- CloudFrontを使用することでエンドユーザーに近い場所から生成済みのキャッシュコンテンツを配信する。
- CloudFront S3オリジンへのアクセス制限はOAI、Application Load Balancerオリジンへのアクセス制限はカスタムヘッダーとヘッダーベースのルーティングで設定できる。
- オンデマンドビデオ配信ではElemental MediaConvertを使用して動画を変換できる。
- ライブストリーミング配信では、Elemental MediaLive、Elemental MediaStoreが使用できる。
- CloudFrontフィールドレベルの暗号化でセキュアな情報の送信と保存を実現できる。
- Lambda@Edge、CloudFront Functionsを使用してリクエストをエッジでカスタマイズできる。
- Global Acceleratorで静的エニーキャストIPアドレスが使用でき、マルチリージョンでの低レイテンシーアプリケーション、即時のフェイルオーバーが可能。
- ElastiCacheを使用してアプリケーションの検索結果をキャッシュしたりセッション情報をキャッシュすることが可能。
- ElastiCache for Redisにより、複数の構造化データ型、Pub/Sub、アトミックオペレーション、リードレプリカ、フェイルオーバーが可能。
- API Gatewayでキャッシュを有効化できる。
- エッジ最適化APIによりネットワークパフォーマンスが最適化される。
- 使用量プランによりAPIキーごとに秒間、月間のリクエストを制限できる。
- APIの実行に認証（IAM認証、Cognitoオーソライザー、Lambdaオーソライザー）を有効にすることで不要なリクエストを排除できる。

6-5
セキュリティの改善

　セキュリティの改善に関連する機能やサービスを解説します。AWSにはセキュリティサービスの新機能も日々追加されています。数年前、数か月前にはAWSだけでは実現できず他の方法を採用していたものも、よりセキュアにAWSで実現できるようになっていることがあります。アーキテクチャを見直してよりよい設計になるように選択して改善します。

AWS Secrets Manager

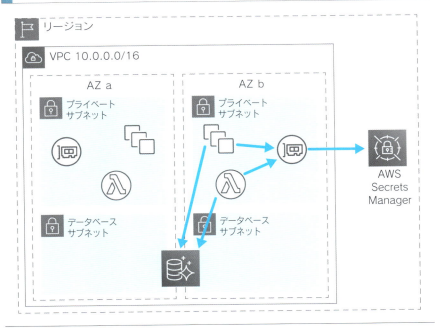

❏ AWS Secrets Manager

AWS Secrets Managerでデータベースなどの認証情報を保持し、取得には Secrets Manager への API リクエストを使用します。認証情報のローテーション更新が必要となった際には、Secrets Manager がデータベースの認証情報（パスワード）を更新して保持します。アプリケーションからは、Secrets Manager へ GetSecretValue リクエストを実行することで、常に現在の認証情報を取得することができるので、認証情報の再配布やそのための長時間にわたるシステムダウンタイムは必要ありません。

認証情報の更新は Lambda 関数が行うので、任意のコードにより外部のサードパーティ API やオンプレミスアプリケーションの認証情報のローテーションが実現できます。

■ ローテーション戦略

データベースユーザー 1 人の認証情報を管理している場合、Secrets Manager は既存のパスワードに AWSCURRENT ラベルを付けて GetSecretValue リクエストにレスポンスします。更新した新しいパスワードには AWSPENDING ラベルを付けて、テストが完了すれば AWSCURRENT ラベルを移動して使用できるようにします。この更新からテストが完了して AWSCURRENT ラベルが移動するまでの間、アプリケーションは更新前のパスワードを受け取ってしまうことになるので、認証エラーが発生する可能性があります。

ダウンタイムが発生しないようにするには、2 人のデータベースユーザーを作成してローテーションで更新して交互に使用するように、ローテーション用の Lambda 関数をカスタマイズします。

1. データベースユーザー A、データベースユーザー B がデータベースには存在します。
2. Secrets Manager シークレットにはデータベースユーザー A の認証情報が AWSCURRENT ラベル付きで保持されています。
3. ローテーション関数はユーザー B のパスワードを更新して、新しいバージョンの認証情報として Secrete Manager シークレットを更新します。
4. ローテーション関数によりユーザー B の認証情報には AWSPENDING ラベルが付けられてテストが行われます。アプリケーションはテスト中もユーザー A の認証情報が使用できるのでエラーにはなりません。
5. テストが完了するとローテーション関数はユーザー B の認証情報に AWSCURRENT ラベルを移動します。この時点からアプリケーションはユーザー

Bの認証情報を使用します。
6. ローテーション関数はロールバックのため、ユーザーAの認証情報にAWS PREVIOUSラベルを付与します。

　2人のデータベースユーザーを交互に使用するシナリオをさらに安全に実行するためには、別のAWS Secrets Managerシークレットを作成して、データベースユーザーA、データベースユーザーBのパスワードを更新するデータベースユーザーCの認証情報を保管して使用します。データベースユーザーCのパスワードローテーションは、データベースユーザーA、データベースユーザーBのパスワードを更新しない時間に実行されるようスケジュールします。

AWS WAF

❏ AWS WAF

　AWS WAFはWeb Application Firewallです。CloudFront、API Gateway、Application Load Balancer、AppSync GraphQL APIへのリクエストに対応できます。リクエストの条件に対して、許可、ブロック、カウントを設定できます。それぞれのサービスリソースにWebACLをアタッチするだけなので、アプリケーションへの変更や影響を与えることなく開始できます。よくある攻撃に対してはマネージドルールが用意されていて、それを選択するだけで始めることができます。個別の設定が必要な場合はもちろん独自のルール設定も可能です。APIレベルでの設定が可能なので、脅威のイベントに対して自動で設定できます。条件だけではなく、「5分間に指定した数を超えた場合にブロック」やカウントできるレートベースルールも可能です。

AWS WAFの料金

- **Web ACL**：5USD／月
- **ルール**：1USD／月
- **リクエスト**：0.6USD／100万リクエスト
- **Bot Control**：10USD／月
- **Bot Control リクエスト**：1USD／100万リクエスト

Web ACLやルールを同じリージョンの複数のリソースで使用できます。

AWS WAFの代表的なマネージドルール

AWS WAFでマネージドルールを使用すると、一般的な攻撃を目的とした不要なトラフィックを排除することができます。すぐに始めることができます。以下は代表的なマネージドルールです。

❖ ベースラインルールグループ
一般的な各種脅威に対する保護ルールです。

- **コアルールセット**：OWASPに記載されている高リスクの脆弱性や一般的な脆弱性などに対する保護。
- **管理者保護**：sqlmanagerなど管理用のURIパスへの攻撃からの保護。
- **既知の不正な入力**：localhost、web-infなどのパス、PROPFIND、未承諾のJWTからの保護。
- **SQLデータベース**：SQLインジェクションなど、SQLデータベースを使用しているアプリケーションに対しての脅威からの保護。
- **Linux、POSIX、Windowsオペレーティングシステム**：各OS固有の脆弱性悪用攻撃からの保護。
- **PHP、WordPressアプリケーション**：fsockopenや$_GETなどの関数や、WordPressコマンドやxmlrpc.phpへのリクエストなどからの保護。

❖ IP評価ルールグループ
- **Amazon IP評価リスト**：Amazonの内部脅威インテリジェンスによってボットと識別されたIPアドレスのリストからの保護。

6-5　セキュリティの改善

○ **匿名IPリスト**：クライアントの情報を匿名化することがわかっているソース（TOR ノード、一時プロキシ、その他のマスキングサービスなど）のIPアドレスのリスト、エンドユーザートラフィックのソースになる可能性が低いホスティングプロバイダーとクラウドプロバイダーのIPアドレスのリストからの保護。

❖ AWS WAFボットコントロールルールグループ

　ボットからのリクエストをブロックおよび管理するルールが含まれています。広告目的、アーカイブ目的、コンテンツ取得、壊れたリンクのチェック、監視目的、Webスクレイピング、検索エンジン、Webブラウザ以外などボットからのリクエストを管理、保護します。

AWS WAFのカスタムルール

カスタムルールで使用できるWebリクエストのプロパティです。

○ リクエスト送信元IPアドレス
○ リクエスト送信元の国
○ リクエストヘッダー
○ リクエストに含まれる文字列（正規表現も可）
○ リクエストの長さ
○ SQLインジェクションの有無
○ クロスサイトスクリプティングの有無

AWS WAFのメトリクスとログ

　AWS WAFのメトリクスでは、ルールごとと、すべてのAllowedRequests、それにBlockRequestsがモニタリングできます。

　サンプリングログ（過去3時間）は、Web ACLの概要ビューから確認できます。すべてのフルログはKinesis Data Firehoseを「aws-waf-logs-」で始まる名前をつけて作成して送信します。リクエスト送信元のIPアドレス、国、ヘッダー、メソッド、送信先のURIなどを含めた許可・拒否両方のログが送信されます。ログのフィルタリング、フィールド除外が可能です。

6

継続的な改善

313

AWS Shield

AWS Shield はDDoS攻撃から保護するサービスです。Standardと Advancedがあります。Standardは無料で有効で、AWSサービスへの悪意のあるトラフィックから保護しています。CloudFront、Route 53へのベーシックなネットワークレイヤー攻撃を自動的に緩和しています。より高いレベルで保護するためには Advanced を使用します。

AWS Shield Advancedで可能になること

- CloudFront、Route 53、Global Accelerator、Elastic Load Balancing、EC2 Elastic IPの各リソースを指定しての保護。
- EC2のElastic IPを保護する場合、数テラバイトのトラフィックを処理できるようにネットワークACLを昇格してデプロイ。
- 24時間365日対応のDDoSレスポンスチーム（Shield Response Team、SRT）が対応。
- 正常性ベースの検出により、脅威イベントを検出、検出精度を向上。
- AWS WAFの使用料金も含まれる。
- DDoS攻撃によるスケーリング料金のサービスクレジット。
- レイヤー3/4攻撃の通知、フォレンジックレポート（発生元IP、攻撃ベクトルなど）。

AWS Shield Engagement Lambda

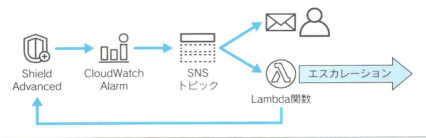

❏ AWS Shield Engagement Lambda

DDoS攻撃を自動検知して、エスカレーションアクションを自動化する設計パターンです。DDoSDetected、DDoSAttackBitsPerSecond、DDoSAttackPacketsPerSecond、DDoSAttackRequestsPerSecondメトリクスなどの攻撃の有無や攻撃の量に応じてCloudWatchアラームを設定します。SNSトピックへ送信して、サブスクリプションEメールで関係者へ送信します。

もう一方のサブスクリプションでLambda関数を実行し、Shield Advanced APIへリクエストして、AttackDetailなど詳細情報を取得し、エスカレーションアクションを実行します。エスカレーションアクションには、AWSサポートケースの作成や、サードパーティサービスでインシデントチケットを作成するなどが考えられます。

AWS Network Firewall

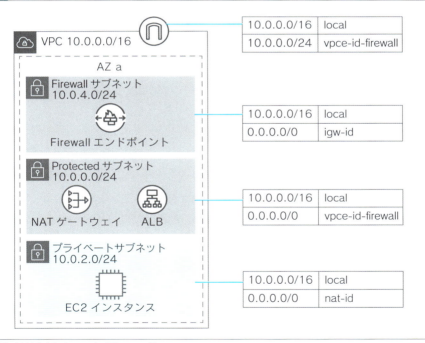

❏ AWS Network Firewall

AWS Network Firewallは、VPC向けのステートフルなマネージドネットワークファイアウォールおよびIPSサービスです。Network Firewallはトラフィック量に応じて自動的にスケールし、複数のAZ（アベイラビリティゾーン）にエンドポイントをデプロイすることで高可用性を実現できます。ネットワークACL、セキュリティグループだけでは設定できない、カスタマイズルールを実装できます。ドメインリストで不正なドメインへのアクセスを防いだり、既知の不正なIPアドレスをブロックしたり、署名ベースの検出が行えます。

VPCイングレスルーティングと組み合わせることで、インバウンド、アウトバウンドリクエストは必ずAWS Network Firewallを通過するように設定できます。Transit Gatewayと組み合わせることで、検査用VPCとしてNetwork Firewallを構築して、大規模ネットワークにおいてすべてのインバウンド、アウトバウンドを検査するよう設定することも可能です。

ステートレスルールとステートフルルールを作成して、ファイアウォールポリシーでルールに対しての動作を定義します。作成したポリシーはNetwork Firewallに関連付けます。Network Firewallエンドポイントを配置するVPCとサブネットを指定します。Firewallエンドポイントを設置したサブネットを通るようにルートテーブルのルートを設定します。

Suricata互換のルールセットをインポートして利用することができます。

AWS Firewall Manager

AWS Firewall Managerは、複数アカウントでAWS WAF、AWS Shield Advanced、VPCセキュリティグループ、AWS Network Firewall、Amazon Route 53 Resolver DNSファイアウォールを一元管理できます。AWS Organizations、AWS Configと連携し、AWS Configで非準拠リソースを抽出することもできます。

複数アカウントのCloudFrontディストリビューションなど、特定のタイプのすべてのリソースを保護することができます。特定のタグでまとめて適用することも可能です。アカウントに追加されたリソースへの保護を自動的に追加します。AWS Organizations組織内のすべてのメンバーアカウントをAWS Shield Advancedに登録することができ、組織に参加する新しい対象アカウントを自動的に登録することもできます。

6-5 セキュリティの改善

セキュリティの改善のポイント

- Secrets Managerでデーターベースなど認証シークレットのローテーションが可能。
- Secrets ManagerのローテーションLambda関数をカスタマイズすることでダウンタイムを減少させることができる。
- WAFのACL、ルールは複数リソースで使用できる。
- WAFマネージドルールを使用することで不要なトラフィックをすぐに排除することができる。
- WAFカスタムルールを作成することで独自のルールを設定できる。
- WAFのフルログが必要な場合はKinesis Data Firehoseで送信できる。
- Shield AdvancedでShield Response Team（SRT）へのエスカレーションが可能。
- Shield AdvancedにはWAFのコスト、DDoS攻撃によるスケーリング料金のサービスクレジットが含まれる。
- Shield Advancedイベントで通知が可能、APIへのアクセスで詳細情報を自動取得可能。
- Network FirewallでVPCにSuricata互換ルールなどステートフルなマネージドネットワークファイアウォールを適用できる。
- Network Firewallルール、ポリシー、定義を作成し、エンドポイントを配置するサブネットを指定し、ルートテーブルを設定する。
- Firewall ManagerでOrganizations組織の複数アカウントに対して、WAFをはじめファイアウォールサービスを一元管理し、組織に準拠したセキュリティルールを定義できる。

6

継続的な改善

317

デプロイメントの改善

デプロイメントパターンについては第3章にまとめていますので、ここではCDKとコンテナサービスについて解説します。

AWS CDK

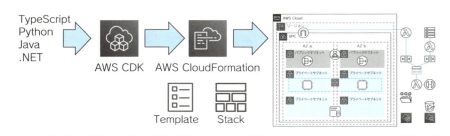

❏ AWS CDK

AWS CDK を使用するとソースコードからCloudFormationテンプレートを生成できます。現在使用できる言語はTypeScript、Python、Java、.NETです。詳細なパラメータを設定しなくても、ベストプラクティスに基づくデフォルト設定が適用されます。オブジェクト指向、ループ、条件分岐による動的なインフラストラクチャ構築が可能です。レイヤーごとの共有コンポーネントを、共有クラスや関数として組織内で再利用することができます。

❏ VPCの構築

```
from aws_cdk.aws_ec2 import Vpc
vpc = Vpc(self, "TheVPC", cidr="10.0.0.0/16")
```

たとえば、上記のコードだけで、パブリックサブネットとプライベートサブネットを複数のAZ（アベイラビリティゾーン）にデプロイしたVPCを構築できます。

CDKコマンド

　CDKで記述したコードをもとにデプロイするには、CDKコマンドを実行します。

- **cdk init**：CDKプロジェクトのスケルトンを作成します。テンプレートプロジェクトの選択や言語の選択ができます。例：cdk init sample-app–language python
- **cdk list (ls)**：プロジェクトに含まれるスタックを一覧表示します。
- **cdk deploy**：プロジェクトに含まれるスタックをデプロイします。引数で単一のスタックを指定することも可能です。
- **cdk synthesize (synth)**：CDKのコードをテンプレートにして表示します。単一スタックの指定も可能です。
- **cdk diff**：CDKのコードとスタックで差異がないか表示します。単一スタックの指定も可能です。
- **cdk destroy**：スタックを削除します。単一スタックの指定も可能です

コンテナ

　オンプレミスなどからAWSにコンテナを移行する際に、EC2にDockerサーバーを構築して運用することも可能ですが、多くのEC2インスタンスやコンテナの管理は運用が煩雑になります。AWSにはコンテナを管理するサービスとして、ECSとEKSがあります。

Amazon ECS

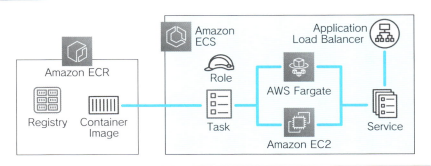

❏ Amazon ECS

Amazon ECSには、クラスタ、タスク定義、サービスの設定があります。コンテナイメージの保存先としてAmazon ECRも使用できます。

❖ Amazon ECR

Amazon ECRは、コンテナイメージを管理するリポジトリです。ECRにプッシュされたコンテナイメージを、Amazon ECSで管理、実行することができます。

❖ クラスタ

クラスタのタイプは、AWS FargateとAmazon EC2から選択できます。Amazon EC2を選択した場合はEC2インスタンスが起動して、その上でコンテナを実行するよう指定ができます。ただし、EC2インスタンスのOS、可用性、エージェントの更新など、運用が必要となります。元はEC2タイプしかありませんでしたが、Fargateタイプが追加されました。

Fargateタイプでコンテナを起動すれば、OS、クラスタの可用性、ソフトウェアの管理が必要なくなり、コンテナの管理に集中することができます。キャパシティプロバイダーにFARGATEとFARGATE_SPOTがあり、FARGATE_SPOTにより最大70%割引料金で使用することもできます。

EC2タイプの場合、EC2インスタンスにECSエージェントが実行されます。EC2タイプのキャパシティプロバイダーでは、EC2 Auto Scalingグループをキャパシティプロバイダーに紐付けて、キャパシティプロバイダーごとの重み付けを設定できます。これにより起動するVPC、サブネットごとにタスク数を均等化したり、スポットインスタンスとの割合を決めることができます。

❖ タスク定義

タスク定義では、コンテナがAWSサービスを使用するためのIAMロール、VPCで起動することもできるネットワークモード、タスクサイズ（Fargateのみ）、コンテナイメージ、使用するポートマッピング、環境変数などを定義できます。タスク定義はJSONで記述することもできます。ボリュームの追加でEFSファイルシステムを指定して使用することもできます。Amazon EventBridgeでスケジュールを設定して、ターゲットにECSタスクのコンテナを指定し、定期的に実行することも可能です。

320

❖ サービス

サービスでは、コンテナを配置する VPC、サブネット、セキュリティグループ、Auto Scaling、Application Load Balancer のターゲットグループ、デプロイメントなどが設定できます。

❖ ストレージの選択

タスク定義のボリュームの追加設定で、ホストのディレクトリにバインドマウントを使用することができます。

EFS ファイルシステムも選択できます。EFS はステートフルにしなければならないアプリケーションの場合に選択できるオプションです。S3 または DynamoDB、Aurora、RDS などのデータベースにデータを保存できる場合は、データ要件に応じてそれらを使用できます。

❖ ECSイベントストリーム

❏ EventBridge のルール

```
{
  "source": [
    "aws.ecs"
  ],
  "detail-type": [
    "ECS Task State Change",
    "ECS Container Instance State Change"
  ]
}
```

Amazon EventBridge で上記のルールを設定します。ECS がタスクを開始または停止したときと、コンテナインスタンス上のリソース利用や確保が変更したときにイベントが発生します。このイベントを Lambda や SNS、OpenSearch Service に連携することで、コンテナタスク、インスタンスの状態変更時にリアルタイムな通知、ダッシュボード機能を実現することができます。

❖ ネットワークモード

Fargate は awsvpc モードのみで、タスクに ENI が割り当てられて使用できます。コンテナタスクにセキュリティグループが設定できます。Application Load

Balancerのターゲットとしているときには、インバウンドルールをヘルスチェックとアプリケーションリクエストが受け付けられるように設定します。

EC2タイプは、awsvpcモード以外にも、none、bridge、hostを使用することができます。EC2タイプのhostを使用すれば、EC2のENIにコンテナポートを直接マッピングすることもできます。

Amazon EKS

Amazon EKSは、Kubernetes準拠のフルマネージドサービスです。EKSでもEC2タイプとFargateタイプを使用することができます。標準的なKubernetesアプリケーションとの互換性があるので、オンプレミスなどから移行する際にも選択肢として検討できます。Elastic Load Balancing、IAM、VPC、PrivateLink、CloudTrail、App MeshなどのAWSサービスと統合されています。

❏ Amazon EKS

デプロイメントの改善のポイント

- CDKを使用することで、使い慣れた言語でCloudFormationテンプレート、スタックを作成できる。
- CDKにはテンプレートを生成するためのライブラリだけではなくデプロイに必要なコマンドも揃っている。
- Amazon ECSを使用することでコンテナの管理を集中的に実行できる。
- AWS Fargateタイプを使用することで、EC2クラスタの管理が不要になり、よりコンテナの管理に集中できる。
- awsvpcネットワークモードで起動することで、タスクのENIにセキュリティグループが設定できる。
- ECSタスク定義でIAMロール、環境変数などが設定できる。

6-7 確認テスト

問題

問題1

EC2インスタンスのホストがリタイアする前に自動でEC2インスタンスのホストを変更したいです。次のどの方法を使用しますか？1つ選択してください。

A. EventBridgeのイベントルールで、eventTypeCodeにAWS_EC2_API_ISSUEを設定する。ターゲットにSystems ManagerAutomationのAWS-RestartEC2Instanceを指定する。パラメータのInput Transformerに、{"Instances":"$.resources"}、{"InstanceId": <Instances>}を指定する。適切な権限を持ったIAMロールを指定する。

B. EventBridgeのイベントルールで、eventTypeCodeにAWS_BILLING_SUSPENSION_NOTICEを設定する。ターゲットにSystems ManagerAutomationのAWS-RestartEC2Instanceを指定する。パラメータのInput Transformerに、{"Instances":"$.resources"}、{"InstanceId": <Instances>}を指定する。適切な権限を持ったIAMロールを指定する。

C. EventBridgeのイベントルールで、eventTypeCodeにAWS_EC2_PERSISTENT_INSTANCE_RETIREMENT_SCHEDULEDを設定する。ターゲットにSystems ManagerAutomationのAWS-RestartEC2Instanceを指定する。パラメータのInput Transformerに、{"Instances":"$.resources"}、{"InstanceId": <Instances>}を指定する。適切な権限を持ったIAMロールを指定する。

D. EventBridgeのイベントルールで、eventTypeCodeにAWS_EC2_PERSISTENT_INSTANCE_RETIREMENT_SCHEDULEDを設定する。ターゲットにSNSトピックを設定して管理者に通知して再起動を促す。

問題2

AWS X-Rayによって抽出できるものを2つ選択してください。

    A. アプリケーションのセキュリティ審査
    B. 不正アクセスによるAPIコール
    C. アプリケーションのバグ
    D. 脅威の調査
    E. アプリケーションのボトルネック

問題3

VPC内のトラフィックのパケットの内容をモニタリングしたいです。次のどの機能を使用しますか？1つ選択してください。

    A. CloudTrail
    B. CloudWatchメトリクス
    C. VPC Flow Logs
    D. トラフィックミラーリング

問題4

企業はLinuxでのSSH接続をやめることにしました。次のどの手順が必要でしょうか？3つ選択してください。

    A. EC2 Instance Connectを使用できるようIAMユーザーにポリシーを追加する。
    B. IAMロールにAmazonSSMManagedInstanceCoreポリシーをアタッチし、IAMユーザーはセッションマネージャを使用できるようにポリシー追加する。
    C. SSMエージェントがインストール済みのAMIを選択するか、EC2インスタンスにSSMエージェントをインストールする。
    D. CloudWatchエージェントをEC2インスタンスにインストールする。
    E. IAMユーザーのアクセスキーID、シークレットアクセスキーを無効化する。
    F. EC2インスタンスがSSMサービスへ通信できるようにネットワーク設定する。

6-7 確認テスト

 問題5

複数のEC2インスタンスに効率的かつ正確にOSレベルでのコマンドを実行したいです。どの機能を使用すればいいですか？ 1つ選択してください。

- A. パッチマネージャ
- B. RunCommand
- C. セッションマネージャ
- D. OpsCenter

 問題6

特定のEC2インスタンスに特定のパッチを除外して、必要なパッチを適用します。どの方法が最適ですか？ 1つ選択してください。

- A. パッチマネージャでベースラインを設定し、対象のEC2インスタンスにタグを設定しRunCommandを実行する。
- B. RunCommandでyum updateコマンドを実行する。
- C. セッションマネージャから個別でyumコマンドを実行する。
- D. SSHで接続してyumコマンドを実行する。

 問題7

S3バッチオペレーションでできることを3つ選択してください。

- A. オブジェクトロックの保持設定
- B. 一部のオブジェクトタグの置換
- C. 一部のオブジェクトタグの削除
- D. オブジェクトのコピー
- E. AWS Lambda関数の呼び出し
- F. 一部のアクセスコントロールリストの置換

問題 8

EC2 インスタンスがビットコインのマイニングに使用されている可能性があることなどの脅威を検出するサービスは次のどれですか？ 1 つ選択してください。

- **A**. AWS Config
- **B**. Amazon GuardDuty
- **C**. Amazon Macie
- **D**. Amazon CloudWatch

問題 9

Aurora クラスタデータベースへの多くの接続とリクエストにより接続拒否が発生しています。どの機能で改善しますか？ 1 つ選択してください。

- **A**. RDS Proxy
- **B**. Data API
- **C**. Global Database
- **D**. マルチ AZ 配置

問題 10

CloudFront ディストリビューションで配信するサイトのオリジンが S3 バケットです。直接 S3 バケットへのリクエストは拒否したいです。次のどの手順が必要ですか？ 2 つ選択してください。

- **A**. S3 バケットポリシーで CloudFront OAI からのリクエストだけを許可する。
- **B**. セキュリティグループで CloudFront からのリクエストのみを許可する。
- **C**. CloudFront オリジン設定でカスタムヘッダーを設定する。
- **D**. CloudFront オリジン設定で OAI を設定する。
- **E**. ルーティングでカスタムヘッダーが含まれている場合以外はエラーにする。

問題11

AWS Global Acceleratorが提供するものは次のどれですか？ 1つ選択してください。

A. リージョンごとの固定化されたIPアドレス。
B. DNSエイリアスとルーティング機能。
C. グローバルな静的エニーキャストIPアドレス。
D. エッジロケーションからのキャッシュコンテンツの配信。

問題12

ElastiCache for Memcachedの特徴を以下から2つ選択してください。

A. ソート済みセット型をサポートする。
B. アトミックオペレーションによりキャッシュ内のデータ値をINCR/DECRコマンドで増減。
C. マルチスレッドでの実行が可能。
D. 自動検出機能によって、ノードを追加、削除する。
E. 永続性を持つ。

問題13

API Gatewayから呼び出されるLambdaの実行回数をなるべく減らしたいです。APIはすでにデプロイされていて、APIコールは始まっています。最も少ない作業で実現する方法を1つ選択してください。

A. ElastiCacheでRDSのクエリー結果を保持し、LambdaはElastiCacheにリクエストする。
B. Application Load BalancerをLambdaの前に置き、スティッキーセッションを有効にする。
C. API Gatewayでキャッシュを有効にする。
D. CloudFrontディストリビューションをAPI Gatewayよりもユーザー側に構築する。

問題14

RDSデータベースで使用しているパスワードを毎月変更する必要があります。どの方法が最も適切で安全でしょうか？ 1つ選択してください。

A. 各アプリケーションローカルの設定ファイルをSystems Manger Run Commandで一括で書き換える。
B. Systems Managerパラメータストアに文字列型で格納して各アプリケーションから参照する。
C. Systems ManagerパラメータストアにSecure String型で格納して各アプリケーションから参照する。
D. Secrets Managerシークレットに格納して自動ローテーションを有効にする。

問題15

CloudFrontディストリビューションで構成しているサイトを来週から公開します。外部からの攻撃が発生したらルールベースで対応していくことを検討しています。ただし、一般的な攻撃はあらかじめ排除しておくように要望がありました。どの方法で対応するのが最も作業量が少ないでしょうか？ 1つ選択してください。

A. CloudFront Functionで想定される一般的な攻撃パターンを網羅してブロックするコードを実装する。
B. Lambda@Edgeで想定される一般的な攻撃パターンを網羅してブロックするコードを実装する。
C. AWS WAFマネージドルールでコアルールセットを有効にする。
D. AWS WAFカスタムルールで一般的な攻撃パターンを網羅してブロックするルールを作成する。

問題16

組織は24時間365日対応のDDoSレスポンスチーム（Shield Response Team、SRT）を必要としています。どのサービスを使用しますか？

A. AWS Shield Standard
B. AWS Shield Advanced
C. AWS WAF v2

D. AWS WAF Classic

 問題17

CloudFormationスタックを作成する方法について最も適した説明を以下から1つ選択してください。

A. JSONでテンプレートを書く以外にない。
B. YAMLでテンプレートを書く以外にない。
C. JSONかYAMLでテンプレートを書く以外にない。
D. TypeScript、Python、Java、.NETのいずれかでCDKを使ってコードを書く。

 問題18

Fargateで設定できるネットワークモードを次から1つ選択してください。

A. bridge
B. host
C. none
D. awsvpc

解答と解説

✔ 問題1の解答

答え：**C**

　A、B. eventTypeCodeのAWS_EC2_API_ISSUEはEC2APIの遅延などAPIの問題で、AWS_BILLING_SUSPENSION_NOTICEは請求未払いがありアカウント停止か無効化されている問題です。ホストのリタイアとは関係ありません。
　C. AWS_EC2_PERSISTENT_INSTANCE_RETIREMENT_SCHEDULEDイベントで、Systems Manager Automationを呼び出して自動処理が可能です。
　D. 要件は自動での変更なので違います。

✔ 問題2の解答

答え：**C、E**

　A、B、D. AWS X-Rayが収集しているトレース情報からは調査できません。

✔問題3の解答

答え：**D**

A. AWSアカウントのAPIリクエストの記録です。

B. AWSリソースの性能などの数値情報です。

C. ENI単位でのトラフィックログですが、パケットの内容までは出力しません。

D. パケットの内容を含むトラフィックそのもののコピーを送信します。

✔問題4の解答

答え：**B**、**C**、**F**

EC2のSSMエージェントがSSMサービスにネットワーク通信できて、APIリクエストも許可されている必要があります。

A. EC2 Instance Connectはブラウザから使用するSSH接続です。

D. CloudWatchエージェントは関係ありません。

E. IAMユーザーのアクセスキーID、シークレットアクセスキーは関係ありません。

✔問題5の解答

答え：**B**

A. パッチベースラインを設定してEC2グループにパッチを適用する機能です。

B. 複数のターゲットに事前定義したコマンドを一括で実行できます。

C. 対話形式のターミナル操作を提供します。

D. インシデント管理機能です。

✔問題6の解答

答え：**A**

A. 効率的です。

B. 特定のパッチが除外できません。

C、**D**. 非効率です。

✔問題7の解答

答え：**A**、**D**、**E**

A. 可能です。

B. すべてのオブジェクトタグが置換されます。

C. すべてのオブジェクトタグが削除されます。

D. 可能です。

E. 可能です。複雑な処理が必要な場合はLambda関数を呼び出します。

F. すべてのアクセスコントロールリストが置換されます。

6-7　確認テスト

✔ 問題8の解答

答え：**B**

   A. Config は設定履歴によって組織のルールに準拠しているかを検出します。

   B. GuardDuty で検出できます。

   C. Macie は S3 バケットに保存された機密データを機械学習とパターンマッチングで検出します。

   D. CloudWatch で Logs や VPC Flow Logs などから検知できるように設定すれば可能ですが、ビットコインだけでなく、考えられるすべての脅威に検出ルールを設定するのは現実的ではありません。

✔ 問題9の解答

答え：**A**

   A. RDS Proxy によって SQL リクエストが調整されます。

   B. Aurora Serverless の機能です。

   C. 他リージョンにスタンバイデータベースを作成する機能なのでリクエスト拒否には関係ありません。

   D. 複数のアベイラビリティゾーンでマスターとスタンバイでレプリケーションをして障害時にフェイルオーバーできる機能です。リクエスト拒否には関係ありません。

✔ 問題10の解答

答え：**A**、**D**

   A. S3 バケット側の設定です。Principal に OAI を設定することで許可します。

   B. S3 にセキュリティグループの設定はありません。

   C. S3 に対してはカスタムヘッダーでは制御をしません。Application Load Balancer や Web サーバーに対しては有効です。

   D. OAI を新規で作成するか既存の OAI を選択します。

   E. Application Load Balancer の設定です。S3 ではありません。

✔ 問題11の解答

答え：**C**

  AWS Global Accelerator が提供するものは、この中では C のグローバルな静的エニーキャスト IP アドレスです。

✔ 問題12の解答

答え：**C**、**D**

   A、**B**、**E**. ElastiCache for Redis の特徴です。

✔問題13の解答

答え：**C**

A、B. Lambdaの実行回数を減らすことに関係ない構成です。

C. 最も少ない作業で実現できます。キャッシュで応答できるぶんLambdaの実行回数は減ります。

D. Lambdaの実行回数は減りますが、作業量はCよりも多くなります。

✔問題14の解答

答え：**D**

A. 起動しているアプリケーションサーバーだけでなく、AMIやバックアップも更新しなければならず、ローカルに接続情報を保持するのは適切ではありません。

B. 文字列型で保存するのは適切ではありません。

C. ローテーション機能を持っていないので手動作業かスクリプトで制御する仕組みが別途必要です。

D. 最も適しています。

✔問題15の解答

答え：**C**

A、B、D. 作業量がCよりも多く複雑です。

C. 最も作業量が少なく早い方法です。

✔問題16の解答

答え：**B**

A. 無料のShield StandardにはSRTサービスはありません。

B. DDoSレスポンスチーム（Shield Response Team、SRT）にエスカレーションできます。

C、D. ルールを設定してブロックするサービスです。

✔問題17の解答

答え：**D**

他にもSAM、Elastic Beanstalkなど様々なサービスやツールでCloudFormationスタックは作成されます。

✔問題18の解答

答え：**D**

Fargateではawsvpcのみが選択可能です。

A、B、Cのネットワークモードは EC タイプで選択できます。

第7章

模擬テスト

ここでは、実践的な模擬テストを提供します。本書で学んだ知識がどの程度身についているのか、確認するのに便利です。また、本番の試験に慣れるための練習にもなります。ぜひチャレンジしてください。

7-1 模擬テスト問題

7-2 解答と解説

7-1
模擬テスト問題

 問題1

現在LAMPで構成されているオンプレミスのWebアプリケーションがあります。ユーザーが文書を補足する添付ファイルをアップロードすることができます。添付ファイルはWebアプリケーションサーバーのローカルストレージに保存されています。現在Webアプリケーションサーバーは1つのみです。データベースのデータモデルへの制約は特にありません。キーでクエリーした結果を単一のマスターテーブルから取得するシンプルなルックアップテーブルです。使用部門からはアプリケーションの開発コストを抑え、移行期間を可能な限り短くしたいという要望があります。移行後のWebアプリケーションにはアベイラビリティゾーンレベルの障害に対応できる高可用性が必要です。次のうち要件を満たす最適な選択肢はどれですか？

A. ストレージ用にS3をセットアップする。標準ストレージクラスを使用する。Application Load Balancerを使って複数のアベイラビリティゾーンにリクエストを分散する。データベースはDynamoDBテーブルを作成する。セカンダリインデックスは作成せず、シンプルなパーティションキーを持ったテーブルを作成する。ポイントタイムリカバリーを有効にして任意のタイミングに戻せるように設定する。

B. ストレージにEBSを使用する。Application Load Balancerを使って複数のアベイラビリティゾーンにリクエストを分散する。データベースはDynamoDBテーブルを作成する。セカンダリインデックスは作成せず、シンプルなパーティションキーを持ったテーブルを作成する。グローバルテーブルを使用して複数リージョンにデプロイする。DynamoDBストリームを有効化する。

C. EC2と同じVPCにEFSファイルシステムを作成して、マウントポイントを複数のサブネットを指定して作成する。EC2インスタンスからEFSをマウントしてアプリケーションの設定で添付ファイル保存先をEFSをマウントしたパスにする。データベースにAurora MySQLを使用してオンプレミスのデータベースをエクスポート/インポートして移行する。

D. ストレージにEBSを使用する。EBSボリュームにはプロビジョンドIOPS SSDを使用する。Application Load Balancerを使って複数のアベイラビリティゾーンにリクエストを分散する。データベースにAurora MySQLを使用してオンプレミスのデータベースをエクスポート/インポートして移行する。

問題2

組織ではアカウント内の特定の一部のユーザーに対して共通で利用できるEC2サンドボックスを提供しています。EC2インスタンスを作成する際にユーザー名をタグに設定しなければ作成できないように制限します。EC2にアタッチするIAMロールの作成も許可しています。この環境を構成するにあたり、以下から最適な選択肢を1つ選択してください。

A. タグキーCreatorに${aws:username}を条件にEC2インスタンスの作成を許可するポリシーをIAMグループにアタッチする。IAMグループにIAMロールの作成を許可するが、Conditionにアクセス権の境界設定ポリシーとして、ユーザーに許可している範囲のポリシーを追加した場合のみ許可する。

B. タグキーCreatorに${aws:username}を条件にEC2インスタンスの作成を許可するSCPを作成して、AWSアカウントに設定する。IAMロールの作成を許可するが、Conditionにアクセス権の境界設定ポリシーとして、ユーザーに許可している範囲のポリシーを追加した場合のみ許可する。

C. タグキーCreatorに${aws:username}を条件にEC2インスタンスの作成を許可するポリシーをIAMグループにアタッチする。IAMグループにIAMロールの作成を許可する。IAMユーザーにはMFAを設定して、MFA認証をした場合のみIAMロールの作成を許可する。

D. タグキーCreatorに${aws:username}を条件にEC2インスタンスの作成を許可するポリシーをIAMグループにアタッチする。IAMグループにIAMロールの作成を許可する。CloudTrailでIAMロールの作成とEC2へのアタッチを監視する。

問題3

マーケティングチームは外部のSaaSサービスのOutGoingWebhook機能を使って、ユーザーアクティビティを収集するAPIをAPI Gateway、Lambda、DynamoDBで構

築しています。あるキャンペーンに予想を超えた反響があり、いつもの100倍のアクティビティが発生しました。それによりDynamoDBではスロットリングが発生して、Lambdaのタイムアウト時間内に処理できなかったアクティビティを失ってしまうことになりました。マーケティング本部長はこのキャンペーンの第二弾をグレードアップして開催することを検討しています。希望するエンドユーザーにはオペレーターから申し込み順に通話対応をすることも決めました。チームはアーキテクチャを改善するために以下のどの選択肢を検討するべきでしょうか？ 3つ選択してください。

- **A.** API Gatewayのキャッシュを有効化しキャッシュバイパスされないように設定する。
- **B.** Lambda、SQSそれぞれにDLQを設定する。
- **C.** 希望するユーザーの情報をSQS FIFOキューに送信する。
- **D.** 希望するユーザーの情報をSQS標準キューに送信してDelaySecondsを調整する。
- **E.** DynamoDB Acceleratorを導入する。
- **F.** DynamoDBオンデマンドモードを設定する。

問題4

組織は新たな取引先と協業記念のコラボレーションキャンペーンを始めることになりました。新たな取引先のエンドユーザーが使用するポータルサイトから特定の操作によりAPIリクエストを受け付ける必要があります。そのAPIはシンプルで認証のための識別情報とともに検索キーがリクエストされるので、指定されたJSONフォーマットで情報をレスポンスします。既存のデータベースへのSQLへの検索と既存のAPIサービスへのリクエストによって取得可能なデータなので、複数のPythonマイクロサービスのLambda関数から構成されたAPIを呼び出せるように構築しました。当面は取引先からの送信ログとAPIの処理ログを突き合わせてチェックを行う運用です。テストも問題なく完了し、本番運用が開始されて1週間が経過しました。取引先からの送信数とAPIの処理数に差異が発生していることが判明しました。このように今はまだ不特定な問題が発生しうる想定で、原因をすばやく抽出するためには次のどの選択肢が望ましいですか？ 1つ選択してください。

- **A.** AWSアカウントでCloudTrailを有効にしておき、S3バケットのログをAthenaでSQL検索できるようにしておく。すばやく検索できるようにパーテ

ィション分割を構成し、AWS Glueによりパーティションの定期更新を行う。
B. Lambdaに実装していたデバッグコードから出力されたCloudWatch LogsをCloudWatch Logs Insightsでクエリーして問題発生箇所を抽出する。
C. Lambda関数のアクティブトレースを有効化しておき、X-Ray Python SDKでAPI呼び出しや、SQL実行に対してパッチ適用をしておく。サービスマップでエラー発生やボトルネックがないかを俯瞰的に確認してエラーが発生している呼び出しのログを調査する。
D. LambdaからAPIの呼び出しやエラーの情報をS3に出力するよう実装し、Athenaで検索可能とする。QuickSightでAthenaと連携し、エラー発生箇所の抽出を迅速に行う。

問題5

組織で運用している販売管理システムは東京リージョンで問題なく稼働しています。販売管理システムは、VPC、Application Load Balancer、EC2 Auto Scaling、RDS PostgreSQL、S3、CloudWatch、Systems Manager、Lambda、DynamoDB、SNS、SQS、API Gateway、CloudFront、Route 53で構成されています。ある日チームは社外取締役から「AWS東京リージョン全体の災害時のプランをRTOは2時間、RPOは24時間でコスト最優先で検討すること」と指示を受けました。チームのアーキテクトは次のうちどのプランを示すのが最適でしょうか？ 1つ選択してください。

A. 必要なリソースを構築するCloudFormationテンプレートを作成し、EC2のAMIを災害対策リージョンへコピーしておく。RDSのクロスリージョンリードレプリカを災害対策リージョンへ作成する。S3バケットのクロスリージョンレプリケーションを災害対策リージョン向けに作成する。DynamoDBのグローバルテーブルを作成する。

B. 必要なリソースを構築するCloudFormationテンプレートを作成し、EC2のAMIを災害対策リージョンへコピーしておく。RDSの日次自動バックアップのコピーを災害対策リージョンへ作成する。S3バケットのクロスリージョンレプリケーションを災害対策リージョン向けに作成する。DynamoDBのオンデマンドバックアップコピーを災害対策リージョンへ作成する。

C. Route 53のヘルスチェックとDNSフェイルオーバーを構成し、災害対策リージョンにも同じ構成でデプロイする。RDSのクロスリージョンリードレプリカを災害対策リージョンへ作成する。S3バケットのクロスリージョンレプリ

ケーションを災害対策リージョン向けに作成する。DynamoDBのグローバルテーブルを作成する。

D. Route 53のヘルスチェックとDNSフェイルオーバーを構成し、災害対策リージョンにも同じ構成でデプロイする。ただしEC2インスタンスは最低限必要な数だけ起動しておく。RDSのクロスリージョンリードレプリカを災害対策リージョンへ作成する。S3バケットのクロスリージョンレプリケーションを災害対策リージョン向けに作成する。DynamoDBのグローバルテーブルを作成する。

問題6

水道検針アプリケーションでは、検針員がモバイルアプリで当月の該当データをダウンロードして検針作業を開始します。複数の地域に展開している事業会社です。月ごとに変動する係数料金マスターなど料金計算のためのパラメータファイルが多数生成されます。モバイルアプリへのデータダウンロードは最寄りのリージョンから行えるように構成しています。毎月検針作業開始日の前日にパラメータファイルをセンターで作成し、自動でS3バケットに保存されます。保存されたファイルは自動的にクロスリージョンレプリケーションされます。15分以内にパラメータファイルのレプリケーションが完了しなかった場合にチェックする必要があります。次のどの設定を使用するのが適切ですか？1つ選択してください。

A. S3クロスリージョンレプリケーションは15分以内に必ず完了するのでチェックする必要はない。

B. パラメータファイル作成15分後にaws s3 ls --recursive --summarizeコマンドを送信元バケットと送信先バケットを対象に実行して内容を比較確認する。

C. レプリケーション送信元のS3バケットのPutObjectイベントでStep Functionsステートマシンを実行してアクティビティを待機する。アクティビティのタイムアウトを15分にする。レプリケーション送信先のS3バケットのPutObjectイベントにより該当アクティビティを完了にし、ステートマシンを成功にして終了する。

D. レプリケーションルールでS3 RTCを有効化して、イベント通知のオブジェクトが15分の閾値を超えたイベントと15分の閾値経過後にレプリケートされるオブジェクトイベントで通知を有効化し、送信先にSNSトピックを指定し、サブスクリプションに管理チームのEメールアドレスを設定する。

7-1　模擬テスト問題

 問題7

情報システム部チームはオンプレミスで運用していたGitLabをEC2に移行しました。まずシングルAZのシングルインスタンスでElastic IPアドレスを関連付けて運用を開始しました。オンプレミスではバックアップソフトウェアを使用してGitLabのリポジトリのバックアップを日次で作成していました。オンプレミスにはまだいくつかのサーバーが継続して運用されているのでバックアップサーバーはAWSには移行されません。EC2で運用しているGitLabのリポジトリのバックアップを作成する最もシンプルな方法はどれでしょうか？ 1つ選択してください。

- **A.** バックアップデータを保存するためのS3バケットを作成する。S3バケットにアップロードできる権限のIAMポリシーを作成して、IAMロールにアタッチする。IAMロールをEC2で引き受ける。gitlab.rbにS3バケットとIAMロールを指定し、gitlab-rake gitlab:backup:createコマンドをEC2上で毎日自動実行する。
- **B.** EC2にアタッチされているリポジトリを保存しているEBSボリュームのスナップショットを、Data Lifecycle Managerで毎日作成する。
- **C.** AWS Backupを使用してEBSのスナップショットを毎日作成するバックアッププランを作成する。災害対策サイトへ自動コピーする。
- **D.** GitLab EC2のAMIを毎日作成するLambda関数を開発してデプロイする。EventBridgeで毎日時間を指定して実行する。

 問題8

エンターテイメントショーを提供するA店では店舗でダンサーの面接をしています。面接当日からバックダンサーとして採用されるケースもあります。Instagram、TwitterなどのPR業務は本部で一括して行っています。店舗はPRのための資料を本部へすぐに送信する必要があります。これらの資料はS3バケットへ保存されてすぐに本部の担当者に渡されます。この企業ではSFTPクライアントを使用してデータをアップロードするルールがあります。SFTPプロトコルに対しては送信先IPアドレスを事前に設定しておく必要があります。次のどの方法を組み合わせて実現しますか？3つ選択してください。

- **A.** Elastic IPアドレスを割り当ててネットワーク担当者に連絡して送信先IPアドレスに追加してもらう。

B. SFTP対応サーバーのDNSに割り当てられているIPアドレスをネットワーク担当者に連絡して送信先IPアドレスに追加してもらう。

C. AWS Transfer FamilyでS3向けのSFTP対応サーバーを作成する。パブリックアクセス可能として作成して、Elastic IPアドレスを設定する。

D. AWS Transfer FamilyでS3向けのSFTP対応サーバーを作成する。SFTP対応サーバーはVPCホストで作成して、サブネットを指定する際にElastic IPアドレスを設定する。

E. セキュリティグループのインバウンドルールで店舗が使用しているグローバルIPアドレスを送信元にして22番ポートを許可する。

F. S3バケットポリシーで店舗が使用しているグローバルIPアドレスを、許可するIPアドレスとして条件に追加する。

問題9

お客様向けポータルサイトを運用しています。このポータルサイトは販売管理システムと連携して、データ連携には中間のCSVファイルが作成されています。CSVファイルには独自の区切り文字が使用されています。このCSVファイルをコピーしてポータルサイトテスト環境用のインポートファイルを作成する予定です。テスト環境ではなるべく本番環境と同じデータを使用したいのですが、個人情報に該当する情報のみを特定文字列に変更する予定です。次のどの方法を使用すれば柔軟な実現が可能でしょうか？1つ選択してください。

A. AWS GlueのクローラーにCSVカスタム分類子を追加して区切り文字を判別できるようにする。ジョブを作成して、該当列を変換する処理を実行する。

B. S3バッチオペレーションのオブジェクトコピー機能でコピーする際に変換する。

C. S3バケットレプリケーションを使用してテスト環境バケットへCSVファイルをコピーする。

D. Amazon AthenaでALTER TABLE ADD COLUMNSステートメントを使用してCSVを変換して保存する。

問題10

企業はキャンペーンのご案内メールを送信します。送信したメールが拒否されたことやスパムとしてマークされたこと、メールが開かれたこと、メール内のリンクがクリックされたことをマーケティング担当者はSQLで分析する必要があります。次のどの組み合わせで実現することができますか？ 3つ選択してください。

- A. RDSデータベースのテーブルに対してSQLクエリーを実行する。
- B. S3バケットを指定してAthenaでテーブル定義を作成してSQLクエリーを実行する。
- C. イベント送信先にKinesis Data Firehoseを指定した設定セットをAmazon SESで作成してメール送信時のパラメータで指定する。
- D. サブスクリプションにKinesis Data Firehoseを指定したSNSトピックを作成する。
- E. Kinesis Data FirehoseからS3バケットを送信先に設定する。
- F. Kinesis Data FirehoseからRDSを送信先に設定する。

問題11

ネットワークチームはVPCで起動しているEC2 Webサーバーに対してのトラフィックを調査する必要があります。特にUser-Agentなどを確認する必要があります。次のどの方法を使用しますか？ 1つ選択してください。

- A. S3バケットを作成し、バケットポリシーでdelivery.logs.amazonaws.comからのPutObjectを許可する。VPC Flow Logsを有効にして、S3バケットを送信先に設定する。Athenaからフローログを調査する。
- B. IAMロールを作成し、vpc-flow-logs.amazonaws.comからのAssumeRoleを許可する信頼ポリシーを作成する。VPC Flow Logsを有効にして、CloudWatch Logsを送信先に設定しIAMロールを設定する。Cloud Watch Logs Insightでフローログを調査する。
- C. VPCトラフィックミラーリングを使用してCloudWatch Logsに送信する。Cloud Watch Logs Insightでパケットを調査する。
- D. VPCトラフィックミラーリングを使用して送信先EC2インスタンスに送信する。Wiresharkなどのツールを使ってパケットを調査する。

問題12

バックエンドでSQSキューのジョブメッセージを受信して非同期処理を行っているステートフルなアプリケーションサーバーをEC2インスタンスで運用しています。アプリケーションサーバーが停止しても未完了のジョブはキューに残っています。過去の処理内容を次回以降の処理でも利用するのでOSのローカルストレージにデータを蓄積しています。EBSのスナップショットは定期的に取得しています。先月、このEC2インスタンスが停止していたことに気づかず、数日にわたってジョブが実行されていませんでした。EC2インスタンスのホストがリタイアしていたことに担当者も気づいていなかったようです。同様のことが発生しないよう対応を自動化する最適な方法は次のどれですか？ 1つ選択してください。

- A. EC2インスタンスのホストリタイア予定メールの送信先をSESで受信できるメールに変更して、S3バケットで受信する。S3バケットでメールメッセージオブジェクトが作成されたイベントを設定し、Lambda関数を実行して該当のEC2インスタンスを停止、開始してホストを変更する。
- B. Personal Health DashboardからCloudWatch Eventsリンクにアクセスして、AWS_EC2_PERSISTENT_INSTANCE_RETIREMENT_SCHEDULEDイベントのターゲットにSSM AutomationのAWS-RestartEC2Instanceを指定する。
- C. Service Health Dashboardの通知イベントでAWS_EC2_PERSISTENT_INSTANCE_RETIREMENT_SCHEDULEDイベントのターゲットにSSM AutomationのAWS-RestartEC2Instanceを指定する。
- D. EventBridgeのルールで、AWS_EC2_OPERATIONAL_ISSUEイベントのターゲットにSSM AutomationのAWS-RestartEC2InstanceとSNSトピックから管理者へのメール通知サブスクリプションを指定する。

問題13

A社の取締役はシステム運用チームが業務過多により脆弱性検査の優先度を落として後回しにしていることを懸念しています。このままではいつか脆弱性を侵害されて、個人情報の漏洩など大きな問題が発生するのではないかと夜も眠れません。運用チームの採用人員を増やすことを会社に進言しましたが、他に策はないものかと差し戻しされました。週に1日のメンテナンスデイにはEC2インスタンスで稼働しているサーバーの再起動が可能です。対象のEC2インスタンスは100インスタンスありま

す。取締役から相談を受けた外部協力会社のアーキテクトはどのようなアドバイスを提供するといいでしょうか？ 1つ選択してください。

- **A.** Inspectorエージェントを各EC2インスタンスのOSにログインしてインストールする。Inspectorの検査をメンテナンスデイに実行されるようにスケジューリングする。結果をSNSトピックに送信してサブスクリプションにLambda関数を設定しておく。Lambda関数はSystems Manager Run Commandを実行して該当のEC2インスタンスの脆弱性を修復する。

- **B.** InspectorエージェントをSystems Manager Run Commandで一括インストールする。Inspectorの検査をメンテナンスデイに実行されるようにスケジューリングする。結果をSNSトピックに送信してサブスクリプションにLambda関数を設定しておく。SNSトピックポリシーでは、inspector.amazonaws.comからのSNS:Publishを許可する。Lambda関数はSystems Manager Run Commandを実行して該当のEC2インスタンスの脆弱性を修復する。

- **C.** CloudWatchエージェントをSystems Manager Run Commandで一括インストールする。Inspectorの検査をメンテナンスデイに実行されるようにスケジューリングする。結果をSNSトピックに送信してサブスクリプションにLambda関数を設定しておく。Lambda関数はSystems Manager Run Commandを実行して該当のEC2インスタンスの脆弱性を修復する。

- **D.** InspectorエージェントをSystems Manager Run Commandで一括インストールする。Inspectorの検査をメンテナンスデイに実行されるようにスケジューリングする。結果をSNSトピックに送信してサブスクリプションにLambda関数を設定しておく。SNSトピックポリシーでは、inspector.amazonaws.comからのSSM:SendCommandを許可する。Lambda関数はSystems Manager Run Commandを実行して該当のEC2インスタンスの脆弱性を修復する。

問題14

企業ではオンプレミスで運用しているときに契約していたソフトウェアライセンスが使用できます。ソフトウェアライセンスの期限よりも2年早くデータセンターとハードウェアの利用期間が終了するためにAWSへの移行を開始しました。ソフトウェアベンダーに問い合わせたところ、ソフトウェアのライセンス要件を満たすために、EC2インスタンスのホストを専有する必要があり、アクティベートしたホストで起動し続けなければならないことがわかりました。企業はオンプレミスで夜間にこの

ソフトウェアを起動しているサーバーに対してセキュリティ侵害を受けたことがあり、オペレーターが勤務していない時間はサーバーの停止を予定しています。以下のどの選択肢が適当でしょうか？1つ選択してください。

- **A.** Dedicated InstancesでEC2インスタンスをスポットインスタンスで起動する。
- **B.** Dedicated InstancesでEC2インスタンスを起動する。必要最低限のサイズで調整したリザーブドインスタンスを1年分購入しておく。
- **C.** Dedicated Hostsを起動してEC2インスタンスをUse auto-placementオプションを有効にして起動する。必要最低限のサイズで調整したDedicated Host Reservationsで1年分の予約を購入する。
- **D.** Dedicated Hostsを起動してEC2インスタンスをアフィニティオプションを有効にして起動する。必要最低限のサイズで調整したDedicated Host Reservationsで1年分の予約を購入する。

問題15

バンドは撮影したミュージックビデオを宣伝のため、フリー素材として公開することにしました。公開期間や公開先を細かく設定したいために、Amazon S3から配信することにしました。ミュージックビデオをダウンロードするクライアントはAWSアカウントを持っているか、持っていない場合は作ってもらうことで利用者と利用状況の把握を予定しています。用意したWebフォームでダウンロード利用許諾書に同意して12桁のAWSアカウントを送信してもらう仕組みを作りました。宣伝のためにミュージックビデオの利用料金は無料とするとしても、利用者が多くなることでコストが増大していくので、いたずら目的のダウンロードを防ぐためにデータ取得のための料金は利用者に負担してもらおうと考えています。以下のどの方法が展開、運用のコストが低くなるでしょうか？1つ選択してください。

- **A.** CloudTrailでデータAPIを記録するよう設定してS3オブジェクトへのアクセスログを記録する。コストと使用状況レポートも有効にする。Athenaで記録を分析してリクエストしたアカウントごとの発生請求金額を合計して月末に締めて請求する。S3バケットポリシーは該当のAWSアカウントからのリクエストを許可する。
- **B.** S3バケットポリシーは該当のAWSアカウントからのリクエストを許可する。ダウンロードリクエストのためのAPIをAPI Gatewayで作成して、使用量プ

7-1　模擬テスト問題

ランをAWSアカウントごとに作成して各アカウント向けにキーを作成して配布する。

C. S3バケットでリクエスト支払いを有効にする。ダウンロードする側はAWS認証情報を使ってx-amz-request-payer:requesterをヘッダーに含めてリクエストするよう案内する。S3バケットポリシーは該当のAWSアカウントからのリクエストを許可する。

D. S3バケットでリクエスト支払いを有効にする。ダウンロードする側はAWS認証情報を使ってx-amz-request-payer:requesterをヘッダーに含めてリクエストしてもらう。S3バケットポリシーは該当のAWSアカウントからのリクエストを許可して、ヘッダーにx-amz-request-payerがなければリクエストを拒否するようにConditionを設定する。

問題16

事業会社で運用している販売管理システムは、開発会社によってフルスクラッチで開発されたものです。VPC、Application Load Balancer、EC2 Auto Scaling、Aurora MySQL、S3で構成されています。AuroraデータベースはKMSによって暗号化されています。開発会社は運用保守も請け負っています。事業会社と開発会社のAWSアカウントは独立していて連結などはしていません。お互いに権限を提供するIAMロールも存在しません。ある日、本番環境で想定外の計算結果が算出されエンドユーザーに誤った請求がされました。開発会社は検証環境で再現調査を行いましたが問題の再現に至りませんでした。わずかなテストデータしか存在しない検証の意味をなさない環境でした。そこで事業会社に依頼をしデータベースのコピーを取得することにしました。どの方法で取得すればすばやく安全にデータベースのコピーを渡すことができるでしょうか？

A. 事業会社よりmysqldumpコマンドでエクスポートしてDVDに保存したデータを手渡しして、開発会社のAurora MySQLにインポートする。

B. 事業会社よりmysqldumpコマンドでエクスポートしてS3に保存したデータの署名付きURLを発行して、開発会社のAurora MySQLにインポートする。

C. 事業会社がAurora MySQLのスナップショットを作成して、開発会社のAWSアカウントに共有する。KMSマスターキーのキーポリシーで開発会社が復号を行えるように権限設定する。開発会社はスナップショットからAuroraクラスタを開発会社のアカウントに復元する。

345

D. 事業会社がAurora MySQLのスナップショットを作成して、開発会社のAWSアカウントに共有する。KMSマスターキーをエクスポートして開発会社に渡し、開発会社はアカウントにキーをインポートする。開発会社はスナップショットからAuroraクラスタを開発会社のアカウントに復元する。

問題17

会社で運用しているポータルサイトがあります。ユーザーとの利用規約でサービスを最低でも1年以上続ける必要があります。ポータルサイトは夜間に他のシステムからデータの連携が発生するため、アクセスが減っていく時間でも稼働している必要があります。また、高可用性を実現するために2つのアベイラビリティゾーンでm5.largeを最低2インスタンス起動しています。ピークのリクエスト発生時には6インスタンスが必要です。過去1年の月間インスタンス使用時間は2230時間以上でした。データ連携処理中に処理が中断することは、翌日のメンテナンス作業の負荷が増大化するので避けたいです。検証環境も別途必要です。検証環境は常時稼働はせず、必要なときにデータをコピーして構築します。コストの最適化を図るためには次のどの選択肢が適当ですか？1つ選択してください。

A. リザーブドインスタンスをm5.large3インスタンス分購入する。3インスタンス分を超えた分はスポットインスタンスで起動させる。検証環境はスポットインスタンスで必要なときに必要な分だけ起動する。

B. リザーブドインスタンスをm5.large3インスタンス分購入する。3インスタンス分を超えた分はオンデマンドインスタンスで支払う。検証環境はスポットインスタンスで必要なときに必要な分だけ起動する。

C. リザーブドインスタンスをm5.large2インスタンス分購入する。2インスタンス分を超えた分はオンデマンドインスタンスで支払う。検証環境はスポットインスタンスで必要なときに必要な分だけ起動する。

D. リザーブドインスタンスをm5.large3インスタンス分購入する。3インスタンス分を超えた分はオンデマンドインスタンスで支払う。検証環境はオンデマンドインスタンスで必要なときに必要な分だけ起動する。

問題18

EC2でデプロイしているエンドユーザー向けのAPIアプリケーションがあります。データベースはDynamoDBテーブルで構成しています。DynamoDBテーブルはオンデマンドモードにしています。24時間365日継続的にリクエストが発生するのですが、リクエスト数は変動します。エンドユーザーからのリクエストは検索リクエストが主なので、ほぼGETリクエストのみです。全体的なアプリケーションのパフォーマンスを見直す必要性があります。EC2アプリケーションサーバー側で見直せる箇所はもうほとんどありません。またこの見直しのためのアプリケーションカスタマイズは必要最小限に抑えたいです。まずは何を変更するべきでしょうか？ 1つ選択してください。

A. DynamoDBをプロビジョンドスループットモデルにして、Auto Scalingを有効にしてスロットリングが発生しないようにする。
B. DynamoDB Accelerator（DAX）をデプロイして、アプリケーションからのリクエスト送信先を変更する。
C. DynamoDB Accelerator（DAX）をデプロイして、アプリケーションからのリクエスト送信先を変更する。DAXのSavings Plansを購入する。
D. ElastiCache for Memcachedをデプロイして、アプリケーションからのリクエスト送信先を変更する。

 問題19

A社は複数の企業や顧客からのリクエストを受け付けているAPIを運用しています。このAPIをAWSへ移行することになりました。APIはA社が所有している固定のIPアドレスを設定しており、リクエスト元のいくつかの企業にインタビューしたところ、アウトバウンド送信先のIPアドレスをファイアウォールで許可設定している企業があることもわかりました。A社はAPIのエンドポイントをDNSで案内していたのみですので、送信元企業が勝手に行った設定ではあります。ですが、可能な限り顧客に影響を与えずにAWSへの移行を行いたいと考えています。以下のどの方法が有効でしょうか？ 1つ選択してください。

A. 現在使用しているIPアドレスをBYOIPとしてAPI Gatewayで使用する。APIプログラムはEC2にデプロイして、API GatewayからEC2へリクエストを送信できるようにデプロイする。

B. 現在使用しているIPアドレスをソフトウェアルーターを使用してApplication Load Balancerへルーティングできるように構成する。Application Load BalancerからEC2をターゲットグループに設定する。

C. 現在使用しているIPアドレスをBYOIPとしてApplication Load Balancerで使用する。Application Load BalancerからEC2をターゲットグループに設定する。

D. 現在使用しているIPアドレスをBYOIPとしてNetwork Load Balancerで使用する。Network Load BalancerからEC2をターゲットグループに設定する。

問題20

企業にはTeradataで運用しているデータウェアハウスサービスがあります。数テラバイトのデータを使用しています。企業はAmazon Redshiftへ移行することを決定しました。現在はデータセンターで運用されています。Redshiftを使用した分析をなるべく早く開始する必要があり、最短で移行を完了しなければならなくなりました。データセンターとAWSをVPNやDirect Connectで接続すること、データセンターからパブリックインターネット上のストレージサービスへ直接リクエストを実行することは、データセンター運用チームから拒否されています。どのようにして移行しますか？ 1つ選択してください。

A. SCTのデータ抽出エージェントで変換したデータを、SnowballEdgeにデータを保管してS3へデータを送信する。S3からRedshiftへデータの移行を完了させる。

B. DMSでTeradataをソースデータベースエンドポイントに設定して、ターゲットデータベースエンドポイントにRedshiftを設定する。DMSから移行を実行し完了させる。

C. Teradataからエクスポートしたデータを、SnowballEdgeに保管してS3へデータを送信する。S3からRedshiftへデータの移行を完了させる。

D. SCTのデータ抽出エージェントで変換したデータをS3バケットへ順次送信する。S3からRedshiftへデータの移行を完了させる。

問題21

　企業ではこれまで店舗から送信されてくる売上データを複数のLinuxサーバーで構成されるアプリケーションで受け付けて、各店舗の実績管理をしていました。これらのサーバーはVMwareの仮想マシンとして運用されています。店舗拡張や事業の多様化に伴い、さらに追加の仮想マシンが必要となってきました。ただし海の家やスキー場やフェスイベント会場での数か月、数日間などの一時的な店舗もあるため、店舗数は常に増減します。調達した仮想マシンのためのハードウェアも不要になる時期が発生します。そこで仮想マシンをすべてEC2へ移行していくことになりました。これで使用していない期間は停止しておくかスナップショットを取得しておくこともできますし、再利用が可能なインスタンスは今後同じAMIからいくらでも起動できます。移行したEC2が問題なく起動するかもあわせて確認していく必要があります。以下のどの作業が最低限必要でしょうか？　3つ選択してください。

- **A.** CloudFormationテンプレートに、移行が完了したAMIをもとにEC2インスタンスを起動するResourcesをあらかじめ記述しておく。
- **B.** Server Migration ConnectorをVMWareにインストールする。
- **C.** レプリケーションジョブを作成して開始する。
- **D.** CloudTrailを使用して、Server Migration Service APIコールのログ記録を有効にする。
- **E.** SMSサーバー移行ジョブの状態変更イベントから、ターゲットにEC2インスタンスを起動するLambda関数を設定する。
- **F.** SMSサーバー移行EC2インスタンス起動イベントから、ターゲットにSNSトピックを設定して、メールサブスクリプションでメールを受け取る。

問題22

　事業会社が運用会社に委託して管理されているデータセンターのサーバーがあります。昨日の夕方に事業会社がリリースしたアプリケーションのバグがあり、サーバーの重要なファイルが削除されてしまいました。サーバーは運用会社による調査の必要があり、すぐにはリストアできない状況になりました。事業会社ではサーバーを長期にわたって停止させることは避けたいので、急遽バックアップデータをもとにEC2インスタンス上で起動させることに成功しました。もともと使用していたDNSサーバーで名前解決先をEC2インスタンスに関連付けたElastic IPアドレスにしました。

データセンターのサーバーが元どおりに復旧した際には、また名前解決先を戻して差分データの調整をして復旧完了とする予定です。EC2で起動したサーバーのログを見ていると5～10のIPアドレスから頻度の高い悪意のありそうなアクセスパターンがわかりました。この悪意のあるアクセスからすばやく簡単にコストをかけずに保護する方法は次のどれですか？1つ選択してください。

- **A.** AWS Shield Advancedを契約して保護する。
- **B.** AWS WAFを設定して該当のIPアドレスから保護する。
- **C.** サブネットのネットワークACLのインバウンドルールで、該当のIPアドレスを小さいルール番号でDeny設定してブロックする。
- **D.** サブネットのネットワークACLのインバウンドルールとアウトバウンドルールで、該当のIPアドレスを小さいルール番号でDeny設定してブロックする。

問題23

開発会社では車やバイクのセンサーデータを活用したシステムを開発しています。センサーデータはKinesis Data Streamsに送信しています。コンシューマーアプリケーションとしてLambdaを設定して、データの抽出、加工を行ってS3に格納しています。テストデータで検証した結果、コンシューマーアプリケーションとしてのLambda関数だけでは最初の抽出と加工に処理時間がかかり、センサーから大量のデータが送信されることを想定すると多くのスロットリングが発生してしまうことが懸念されます。チームにオペレーティングシステムの運用担当者はいません。データはS3バケットに生成されてから届くまで5分間を許容できます。以下のどの構成を試してみるといいでしょうか？1つ選択してください。

- **A.** コンシューマーアプリケーションをEC2インスタンスに変更して、高速計算処理を可能とするインスタンスファミリーを使用する。
- **B.** Lambda関数のデッドレターキューを用意して、デッドレターキューをイベントにしたLambda関数を実行させる。
- **C.** Kinesis Data Analyticsで抽出、加工を行い、結果をKinesis Data Firehoseに送信して、S3に連携する。
- **D.** Kinesis Data Analyticsで抽出、加工を行い、結果をS3に送信する。

7-1 模擬テスト問題

問題24

過去のエネルギー使用量を記録しているアプリケーションがあります。Application Load Balancerと複数のEC2インスタンス、Aurora MySQLデータベースで構成されています。月次の過去履歴を記録して、日々の節約アドバイスに使用しています。過去データに関しては圧倒的に読み込みが多く発生し、書き込まれたデータは計算ミスがない限りは更新されません。今後、節約アドバイスサービスが拡張することにより読み込みが急激に増えることが想定されています。このアプリケーションではデータは暗号化されている必要があります。また、リクエストに対してのパフォーマンスは一定である必要があります。次のどの選択肢で要件を満たすことができますか？ 1つ選択してください。

A. EC2インスタンスをAuto Scalingグループで複数のアベイラビリティゾーンで起動する。Auroraの前にDynamoDB Acceleratorをキャッシュデータの読み込み先としてデプロイする。

B. EC2インスタンスをAuto Scalingグループで複数のアベイラビリティゾーンで起動する。Auroraの前にElastiCache Memchaedクラスタをキャッシュデータの読み込み先としてライトスルー戦略でデプロイする。

C. EC2インスタンスをAuto Scalingグループで複数のアベイラビリティゾーンで起動する。Auroraの前にElastiCache Redisクラスタをキャッシュデータの読み込み先としてライトスルー戦略でデプロイする。

D. EC2インスタンスをAuto Scalingグループで複数のアベイラビリティゾーンで起動する。Auroraの前にElastiCache Redisクラスタをキャッシュデータの読み込み先として遅延読み込み戦略でデプロイする。

問題25

企業が使用しているソフトウェアは、実行しているデバイスのNICのMACアドレスに紐付いたライセンスコードを使用することが必要です。ソフトウェアサポートセンターは、MACアドレスの申請を受け付けてから3営業日以内にライセンスコードを返信するというタイムラグが発生します。IT担当部門はこのソフトウェアを使用することにはスケーラビリティを実現しにくいので反対でしたが、経営層が懇意にしている取引ベンダーが提供していること、将来的にはこのソフトウェアを代理店として販売することが予定されているので断ることができません。企業はこのソフトウェア

をEC2 Auto Scalingグループで起動させます。どのようにこの運用を実現させますか？ 3つ選択してください。

A. EC2インスタンスにENIをアタッチするLambda関数をデプロイする。
B. ENIを作成してソフトウェアサポートセンターに申請するLambda関数をデプロイする。
C. Amazon SESでメール受信設定をしておき、受信イベントでLambda関数を実行してライセンスコードをEC2に設定する。
D. Auto Scalingグループの最大数のENIを作成して取得したMACアドレスをソフトウェアサポートセンターに申請しておき、事前にライセンスコードを取得しておく。
E. スケールインライフサイクルイベントを設定して、ターゲットにLambda関数を指定する。
F. スケールアウトライフサイクルフックイベントを設定して、ターゲットにLambda関数を指定する。

問題26

ある会社で新たにオンデマンドストリーミングの動画配信サービスを始めることになりました。ビデオはS3バケットに保存されています。ビデオを見るための静的サイトもS3から配信しています。会員のサインアップ、属性登録とサインインが必要です。アプリケーションのセキュリティ要件として保管中のデータを暗号化して保護する必要があります。どの選択肢が最適でしょうか？ 1つ選択してください。

A. 暗号化のためにCloudHSMクラスタをセットアップしてキーローテーションをコマンドで実行できるようにしておく。Cognito IDプールをセットアップする。CloudFrontから配信するようにしてOAIによるS3バケットへの直接アクセスを制御する。
B. 暗号化のためにKMS CMKを作成してキーローテーションを有効化する。動画オブジェクトをKMS CMKを使用して暗号化する。Cognitoユーザープールをセットアップする。CloudFrontから配信するようにしてOAIによるS3バケットへの直接アクセスを制御する。
C. オブジェクトをSSE-S3で暗号化する。Cognitoユーザープールをセットアップする。CloudFrontから配信するようにしてOAIによるS3バケットへの直接アクセスを制御する。

D. オブジェクトをSSE-Cで暗号化する。Cognito IDプールをセットアップする。CloudFrontから配信するようにしてOAIによるS3バケットへの直接アクセスを制御する。

問題27

Organizationsで一括請求を管理している組織があります。組織の中には本番運用しているランディングサイト用のアカウントがあります。マーケティングチームは部門予算をフルに活用したPR施策を行っており、AWSの請求料金に余裕がありそうな場合は早めにその情報をキャッチして、Web広告やDM送信のためのコストにあてたいと考えています。ランディングサイトは同時に複数サイトを運用する期間もありますし、1つのサイトに対して多くのリソースをセットアップする期間もあります。バッファを持ったコスト計画を立てており、半年先までの見積もりは算出できています。どの施策に対してどれだけのコストが発生したか、発生しそうかも確認していく必要があります。マーケティングチームがAWSの請求料金に余裕があることを知りつつ施策ごとの請求金額を確認するためにはどのような構成が適していますか？ 2つ選択してください。

A. CloudWatch請求アラームを設定して、予算額から算出した閾値に達したときにマーケティングチームにメールを送信するアラームを作成する。
B. コスト配分タグ、タグキーProjectを各リソースに設定することをチームの運用ルールとしてAWS Configを構成する。
C. Budgetsで月ごとの予算を半年先まで設定する。タグフィルターでの分析もBudgetsで行う。
D. OrganizationsマスターアカウントのBudgetsで組織全体の月ごとの予算を半年先まで設定する。タグフィルターでの分析もBudgetsで行う。
E. コストと使用状況レポートをS3バケットに保存してAmazon Athenaで分析する。

問題28

組織は提案中の買収が成功した場合に新たに25個のAWSアカウントが必要です。組織ではユーザーの認証にActive Directoryを使用しているので継続して同じADをそのまま使用します。AWS Accountだけではなく様々なSaaSサービスへのシングル

サインオンも必要です。現在も少数のAWSアカウントがありますが、これを機にベストプラクティスに基づいた組織構成を予定しています。また、サードパーティ製品からの処理のために各アカウントにはサードパーティ製品がリソースを読み取ることができる権限が必要です。次のどのサービスを組み合わせ実現しますか？ 3つ選択してください。

- **A**. AWS SSOのIDソースをAWS Managed Microsoft ADにして移行する。
- **B**. マスターアカウントを事前に作成して、Organizationsのクォータメンバーアカウントの引き上げ申請を行っておく。引き上げが完了したらControl Towerでベストプラクティスに基づいて構築する。
- **C**. CloudFormation StackSetsでサードパーティ製品が使用するIAMロールを組織の各アカウントに作成できるよう構成して実行する。
- **D**. AWS SSOのソースをAD Connectorにして既存のADと連携する。
- **E**. マスターアカウントとメンバーアカウントを手動で作成して、Organizations組織を作成してメンバー招待と承認をする。クロスアカウントアクセスを可能にしておく。各アカウントからログが送信されるようにSNSトピックやConfigの設定を手動で行う。
- **F**. CloudFormationでマスターアカウントにサードパーティ製品が使用するIAMロールを作成できるよう構成して実行する。

問題29

開発チームは社外からAPIリクエストがあったときにDynamoDBを検索して情報を返すPythonコードをLambda関数としてデプロイしています。テストコードはunittestで用意しています。コードを更新するごとに自動でテストも実行されるようにしたいです。テストが失敗したときにはLambda関数の本番環境へのデプロイも停止します。次のどの構成が望ましいですか？ 1つ選択してください。

- **A**. AWS CLIとCloudFormationテンプレートを組み合わせてスタック作成の判定を組み込む。
- **B**. buildspec.ymlにテストコマンドの実行を記述して、CodeCommitリポジトリに含める。CodeBuildで「Buildspecはソースコードのルートディレクトリのbuildspec.ymlを使用」を選択する。CodePipelineでCodeDeployとも連携させる。

C. buildspec.ymlにテストコマンドの実行を記述して、CodeCommitの「既存のブランチにプッシュする」イベントでテスト用Lambda関数を起動して、テストコマンドを実行する。

D. CodeCommitの「既存のブランチにプッシュする」イベントでテスト用Lambda関数を起動して、テストコマンドを実行する。同じLambda関数からCodeBuild、CodeDeployを実行する。

問題30

現在、オンプレミスとAWSの1つのリージョンのVPCでVPN接続をしているハイブリッド構成があります。今後の計画として次が発表されました。データセンターとの接続は今よりもより多くの帯域幅が必要で一貫したネットワークパフォーマンスが必要になります。複数のリージョンのVPCへオンプレミスデータセンターから接続する必要があります。VPC内のアプリケーションからオンプレミスの既存DNSサーバーを使用して名前解決できることも必要になります。各PCからVPCへのマネージドなVPN接続も必要になります。これらの計画のために使用できるサービス、機能、設定は次のどれですか？ 3つ選択してください。

A. Route 53 Resolverインバウンドエンドポイント
B. Direct Connect Gateway
C. Transit Gatewayピアアタッチメント
D. AWSクライアントVPN
E. Route 53 Resolverアウトバウンドエンドポイント
F. ソフトウェアVPN

問題31

パフォーマンス動画に特化したSNSサービスでは、エンドユーザーがパフォーマーのパフォーマンスを動画で見て「いいね」ボタンを押す機能があります。この「いいね」ボタンを押すと、パフォーマーには各所属事務所でのインセンティブ評価に繋がります。「いいね」ボタンからの送信は外部の集計サービスへ連携しています。このパフォーマンス動画に特化したSNSサービス自体は、3つのアベイラビリティゾーンを含んだVPC、パブリックサブネットにApplication Load Balancer、NATインスタンス、プライベートサブネットにAuto Scalingグループで起動するEC2インスタンスが最

小3、RDS for MySQLタイプとS3バケットで構成されています。ある日、ある事務所から、あるパフォーマーのファンが「いいね」ボタンを押してくれているはずなのに反映されていないのではないかという報告がありました。調べてみるとある日を境に「いいね」ボタンの送信回数と外部の集計サービスへの送信回数に全体の1/3ほどの差があることがわかりました。リクエスト数やユーザー数が大きく変わったなどの事実はありませんでした。どこに問題があって、どう対応することをまず考えれば、この問題を永続的に解消できる可能性が高いでしょうか？1つ選択してください。

- **A.** EC2インスタンスのうちの1つがApplication Load Balancerのヘルスチェックに失敗している可能性があるので、EC2 Auto Scalingグループのヘルスチェックでオプションを有効にして、自動で復旧できる構成に変更する。
- **B.** RDS for MySQLのパフォーマンスに問題がある可能性があるので、Auroraに変更する。
- **C.** パブリックサブネットのNATインスタンスが外部から攻撃を受けている可能性があるので、プライベートサブネットで保護する。
- **D.** NATインスタンスに障害が発生している可能性があるので、NATゲートウェイに変更する。

問題32

組織ではAWSクラウドへの移行をまさに計画し始めたところです。まだAWSの検証も始めておらず、何から手をつければいいか、IT部門をはじめ全従業員が理解していない状況です。このような状況の中でまずやるべき指標を策定するために役立つツールは次のどれでしょうか？1つ選択してください。

- **A.** Server Migration Service
- **B.** CART
- **C.** Database Migration Service
- **D.** 導入ベンダーに指標から設計、計画まですべてを決めてもらう

問題33

あるアプリケーションでは外部の星占いAPIサービスにリクエストを送信して、今日の星占いの結果を取得してユーザーのホーム画面に表示しています。そうすることで正確な生年月日をエンドユーザーから取得しようとしています。この星占いAPIサ

ービスはリクエスト元のIPアドレスを管理画面から登録する必要があるので、NATゲートウェイのElastic IPアドレスで登録して、プライベートサブネットのEC2アプリケーションからリクエストしています。ある日、星占いAPIサービスの運営会社からIPv6 IPアドレスしか受け付けなくする仕様変更をしますとの連絡が来ました。EC2アプリケーションサーバーをプライベートサブネットに配置する構成で、どのようにネットワーク構成を変更しますか？1つ選択してください。

A. Elastic IPv6 IPアドレスを有効にして、NATゲートウェイに設定する。
B. IPv6 CIDRブロックを有効にしたVPCを作成して、Elastic IPv6 IPアドレスを有効にして、NATゲートウェイに設定する。
C. IPv6 CIDRブロックを有効にしたVPCを作成して、NATゲートウェイ以外は元と同じ構成にする。NATゲートウェイは作成せずに、Egress-Onlyインターネットゲートウェイを作成して、プライベートサブネットに関連付けるルートテーブルに::/0送信先としてEgress-Onlyインターネットゲートウェイターゲットでルートを設定する。
D. IPv6 CIDRブロックを有効にしたVPCを作成して、NATゲートウェイ以外は元と同じ構成にする。NATゲートウェイは作成せずに、Egress-Onlyインターネットゲートウェイをパブリックサブネットに作成して、プライベートサブネットに関連付けるルートテーブルに::/0送信先としてEgress-Onlyインターネットゲートウェイターゲットでルートを設定する。

問題34

組織では検証環境を使用するIAMユーザーについて次のルールを設定しました。

- MFAで認証していなければすべてのリクエストを許可しない。
- IAM以外のAWSリソースへのリクエストはすべてIAMロールを使用して行う。
- 他のアカウントへのアクセスも許可する。
- パスワードは自分で設定するが最低20桁とする。

これらを満たす構成は次のうちどれですか？1つ選択してください。

A. IAMユーザーを作成するAWSアカウントを1つ決めてID管理アカウントとして専用にする。ID管理アカウントのパスワードポリシーで20桁以上を設定

する。アクセスを許可するアカウントにIAMロールを作成する。IAMロールの信頼ポリシーにID管理アカウントのIAMユーザーからのAssumeRoleリクエストを許可する。IAMユーザーにはAssumeRoleの他にパスワードの変更をaws:usernameポリシー変数を使用して許可する。

B. IAMユーザーを作成するAWSアカウントを1つ決めてID管理アカウントとして専用にする。アクセスを許可するアカウントにIAMロールを作成する。IAMロールの信頼ポリシーにID管理アカウントのIAMユーザーからのAssumeRoleリクエストをConditionでMFA認証を追加した状態で許可する。IAMユーザーにはAssumeRoleの他にパスワードの変更とMFAデバイスの設定をaws:usernameポリシー変数を使用して許可する。

C. IAMユーザーを作成するAWSアカウントを1つ決めてID管理アカウントとして専用にする。ID管理アカウントのパスワードポリシーで20桁以上を設定する。IAMユーザーと同じアカウントにIAMロールを作成する。IAMロールの信頼ポリシーにID管理アカウントのIAMユーザーからのAssumeRoleリクエストをConditionでMFA認証を追加した状態で許可する。IAMユーザーにはAssumeRoleの他にパスワードの変更とMFAデバイスの設定をaws:usernameポリシー変数を使用して許可する。

D. IAMユーザーのアカウントのパスワードポリシーで20桁以上を設定する。アクセスを許可するアカウントにIAMロールを作成する。IAMロールの信頼ポリシーにID管理アカウントのIAMユーザーからのAssumeRoleリクエストをConditionでMFA認証を追加した状態で許可する。IAMユーザーにはAssumeRoleの他にパスワードの変更とMFAデバイスの設定をaws:usernameポリシー変数を使用して許可する。

問題35

マリンパークではイルカショーのたびに優れたパフォーマンスをしたイルカとトレーナーへの投票をKinesis Data Streamsに収集しています。コンシューマーアプリケーションとしてプライベートサブネット内のEC2インスタンスからNATゲートウェイを介してデータを取得して投票の有効判定を行ってDynamoDBへ記録してダッシュボードサイトに表示しています。新型ウィルスによる外出自粛が始まったことによってショーの有料配信も行うようになりました。配信でも投票は受け付けています。配信を始めるようになってから投票数が伸びたこともあり、NATゲートウェイの

7-1 模擬テスト問題

処理データ料金が増加するようになり、コストの最適化を図ることになりました。セキュリティと可用性は維持します。どの方法を検討しますか？ 1つ選択してください。

A. パブリックサブネットにアプリケーションサーバーを配置してNATゲートウェイを廃止する。EC2インスタンスのセキュリティグループはインバウンドルールを徹底管理することにより外部の攻撃から守る。
B. Kinesis Data Streamsのインターフェイスエンドポイントをプライベートサブネットに配置し、NATゲートウェイを廃止する。
C. NATゲートウェイよりも低い料金のNATインスタンスを起動して、NATゲートウェイを廃止する。
D. Kinesis Data Streamsのゲートウェイエンドポイントをプライベートサブネットに配置し、NATゲートウェイを廃止する。

問題36

AWSアカウント上のリソース情報やプロパティ情報を読み取ってPDFレポートを出力するサードパーティ製品があります。使用するAWSアカウントでは、AWSリソースと設定値に対しての読み取り権限を追加したIAMロールを作成してサードパーティ製品が使用しているAWSアカウントからのsts:AssumeRoleを許可するように信頼ポリシーを設定します。そしてそのARNをサードパーティ製品の管理画面に入力する必要があります。そうすることで、サードパーティ製品のプログラムが使用者のアカウント内のリソースを読み取ってレポートを作成します。ある日、ユーザーからクレームがありました。ユーザーがARNを悪意ある別のユーザーに漏洩してしまい、その悪意あるユーザーがサードパーティ製品にARNを登録したことでリソースの情報が漏れてしまったとのことです。サードパーティ製品事業者はどのように改善できるでしょうか？ 1つ選択してください。

A. 使用者に対して共通の外部IDを提供して条件に外部IDがなければ、IAMロールへのAssumeRoleリクエストを許可しないように使用者に追加設定してもらう。
B. IAMロールARNごとにランダムな外部IDを提供して条件に外部IDがなければ、IAMロールへのAssumeRoleリクエストを許可しないように使用者に追加設定してもらう。

C. ARNのサードパーティ製品への登録ごとにランダムな外部IDを提供して条件にその外部IDがなければ、IAMロールへのAssumeRoleリクエストを許可しないように使用者に追加設定してもらう。

D. 使用者が任意に設定できる外部IDを提供して条件にその外部IDがなければ、IAMロールへのAssumeRoleリクエストを許可しないように使用者に追加設定してもらう。

問題37

ある組織ではTransit Gatewayを使用して複数のVPC間でRDSデータベースの資産を共有しています。この資産はパブリックにしてもかまわないような分析に役立つデータですが、インターネットに公開して接続数が増えることは避けたく、組織内のAWSユーザーのみに接続を許可しています。ある日、組織に新たなユーザーが加わりました。すでにAWSアカウントとVPC内に分析するための独自のプログラムやソフトウェアツールを持っています。そのまま使って共有データベースにもアクセスしてもらいます。なるべくリソースを増やさずにどのようにして実現しますか？1つ選択してください。

A. 必要なVPC同士でVPCピア接続を作成して新人アカウント側で承諾してもらう。お互いのルートテーブルに宛先を追加して通信できるようにする。データベースのユーザーとパスワードを発行する。

B. 新人アカウント側でTransit Gatewayを作成する。Transit Gatewayピアリングアタッチメントを作成して新人アカウント側で承諾してもらう。お互いのルートテーブルに宛先を追加して通信できるようにする。データベースのユーザーとパスワードを発行する。

C. 組織のTransit GatewayをResource Access Managerで新人アカウントに共有する。新人アカウント側でリソース共有を承認してもらう。新人アカウント側でTransit Gateway VPCアタッチメントを該当サブネットに作成して、関連付いたルートテーブルに組織のTransit Gatewayへのルートを追加する。データベースのユーザーとパスワードを発行する。

D. RDSインスタンスをパブリックにアクセスできるようにして、新人アカウントからインターネット経由でのアクセスを受け付ける。Elastic IPアドレスだけは使ってもらってセキュリティグループで調整する。

360

7-1 模擬テスト問題

問題38

急遽社員の大半がリモートワークに移行しなければならなくなりました。企業はルールなどを整備している時間もなく、これまでと同じとまではいかなくてもなるべくこれまでに近いネットワーク経路を利用したいと考えています。これまでのネットワーク経路では会社拠点のネットワークからAWS VPCを通ってインターネットへ接続していました。ユーザー管理はActive Directoryで行っています。新たに接続ログも必要です。ただし、追加のリソースを専門に運用管理する人員もいないので、運用は最小限に抑えたいと考えています。次のどの方法が適切でしょうか？ 1つ選択してください。

A. クライアントVPNエンドポイントを作成してサブネットに関連付ける。送信先ルート設定をしてVPC経由でインターネットとオンプレミスデータセンターに接続できるようにする。ログはCloudWatch Logsに出力する。接続時のユーザー認証は証明書を作成して配布する。

B. クライアントVPNエンドポイントを作成してサブネットに関連付ける。送信先ルート設定をしてVPC経由でインターネットとオンプレミスデータセンターに接続できるようにする。ログはCloudWatch Logsに出力する。接続時のユーザー認証は既存のActive DirectoryをAD Connectorに連携する。

C. クライアントVPNエンドポイントを作成してサブネットに関連付ける。送信先ルート設定をしてVPC経由でインターネットとオンプレミスデータセンターに接続できるようにする。接続時のユーザー認証は既存のActive DirectoryをAWS Managed Microsoft ADに移行する。

D. オンプレミスデータセンターにActive Directoryと連携できるソフトウェアVPNをデプロイしてVPN接続構成を作成する。障害発生時のために別の拠点のデータセンターにも同様の設定を行う。

問題39

企業では外部のビデオミーティングサービスを使用し、お客様説明会をライブ配信してその場で質問対応することで、オンラインでもこれまでと変わらずお客様から多くのお申し込みをいただいています。説明をする営業担当員は50名います。このビデオミーティングサービスにはアンケート機能があり、各営業担当員がその日のお客様や対象サービスに対していくつかのパターンのアンケートを使い分けています。アン

361

ケートは共有で使えるようなものではなく各営業担当員によって作成されたものです。外部のビデオミーティングサービスではこのアンケート管理機能は提供されておらず毎回Webのフォームまたは APIから新規で作成する必要があります。フォームから作成すると時間がかかるので、APIから作成して、作成時間を短縮したいという要望がありました。外部のビデオミーティングサービスのAPIキーは取得済みです。企業のエンジニアはどのようにして対応しますか？ 1つ選択してください。

A. Cognitoユーザープールを作成してユーザーのサインインを管理する。API Gatewayの Lambda オーソライザーを有効にして、ユーザープールに Lambda からリクエストして認証が正しいか確認する。アプリケーションから、ユーザープールから取得した JWT をリクエストに含めて API 送信する。アンケートは DynamoDB で管理して営業担当者ごとのユーザープール UUID をパーティションキーで使用し、GetItem のキーにすることで自分が作成したアンケートしか操作できないようにする。指定したアンケートを一括で指定したミーティングに API 登録する。これらの操作が可能な Web フォームを開発して S3 にデプロイする。

B. Cognitoユーザープールを作成してユーザーのサインインを管理する。API Gatewayの Cognito オーソライザーを有効にして、ユーザープールを設定する。アプリケーションから、ユーザープールから取得した JWT をリクエストに含めて API 送信する。アンケートは DynamoDB で管理して営業担当者ごとのユーザープール UUID をパーティションキーで使用し、GetItem のキーにすることで自分が作成したアンケートしか操作できないようにする。指定したアンケートを一括で指定したミーティングに API 登録する。これらの操作が可能な Web フォームを開発して S3 にデプロイする。

C. Cognitoユーザープールを作成してユーザーのサインインを管理する。API Gatewayの IAM 認証を有効にして、ユーザープールでサインインしたユーザーのみ許可する。アプリケーションから、ユーザープールから取得した JWT をリクエストに含めて API 送信する。アンケートは DynamoDB で管理して営業担当者ごとのユーザープール UUID をパーティションキーで使用し、GetItem のキーにすることで自分が作成したアンケートしか操作できないようにする。指定したアンケートを一括で指定したミーティングに API 登録する。これらの操作が可能な Web フォームを開発して S3 にデプロイする。

D. Cognitoユーザープールを作成してユーザーのサインインを管理する。API

GatewayのVPCデプロイを有効にして、プライベートな実行のみを許可する。アプリケーションから、ユーザープールから取得したJWTをリクエストに含めてAPI送信する。アンケートはDynamoDBで管理して営業担当者ごとのユーザープールUUIDをパーティションキーで使用し、GetItemのキーにすることで自分が作成したアンケートしか操作できないようにする。指定したアンケートを一括で指定したミーティングにAPI登録する。これらの操作が可能なWebフォームを開発してS3にデプロイする。

問題40

企業ではAWS Direct Connectを使用してオンプレミスデータセンターとAWSを接続しています。Direct Connectサービスそのものの障害が発生したときのためのバックアッププランを示すように指示がありました。どのような構成を提案するべきでしょうか？1つ選択してください。

- **A**. DirectConnectロケーションを冗長化して高い回復性レベルのアーキテクチャを提案する。
- **B**. DirectConnectとは別にVPN接続を使用してバックアップとして提案する。これでパブリックVIFもプライベートVIFも問題ないことを伝えて安心してもらう。
- **C**. DirectConnectとは別にVPN接続を使用してバックアップとして提案する。プライベートVIFについては問題ないが、パブリックVIFの代わりにインターネット接続を使用する制約があることを伝える。
- **D**. 別にVPN接続を使用してバックアップとして提案する。プライベートVIFについては1.25Gbpsまでがサポートされるのでそれ以上の速度で利用している場合は遅延が発生すること、パブリックVIFの代わりにインターネット接続を使用する制約があることを伝える。

問題41

企業にはデータセンターで運用しているApache Cassandraクラスタがあります。ここで使用しているデータをDynamoDBへ移行することが決定しました。データ量も多いので何段階かに分けて移行することにしました。本場環境は最終移行時にしか止めることはできず、途中の段階では本番環境は稼働したまま移行作業を行うことに

しました。本番環境に影響を与えずに移行を実現するためには次のどの方法が適当でしょうか？ 1つ選択してください。

- **A.** SCTを使用して、CassandraクラスタのスキーマをDynamoDBテーブルに変換しておく。DMSを使用してソースデータベースエンドポイントにCassandraクラスタを設定して、ターゲットデータベースエンドポイントにDynamoDBテーブルを設定し、CDCプロセスにより継続的な差分移行を実行させる。
- **B.** EC2インスタンスを起動して、SCTを使用してCassandraクラスタのクローンをEC2に作成する。別のEC2にインストールしたSCTデータ抽出エージェントを使用して、クローンからDynamoDBテーブルへ移行する。
- **C.** SCTを使用して、CassandraクラスタのスキーマをDynamoDBテーブルに変換しておく。EC2にインストールしたSCTデータ抽出エージェントを使用して、CassandraクラスタからDynamoDBテーブルへ移行する。
- **D.** EC2インスタンスを起動して、SCTを使用してCassandraクラスタのクローンをEC2に作成する。DMSを使用してソースデータベースエンドポイントにクローンを設定して、ターゲットデータベースエンドポイントにDynamoDBテーブルを設定し、CDCプロセスにより継続的な差分移行を実行させる。

問題42

グローバルな企業は複数の地域に拠点を持っています。現在、複数の地域拠点と企業内で、共通で利用するいくつかのVPCをVPN接続しています。VPCリージョンから遠く離れれば離れるほどネットワーク遅延の影響を受けています。どのように改善すればいいでしょうか？ 1つ選択してください。

- **A.** S3 Transfer Accelerationを使用してAWSバックボーンネットワークを経由するようにする。
- **B.** Lambda@Edgeを使用してユーザーに近い場所で必要な処理が実行されるように構成する。
- **C.** Transit GatewayへのVPN接続に変更して、VPN接続のEnable Accelerationを有効にする。
- **D.** CloudFrontからコンテンツをダウンロードできるようにすることでレイテンシーを低減する。

7-1 模擬テスト問題

 問題43

組織ではオンプレミスで運用しているLinuxサーバーからVPN接続したVPCのEFSをマウントして使用します。マウントする際には、IPアドレスではなく、組織がAWS上で設定したプライベートなDNS名でマウントする必要があります。理由は教えてもらえないのでとにかくこの要件を実現する必要があります。どの手順を組み合わせれば実現できるでしょうか？ 3つ選択してください。

- A. オンプレミスで運用しているDNSサーバーから、AWS上で管理しているドメインに対してのゾーンフォワード設定で、Route 53 Resolverインバウンドエンドポイントの IPアドレスを指定する。
- B. オンプレミスで運用しているDNSサーバーから、AWS上で管理しているドメインに対してのゾーンフォワード設定で、Route 53 Resolverアウトバウンドエンドポイントの IPアドレスを指定する。
- C. Route 53アウトバウンドエンドポイントを作成して、ターゲットIPアドレスにオンプレミスのDNSサーバーのIPアドレスとポート番号を設定する。
- D. Route 53インバウンドエンドポイントを作成する。
- E. Route 53プライベートホストゾーンを設定して、EFSマウントターゲットがあるVPCを選択する。EFSマウントターゲットのIPアドレスに対してのAレコードをプライベートなDNS名で設定する。VPCのDNSホスト名とDNS解決を有効にする。
- F. Route 53プライベートホストゾーンを設定して、EFSマウントターゲットがあるVPCを選択する。EFSマウントターゲットのIPアドレスに対してのAレコードをプライベートなDNS名で設定する。DHCPオプション設定でプライベートホストゾーンを設定する。

 問題44

組織には検証用のアカウントが複数と本番稼働用のアカウントが複数あります。検証用のアカウントではリザーブドインスタンスやSavings Plans、Snowballなどは必要ありません。誤操作によって購入されてしまっても問題なので制御することにしました。制御した以外の操作は自由に検証してもらうため許可します。管理作業を最小限に抑えたいです。最も適している方法は次のどれですか？

A. 一括請求機能が有効なOrganizationsで検証アカウント用の検証OUを作成して対象のアカウントを登録する。組織のルートにはSCP AWSFullAccessがアタッチされている。検証OUはAWSFullAccessが継承と直接アタッチもされている。検証OUに追加のSCPとして予約拒否ポリシーを適用する。

B. すべての機能を有効にしたOrganizationsで検証アカウント用の検証OUを作成して対象のアカウントを登録する。組織のルートにはSCP AWSFullAccessがアタッチされている。検証OUはAWSFullAccessが継承と直接アタッチもされている。検証OUに追加のSCPとして予約拒否ポリシーを適用する。

C. すべての機能を有効にしたOrganizationsで検証アカウント用の検証OUを作成して対象のアカウントを登録する。組織のルートにはSCP AWSFullAccessがアタッチされている。検証OUでAWSFullAccessが継承のみされている。検証OUに追加のSCPとして予約拒否ポリシーを適用する。

D. 一括請求機能が有効なOrganizationsで検証アカウント用の検証OUを作成して対象のアカウントを登録する。組織のルートにはSCP AWSFullAccessがアタッチされている。検証OUはAWSFullAccessが継承のみされている。検証OUに追加のSCPとして予約拒否ポリシーを適用する。

問題45

組織では外部の攻撃からほとんどのアカウントの保護に成功していましたが、ある日一部のアカウントリソースが侵害されたことによって他アカウントも影響を受ける事態に発展しました。組織では各アカウントで個別管理しているインターネット上からの攻撃・脅威に対してのブロックルールや設定、セキュリティグループなどの設定をまとめて管理し、さらに組織に参加した新しいアカウントを自動的に登録したいと考えています。どのようにして実現しますか？ 必要最低限の設定を3つ選択してください。

A. SCPを作成して各アカウントに適用する。
B. AWS Organizationsですべての機能を有効化する。
C. AWS Firewall Managerの管理者アカウントを設定する。
D. 各アカウントに対してAWS Configを設定する。
E. 各アカウントに対してAWS CloudTrailを設定する。
F. AWS Control Towerを使用して組織を管理する。

7-1　模擬テスト問題

 問題46

　お客様への請求計算を管理している部門が請求の確定をしたタイミングで、お客様への節約アドバイスレポートを作成する作業があります。これはバックエンドのプログラムを動かせばいいだけなのですが、請求確定タイミングは月によって異なります。また確定後、必要な確認作業が完了次第実行したいため、バッチ処理的に毎月決まった日付の決まった時間に実行というわけにもいきません。請求計算部門は月によっては土日祝日に作業することもあります。そのスケジュールにIT部門が合わせて出勤するのも無駄があります。どのようにしてこのプロセスを効率よく、最小権限で実行できるでしょうか？ 1つ選択してください。

A. アドバイスレポート作成プログラムのうち確定確認プログラムを1分おきにポーリングするよう実行しておき、確定されたタイミングでバックエンドで自動的に実行させる。

B. 請求部門にElastic Beanstalkで必要なコマンドを実行できるWindowsコマンドファイルと、必要なリソースを構築できる権限をIAMポリシーでアタッチしたアクセスキーID、シークレットアクセスキーをセットアップした端末を渡す。そこでバッチファイルを実行すると、必要なリソースが起動されてEC2インスタンスにデプロイされたWebページへのリンクがコマンドファイルの実行のレスポンスで提供される。確定しているかどうかを確認した上でアドバイスレポート作成ボタンをクリックすると処理が実行される。レポートがすべて出力されたことを確認して、削除用のバッチファイルを実行することができる。

C. 請求部門にCloudFormationの使用方法を学んでもらい、必要なリソースを構築できる権限をIAMポリシーでアタッチする。そこでスタック作成を実行すると、必要なリソースが起動されてEC2インスタンスにデプロイされたWebページへのリンクが出力タブで提供される。確定しているかどうかを確認した上でアドバイスレポート作成ボタンをクリックすると処理が実行される。レポートがすべて出力されたことを確認して、スタックを削除することができる。

D. AWS Service Catalogを使用して請求部門のユーザーはService Catalogのポートフォリオにだけアクセスできるようにしておく。そこでサービス起動を実行すると、サービスに必要なリソースが起動されてEC2インスタンスにデプロイされたWebページへのリンクが提供される。確定しているかどうかを確認した上でアドバイスレポート作成ボタンをクリックすると処理が実行される。レポートがすべて出力されたことを確認すれば、サービスを終了できる。

問題 47

ポータルサイトでエンドユーザーが予定表に行き先を入力すると、近くのお勧めスポットやどや顔できる豆知識情報を提供するサービスを用意しています。そのために企業は地域の豆知識APIと契約しました。ポータルサイトの該当サービスの開発は進んでいて、フロントページからのリクエストを数種類のLambda関数で処理するように構築しています。豆知識APIと契約が完了して通知を確認すると送信元IPアドレスの登録が必要との記載がありました。どのようにしてこの要件を満たしますか？ 1つ選択してください。

A. Lambda関数の環境変数にREQUEST_FROMキーで設定するElastic IPアドレスIDを登録しておく。

B. APIリクエスト時にREQUEST_FROMヘッダーに設定するElastic IPアドレスを登録しておく。

C. Lambda関数をVPCパブリックサブネットで起動して関連付けたElastic IPアドレスを登録しておく。

D. Lambda関数をVPCプライベートサブネットで起動してパブリックサブネットのNATゲートウェイに関連付いたElastic IPアドレスを登録しておく。

問題 48

セキュリティチームはアプリケーション開発チームに、外部サービスのAPIキー管理のルールを設定することにしました。以下の要件を守る必要があります。

○ 開発環境、本番環境でキーを分けてIAMポリシーでアクセス権限を制御する。
○ 各キーはローテーションできる暗号化キーで管理する。
○ APIキー、暗号化キーともにアクセスログはCloudTrailで残す。

開発チームはなるべく追加コストを発生させたくありません。これらを実現するために開発チームはどのような運用を行うべきでしょうか？ 1つ選択してください。

A. RDS for MySQLデータベースをKMS CMKで暗号化して作成、データベーステーブル内でAPIキーを保管する。開発環境と本番環境のキーはテーブルを分ける。アプリケーションからSQLクエリーでAPIキーを取得する。

B. アプリケーションサーバーの環境変数にAPIキーを都度設定する。アプリケーションサーバー起動前はローカルのファイルサーバーで管理する。コマンドを

使用してKMS CMKで暗号化しておく。

C. Systems Manager Parameter Store Secure Stringを開発用APIキー用、本番用APIキー用に作成する。暗号化キーにKMS CMKを指定する。CMKのkms:decryptアクション、Parameter Storeのssm:getparameterアクションを対象リソースに絞って開発用IAMポリシーとIAMロール、本番用IAMポリシーとIAMロールを作成して、それぞれの環境のEC2インスタンスに引き受けさせる。

D. Secrets Managerシークレットを開発用APIキー用、本番用APIキー用に作成する。暗号化キーにKMS CMKを指定する。CMKのkms:decryptアクション、シークレットのGetSecretsValueアクションを対象リソースに絞って開発用IAMポリシーとIAMロール、本番用IAMポリシーとIAMロールを作成して、それぞれの環境のEC2インスタンスに引き受けさせる。

問題49

モバイル回線の契約を販売している事業会社A社があります。テレビCMなども特には行っていなかったので案内ページのアクセス数が特に増えることもありませんでした。案内ページはリソースが限定されたレンタルサーバーで運用しています。新型ウィルスの影響により外出自粛が始まったことで、リモート需要が高まりました。他社モバイル回線契約受付が一時的に逼迫したこともあり、A社の回線サービス案内ページにもリクエストが急増しました。A社はアクセス数をモニタリングしていますが、契約数はいっこうに伸びません。詳細なログを確認したところ、アクセスが急増したことでレンタルサーバーの性能が限界に達したようで、ページビュー速度が顕著に落ちていることがわかりました。契約しようとするユーザーがいても重たすぎる画面遷移が原因で途中で離脱していたことがわかりました。案内ページは画像と案内しているHTML、CSS、利用規約のPDF、PHPでポストしている申込みフォーム、問い合わせフォームで構成されています。一時的なピークは過ぎてしまったので運用コストを今よりも投資したくはありませんが、リクエストが増えることや想定外の問題が発生することでコストを追加することは許容できます。ただし、なるべく低コストで今回のような問題が発生しない設計にしたいです。どのような設計が考えれますか？ 1つ選択してください。

A. Application Load BalancerとEC2 Auto Scalingグループで構成する。EC2にはApache Webサーバーで案内ページとPHPフォームをデプロイする。申

し込み内容、問い合わせ内容はRDSインスタンスのデータベースに記録して、管理アプリを開発して情報を確認する。ACMを使用して所有ドメイン証明書を設定する。

B. Application Load BalancerとEC2 Auto Scalingグループで構成する。EC2にはApache Webサーバーで案内ページとPHPフォームをデプロイする。申し込み内容、問い合わせ内容はRDSインスタンスのデータベースに記録して、管理アプリを開発して情報を確認する。画像はS3から配信するようにし、CloudFrontでS3とApplication Load Balancerをオリジンに設定して、ビヘイビアでパスベースのルーティングとキャッシュコントロールを設定する。

C. HTML、CSS、画像、PDFはS3から配信する。現在のPHPフォームはHTMLとJavaScriptで構成し、API GatewayとLambdaでバックエンドの処理を実装する。申し込み内容、問い合わせ内容はDynamoDBに保存し、申込数が少ない間はマネジメントコンソールから確認して、必要に応じて管理ツールの開発や自動化を検討する。S3フォームはCloudFrontで配信しACMを使用して、所有ドメイン証明書を設定する。

D. HTML、CSS、画像、PDFはS3から配信する。現在のPHPフォームはHTMLとJavaScriptで構成し、API GatewayとLambdaでバックエンドの処理を実装する。申し込み内容、問い合わせ内容はDynamoDBに保存する。S3フォームはCloudFrontで配信し、ACMを使用して所有ドメイン証明書を設定する。CloudFrontはWAFで一般的な攻撃からブロックする。

問題50

オンプレミスでTDE（透過的データ暗号化）を実現しているOracleデータベースがあります。このOracleデータベースをAWSへ移行することが決定しました。暗号化キーは専有ハードウェアを使用する必要があります。以下のどの組み合わせで実現できるでしょうか？ 2つ選択してください。

A. Amazon EC2
B. Amazon RDS
C. AWS CloudHSM
D. AWS KMS
E. Amazon Aurora

7-1 模擬テスト問題

 問題51

会社の各チームはBoxやSalesforceなどのSAML対応サービスやアプリケーション、AWSアカウントにアクセスする必要があります。会社の情報システム管理部門は認証情報を複数管理することは避けたいと考えています。会社ではすでに既存のActive Directoryで会社の従業員の認証を管理しているのでそのまま使うことにしました。今後の更新も既存のActive Directoryに対して行います。追加要件としてMFAも必須です。どの選択肢が最適ですか？ 1つ選択してください。

- **A.** 既存のActive Directoryを使用するADFSサーバーを構築する。ADFSから出力したXMLドキュメントをIAMのIDプロバイダーに設定して、対応するIAMロールを作成する。ADFSで連携認証をセットアップしてシングルサインオンを構築する。
- **B.** AWS Managed Microsoft ADを構築して既存のActive Directoryからすべてのデータを移行する。AWS SSOのIDソースでAWS Managed Microsoft ADを選択する。AWS SSOからAWSアカウントやSAML対応サービスやアプリケーションにアクセスする。
- **C.** Simple ADを構築して、既存のActive Directoryからすべてのデータを移行する。AWS SSOのIDソースでSimple ADを選択する。AWS SSOからAWSアカウントやSAML対応サービスやアプリケーションにアクセスする。
- **D.** AD Connectorを設定する。AWS SSOのIDソースでAD Connectorを選択する。AWS SSOからAWSアカウントやSAML対応サービスやアプリケーションにアクセスする。

 問題52

事業会社では新たに子会社化した会社のAWSアカウントを親会社のOrganizationsに統合しました。親会社ではCloudFormationテンプレートでAWSの環境を管理しています。子会社にはPythonを使いこなすエンジニアたちがいますが、CloudFormationテンプレートは使用しないポリシーでこれまで運用してきました。これを強制することで優秀なエンジニアが退職してしまうかもしれません。親会社のエンジニアもこれまでと運用が変わることがあると不満を言いそうです。何か解決策はありますか？ 1つ選択してください。

A. 子会社のエンジニアが退職してもかまわないので、JSONでCloudFormationテンプレートを管理することを強制する。
B. 子会社のエンジニアにCDKをPythonでコーディングしてもらって、AWSリソースを管理してもらう。
C. 子会社のエンジニアに好きに運用してもらって、親会社の管理者になんとかしてもらう。
D. これを機会に全社でOpsWorksに乗り換える。

問題53

グローバル企業のA社には拠点がありそれぞれ異なるAWSリージョンで構成されています。各地域の拠点が持っている音声や動画や写真のサンプルを、ホールディングス機能がある日本でダウンロード可能として、PR動画などの作成チームを日本拠点で集約することにしました。音声や動画や写真のサンプルを検索するアプリケーションは各拠点で統一されたアプリケーションで展開されています。日本の拠点から遠くの地域になればなるほどレイテンシーが発生しています。レイテンシー改善を行うにはどのような構成が考えられるでしょうか？1つ選択してください。

A. Direct Connectを使用して、仮想プライベートゲートウェイをEC2インスタンスが配置されている各拠点のVPCにアタッチされた仮想プライベートゲートウェイにプライベートVIFを接続する。
B. Direct Connect Gatewayを使用して、それぞれの拠点にあるそれぞれのVPCにアタッチする。
C. 各拠点のTransit GatewayにVPN接続して、それぞれのVPCをアタッチする。
D. クライアントVPNを使用して、各クライアント端末から直接各拠点のVPCに接続する。

問題54

企業ではVPC外部へのデータ送信に対してSuricata互換ルールでのアウトバウンド検査を計画しています。現在のVPCの構成はパブリックサブネット、プライベートサブネットがあり、プライベートサブネットにアウトバウンドリクエストを実行しているEC2インスタンス、パブリッサブネットにNATゲートウェイがあります。この検査を実現するにあたり追加の運用はなるべく少なくしたいと考えています。どのよう

な構成にすることでこれを実行できますか？ 次から3つ選択してください。

A. パブリックサブネットに関連付くルートテーブルの送信先0.0.0.0/0のターゲットにインターネットゲートウェイを指定する。
B. Network Firewallを作成する。VPCにFierwallサブネットを追加して、FirewallエンドポイントをFirewallサブネットに配置する。Firewallサブネットに関連付くルートテーブルは、送信先0.0.0.0/0をインターネットゲートウェイターゲットで設定する。
C. インターネットゲートウェイにイングレスルートテーブルを設定して、送信先にパブリックサブネットのCIDR、ターゲットにFirewallエンドポイントを指定する。
D. インターネットゲートウェイにイングレスルートテーブルを設定して、送信先にプライベートサブネットのCIDR、ターゲットにFirewallエンドポイントを指定する。
E. パブリックサブネットに関連付くルートテーブルの送信先0.0.0.0/0のターゲットにFirewallエンドポイントを指定する。
F. Network Firewallを作成する。VPCにFierwallサブネットを追加して、FirewallエンドポイントをFirewallサブネットに配置する。Firewallサブネットに関連付くルートテーブルは、送信先0.0.0.0/0をNATゲートウェイターゲットで設定する。

問題55

ある研修会社にはAWS認定インストラクターが5名います。各インストラクター向けにサンドボックスとなるアカウントを提供しています。検証環境には予算があるので、サンドボックス共通の請求アラーム閾値が設定されています。アラームは全員向けに送られるので、誰のアカウントで多くの請求が発生しているかを相互管理することもできます。各アカウントではCloudTrailが有効です。CloudTrailに対してのアクションやS3に保存された証跡は管理者も含めて誰も操作することはできません。AWS認定インストラクターは積極採用中なので、入社したときに設定漏れがないように新規アカウントの作成と同様の設定を自動化しておきます。これを実現するには次のどの方法が最適でしょうか？ 1つ選択してください。

A. AWS Organizationsで組織として管理する。CloudFormation StackSetsを使用して請求アラームなど必要なリソースを自動作成する。CloudTrail、S3のアクションなどを制御したIAMユーザーも自動作成する。

B. AWS Organizationsで組織として管理する。CloudFormation StackSetsを使用して請求アラームなど必要なリソースを自動作成する。CloudTrail、S3のアクションなどの制御はSCPでまとめて制御する。

C. AWS Organizationsで組織として管理する。各アカウントが作成されたら、CloudFormationスタックの作成を行い、請求アラームなど必要なリソースを自動作成する。CloudTrail、S3のアクションなどの制御はSCPでまとめて制御する。

D. AWS Organizationsで組織として管理する。各アカウントが作成されたら、CloudFormationスタックの作成を行い、請求アラームなど必要なリソースを自動作成する。CloudTrail、S3のアクションなどを制御したIAMユーザーも自動作成する。

問題56

企業では過去にSSH脆弱性による不正アクセスによって機密データの漏洩が発生しました。開発者がSSHポートを開放したことによりEC2に不正アクセスされ、アクセスキーID、シークレットアクセスキーを取得され、S3バケットの機密情報をダウンロードされました。この問題を改善するために最も有効な手段を以下から3つ選択してください。

A. SSHアクセスをやめてSystems Managerセッションマネージャを使用する。
B. EC2に必要な最小権限をアタッチしたIAMロールを引き受けさせる。
C. インスタンスメタデータサービス (IMDS) v1を無効化する。
D. セキュリティグループのSSH送信元を特定のIPアドレスに限定する。
E. IAMユーザーの権限を最小権限に設定して、アクセスキー、シークレットアクセスキーIDを発行してEC2に設定する。
F. アクセスキー、シークレトアクセスキーは環境変数で使用する。

問題57

ある研修会社ではAWS認定トレーニングの追加の補助資料をPDFで受講者に配布しています。現在、S3バケットの公開されたリンクをログインが必要な受講者ポータルに表示するようにしています。受講者ポータルはApplication Load BalancerとEC2にデプロイされています。補助資料は日本語の資料ですが、オンライントレーニングが普及してきたこともあり、海外赴任されている日本企業にもAWS認定トレーニングを提供することになりました。そこでCloudFront経由の配布に変えますが、ついでにS3からの直接配信とCloudFront経由のパブリック配信も制限することにしました。どのような構成が推奨されるでしょうか？1つ選択してください。

- A. S3バケットをオリジンとしてCloudFrontディストリビューションとして設定する。オリジンへのアクセスのためにオリジンアクセスアイデンティティを設定する。S3バケットポリシーでオリジンアクセスアイデンティティからのリクエストのみを許可する。キーグループを作成する。ローカルで作成したキーペアから公開鍵をIAMユーザーの権限でキーグループに追加する。ビヘイビアでキーグループを設定する。受講者ポータルのアプリケーションでCloudFront署名付きURLリンクを生成してリンクを表示する。
- B. S3バケットをオリジンとしてCloudFrontディストリビューションとして設定する。オリジンへのアクセスのためにオリジンアクセスアイデンティティを設定する。S3バケットポリシーでオリジンアクセスアイデンティティからのリクエストのみを許可する。rootユーザーでCloudFrontのキーペアを作成する。ビヘイビアでキーペアを設定する。受講者ポータルのアプリケーションでCloudFront署名付きURLリンクを生成してリンクを表示する。
- C. 受講者ポータルのApplication Load BalancerをオリジンとしてCloudFrontディストリビューションとして設定する。オリジンへのアクセス制限のためにセキュリティグループを設定する。キーグループを作成する。ローカルで作成したキーペアから公開鍵をIAMユーザーの権限でキーグループに追加する。ビヘイビアでキーグループを設定する。受講者ポータルのアプリケーションでCloudFront署名付きURLリンクを生成してリンクを表示する。
- D. 受講者ポータルのApplication Load BalancerをオリジンとしてCloudFrontディストリビューションとして設定する。オリジンへのアクセス制限のためにカスタムヘッダーを設定する。ALBルーティングでヘッダーがなければ無効とする。キーグループを作成する。ローカルで作成したキーペアから公開鍵を

IAMユーザーの権限でキーグループに追加する。ビヘイビアでキーグループを設定する。受講者ポータルのアプリケーションでCloudFront署名付きURLリンクを生成してリンクを表示する。

問題58

SQSに送信されたメッセージの処理をしているEC2インスタンスがあります。最近メッセージが増えてきた影響で処理が大幅に遅延することが増えてきました。この問題を解消するべくEC2をAuto Scalingグループにすることにしました。どのようなメトリクスに対してスケーリングを設定するとよさそうでしょうか？ 1つ選択してください。

- **A.** SQSキューのApproximateNumberOfMessagesVisible
- **B.** EC2のCPU使用率平均値
- **C.** キューのApproximateNumberOfMessagesをInService状態のEC2インスタンス数で割った数を、Lambda関数からPutMetricDataしたカスタムメトリクス
- **D.** EBSのIO

問題59

全世界のプレイヤーがいるモバイルゲームアプリケーションがあります。サーバーサイドは複数のリージョンにデプロイされています。エンドユーザーはレイテンシーを低減するために最も近いリージョンを使用するように構成されています。常に更新される各リージョンでのランキングと全世界のランキングをエンドユーザーに表示します。スコア情報はどのように保存するのが最適でしょうか？ 1つ選択してください。

- **A.** 各アプリケーションはユーザーのスコアをそれぞれのリージョンで書き込む。DynamoDBグローバルテーブル機能で各リージョンにレプリカテーブルを作成する。
- **B.** 各アプリケーションはユーザーのスコアをそれぞれのリージョンで書き込む。DynamoDBテーブルストリームを有効にし、DynamoDBグローバルテーブル機能で各リージョンにレプリカテーブルを作成する。

C. 各アプリケーションはユーザーのスコアをセンターリージョンのRDSインスタンスに書き込む。クロスリージョンリードレプリカで各リージョンへレプリケーションを作成する。

D. ElastiCache Redisのソート済みデータ型でゲームスコアボードを管理する。Pub/Sub機能を使って、更新されたデータを各リージョンへ配信するアプリケーションに通知する。

問題60

夜間倉庫の監視カメラの映像をリアルタイム分析して、人を検出した際に通知を行いたいです。最低限どのサービスの組み合わせが必要ですか？ 2つ選択してください。

A. Kinesis Data Streams
B. Kinesis Video Streams
C. Kinesis Data Analytics
D. Rekognition Video
E. Comprehend

問題61

春はお花見、夏はビアガーデン、秋は紅葉狩り、冬は雪見酒と年に数回イベントを行っている屋外レストランがあります。ショーパフォーマーの誕生日にも不定期でイベントを行うことがあります。イベント特設サイトには毎回恒例となっているゲームが公開されて、高得点のユーザーには、お食事券やボトル無料券などが提供されます。特設サイトはApplication Load Balancer、EC2 Auto Scaling、RDSで構成されています。キャンペーン中しか使用しないため、キャンペーン期間中はCloudFormationを使用して起動します。EC2のゲームはゲーム開発担当エンジニアが何か思いついたときに開発や改良をして、最新のものであることがわかるようにAMIに特定のタグをつけて保存されます。ゲームのファンも定着してきて、特設サイトが公開されるとSNSなどで話題になり絶大なキャンペーン効果をもたらしています。月次のマーケティング会議で報告する必要があるため、ゲームのプレイ状況など様々なRDSに保存された情報を月次で集計します。集計レポートのエビデンスは一定期間保存する必要があります。これを実現する最適な方法は次のどれですか？ 1つ選択してください。

- **A.** CloudFormationテンプレートでcfn-initを使用して、最新のソースコードをリポジトリからプルする。RDSはDeletionPolicy:Snapshotを設定する。
- **B.** CloudFormationテンプレートのParameterでAMI IDは手入力する。RDSはDeletionPolicy:Retainを設定する。
- **C.** CloudFormationカスタムリソースを設定してLambda関数を起動し、最新のAMI IDをタグでフィルタリングして取得する。RDSはDeletionPolicy:Snapshotを設定する。
- **D.** CloudFormationカスタムリソースを設定してLambda関数を起動し、最新のAMI IDをタグでフィルタリングして取得する。RDSはテンプレートには含めずに手動で起動し、スナップショットを作成して終了する。

問題62

会社では共有型ファイルストレージサービスを展開しています。ストレージにはS3バケットを使用しています。フロントにはApplication Load BalancerとEC2 Auto Scalingがあります。ユーザーからアップロードが中断されるというクレームがあり調べてみたところ、容量の大きなファイルをアップロードするときにモバイルアプリケーションからのアップロード速度が遅い環境で時間がかかっており、その途中でネットワークの中断が発生していることがわかりました。ネットワーク側の問題ではありますが対応したいです。また余分なコストが発生しないようにもしたいです。どのように対応しますか？1つ選択してください。

- **A.** Snowballを使用してアップロードする。
- **B.** S3マルチパートアップロードAPIを使用する。
- **C.** S3マルチパートアップロードAPIを使用する。ライフサイクルポリシーで不完全なパート削除日数を設定する。
- **D.** S3 Transfer Accelerationを有効化する。

問題63

20万を超えるユーザーがそれぞれ認証を行い、それぞれのエネルギー使用量を確認できるモバイルアプリケーションがあります。今後もユーザー数は増加する計画です。個別の情報をモバイルに表示するため認証は必須です。データはDynamoDBに格納されていて、各ログインユーザーに紐付くパーティションキーで保存されていま

す。このモバイルアプリケーションの認証を実現する方法を次から選択してください。

- A. エンドユーザー向けにIAMユーザーを作成して、IAMユーザー ARNをパーティションキーに設定する。IAMポリシーでDynamoDBへの読み取り権限を許可する。
- B. エンドユーザーの認証は外部のSAMLプロバイダーで行うように設定し、各エンドユーザー向けにIDプロバイダー設定とIAMロールを作成する。IDプロバイダー ARNをパーティションキーに設定する。IAMロールにアタッチするIAMポリシーでDynamoDBへの読み取り権限を許可する。
- C. Cognito IDプールで認証されていないユーザー向けにDynamoDBへの読み取り権限ポリシーをアタッチしたIAMロールを設定する。Cognito IDプールで安全な一時的認証情報が付与されるようにする。
- D. Cognito IDプールで認証されたユーザー向けにDynamoDBへの読み取り権限ポリシーをアタッチしたIAMロールを設定する。認証はCognitoユーザープールを設定する。ユーザープールで管理しているUUIDをパーティションキーに設定する。Cognito IDプールで安全な一時的認証情報が付与されるようにする。

問題64

会社にはApplication Load Balancer、ECS Fargateで構成されているサービスがあります。タスク定義の変更時、コンテナイメージの変更時、どちらが発生しても実行環境が安全に更新されるようにブルーグリーンデプロイを構成したいです。以下の選択肢の組み合わせのうちどれが適切でしょうか？ 3つ選択してください。

- A. AppSpec.yaml、taskdef.jsonをCodeCommitリポジトリに保存する。コンテナイメージはECRリポジトリで保管する。CodePipelineのソースステージにCodeCommitリポジトリを設定する。
- B. AppSpec.yaml、taskdef.jsonをCodeCommitリポジトリに保存する。コンテナイメージはECRリポジトリで保管する。CodePipelineのソースステージにCodeCommitリポジトリとECRリポジトリをそれぞれ設定する。
- C. CodePipelineのデプロイステージアクションでECS（ブルー/グリーン）を選択する。

D. CodePipelineのデプロイステージアクションでECSを選択する。
E. CodeDeployを設定してプラットフォームにECSを選択。LoadBalancerの選択でターゲットグループ1と2を選択して、デプロイ設定でECSAllAtOnceを設定する。
F. CodeDeployを設定してプラットフォームにEC2を選択。LoadBalancerの選択でターゲットグループ1と2を選択して、デプロイ設定でカナリアを設定する。

 問題65

組織では各アカウントのルートユーザーアクティビティを監視する必要があります。セキュリティ管理者は発生時には通知を受信することを予定しています。また、CloudTrailの詳細ログの確認が必要な場合は迅速に検索できるように複数アカウントのログを集約しておく予定です。CloudTrailログに改ざんが発生していないかの検証も必要です。最適なソリューションは次のどれですか？ 1つ選択してください。

A. 組織でCloudTrail証跡を有効にして1つのAWSアカウントのS3バケットにアカウントプレフィックスごとに保存されるよう構成する。GuardDutyを有効にし、RootCredentialUsageイベントをEventBridgeでルール作成してSNSトピックに通知する。CloudTrailログファイルの整合性検証を有効にする。CloudTrailログはライフサイクルルールでGlacierに移動する。CloudTrailログに対してAthenaを設定しておく。

B. 組織でCloudTrail証跡を有効にして1つのAWSアカウントのS3バケットにアカウントプレフィックスごとに保存されるよう構成する。GuardDutyを有効にし、RootCredentialUsageイベントをEventBridgeでルール作成してSNSトピックに通知する。CloudTrailログファイルの整合性検証を有効にする。CloudTrailログに対してパーティションを有効にしてAthenaを設定しておく。

C. 組織でCloudTrail証跡を有効にして1つのAWSアカウントのS3バケットにアカウントプレフィックスごとに保存されるよう構成する。GuardDutyを有効にし、RootCredentialUsageイベントをEventBridgeでルール作成してSNSトピックに通知する。S3バージョニングを有効にする。CloudTrailログに対してパーティションを有効にしてAthenaを設定しておく。

D. 組織でCloudTrail証跡を有効にして1つのAWSアカウントのS3バケットにアカウントプレフィックスごとに保存されるよう構成する。CloudTrailログが保存された際にS3通知イベントでSNSトピックに通知する。CloudTrailログファイルの整合性検証を有効にする。CloudTrailログに対してパーティションを有効にしてAthenaを設定しておく。

問題66

中途入社で情シスとして事業会社に着任しました。期待はしていませんでしたがドキュメントらしいドキュメントはありません。あったところで完全に信頼するつもりもなかったのでよしとしました。少人数の情シスは兼務が多く上司は管理部門の部門長でITの知識はないそうです。同僚は主にキッティングやヘルプデスクを担当しているアルバイトさんだけで週3日出勤されます。来年データセンターの契約期間が終了することもあって、既存システムの移行先と移行可否のために事実を収集する必要があります。次のどの方法が役立つでしょうか？ 1つ選択してください。

A. Inspectorエージェントを各サーバーにインストールして脆弱性の検査をする。
B. CloudWatchエージェントを各サーバーにインストールして、CloudWatchでカスタムメトリクスとログのモニタリングを開始する。
C. Systems Managerエージェントを各サーバーにインストールして、AWS Migration Hubに情報を収集する。
D. AWS Application Discovery Serviceエージェントを各サーバーにインストールして、AWS Migration Hubに情報を収集する。

問題67

Elastic BeanstalkでデプロイされたWebアプリケーションがあります。データベースはElastic Beanstalk環境とは切り離されて起動しているRDS for MySQLです。開発チームは新しいソフトウェアバージョンをデプロイする予定ですが、可能な限りダウンタイムを抑えつつもデプロイのための追加コストを最小限に抑えることが指示されています。ダウンタイムよりもコストを抑えるほうの優先度が高いです。次のどのデプロイ設定を実行しますか？ 1つ選択してください。

A. 既存の環境のクローンを作成してスワップするブルーグリーンデプロイを実行する。
B. ローリング更新オプションでデプロイを実行する。
C. 追加バッチによるローリング更新オプションでデプロイを実行する。
D. All at once デプロイを実行する。

 問題 68

会社が管理しているデータには非常に厳しい規制があり、データを保存している住所番地を明確に示さなければなりません。このデータに対してEC2で実装しているHPCワークロードでの計算処理が必要です。データアクセスに対してのレイテンシーは極限まで減少させなければなりません。どのサービスが利用できますか？ 1つ選択してください。

A. FSx for Lustre
B. AWS Wavelength
C. AWS Outposts
D. AWS Local Zones

 問題 69

企業ではアプリケーションからS3にアップロードされたデータの日次分析が実行されています。この日次分析にはAmazon EMRが使用されています。EMRクラスタの分析は0時から8時に完了させる必要があります。現在は2時間程度で完了していますが、対象となるデータ量は一定ではなく今後も増加傾向にあります。分析結果のレポートデータは別のS3バケットに保存されます。分析元のデータは5年間の保存義務があります。分析根拠の調査指示がない限りは分析元データにアクセスする必要はありません。過去に分析根拠の調査指示は記憶にないぐらい発生していません。この構成でコストを最小限に抑えるためにはどのような構成が最適でしょうか？ 1つ選択してください。

A. EMRマスターノードにオンデマンドインスタンスを使用する。コアノードとタスクノードはスポットインスタンスを使用し処理対象のデータ量に応じて追加する。分析元のS3データはライフサイクルポリシーでGlacierに移動する。

B. EMRマスターノードとコアノードにオンデマンドインスタンスを使用する。タスクノードはスポットインスタンスを使用し処理対象のデータ量に応じて追加する。分析元のS3データはライフサイクルポリシーでGlacierに移動する。
　　C. EMRマスターノードとコアノードにリザーブドインスタンスを使用する。タスクノードはスポットインスタンスを使用し処理対象のデータ量に応じて追加する。分析元のS3データはライフサイクルポリシーでGlacierに移動する。
　　D. EMRマスターノードとコアノードにオンデマンドインスタンスを使用する。タスクノードはスポットインスタンスを使用し処理対象のデータ量に応じて追加する。分析元のS3データは最初に標準 –IA に保存して分析が終わればGlacierに移動する。

問題 70

　オンプレミスのLinuxサーバーとVPC内のEC2で共通のファイルシステムを使う必要があります。EFSを使用することに決めました。オンプレミスからのデータ転送は暗号化する必要があります。どのようにして実現できますか？ 3つ選択してください。

　　A. sudo mount –t efs –o tls file-system-ID ~/efs コマンドでマウントを実行する。
　　B. efs-utils.confを調整する。
　　C. amazon-efs-utilsパッケージをオンプレミスLinuxサーバーにインストールしてefs-utils.confを調整する。
　　D. オンプレミスLinuxサーバーからマウントターゲットのIPアドレスに対してfile-system-ID.efs.region.amazonaws.comの名前解決ができるようにする。
　　E. sudo mount –t efs –o tls 192.168.0.1 ~/efs コマンドでマウントを実行する。
　　F. sudo mount –t efs file-system-ID ~/efs コマンドでマウントを実行する。

問題 71

　現在オンプレミスではサーバー監視システムを使用して、パフォーマンスモニタリングと死活監視をシステムのエージェントをサーバーにインストールすることによって実現しています。オンプレミスのいくつかのサーバーをEC2に移行することになりました。サーバーの運用監視チームはオンプレミスの監視システムとAWS

CloudWatchの両方を使って監視することを嫌い、使い慣れたオンプレミスのサーバー監視システムを使用してEC2の監視をなるべくこれまでと変わりなく継続することを要求しています。オンプレミスの監視システムはエージェントからはプライベートネットワーク通信のみを許可する構成です。AWSとオンプレミスでのVPNなどのプライベートな接続はありません。オンプレミスの監視システムのAPIは特定の1つのIPアドレスからの送信を受け付けることは許可されましたが、複数のEC2インスタンスからの直接送信は許可されませんでした。クラウドアーキテクトはどのような構成を実現できますか？1つ選択してください。

- **A.** EC2のステータス変化に対してCloudWatchアラームを使用し、SNSトピックからサブスクリプションのLambda関数を使用してオンプレミスの監視システムに送信する。パフォーマンス情報はメトリクスに対してCloudWatchアラームを細かく設定して同様にSNSトピックへ送信する。
- **B.** EventBridgeでEC2のステータス変更ルールを設定してターゲットのLambda関数からオンプレミスの監視システムに送信する。パフォーマンスは定期的にGetMetricデータを実行してオンプレミスの監視システムへ送信する。
- **C.** CloudTrailログを有効にしてEC2インスタンスの状態変更をキャプチャして、Lambda関数からオンプレミスの監視システムに送信する。パフォーマンスは定期的にGetMetricデータを実行してオンプレミスの監視システムへ送信する。
- **D.** 各EC2インスタンスにオンプレミスの監視システムのエージェントをインストールしてオンプレミスサーバー同様に監視する。

問題72

ある会社では日中にSQSに送信されたメッセージを夜間Lambda関数が受信してRDS for MySQLデータベースに書き込んでいます。ある日、送信メッセージが多かったためかデータベースからToo many connectionsメッセージとともにリクエストが拒否されていました。この状態を改善する組み合わせを次から2つ選択してください。

- **A.** Data APIからSQLを実行できるよう有効化する。
- **B.** Secrets Managerシークレットを作成してデータベースのユーザー名とパスワードを保存する。

C. RDS Proxyを作成してデータベースへリクエストが送信できるように構成する。
D. Lambdaの実行IAMロールにrds-data:ExecutionStatementポリシーを追加する。
E. RDSインスタンスのMax Connectionsパラメータを増やす。

問題73

警備会社では警備員の現場到着確認をモバイル対応のWebアプリで確認しています。到着した警備員がWebアプリで警備員番号を入力して到着ボタンをタップするとGPS情報とともに送信される仕組みです。警備開始30分前には現地到着して勤務開始するルールですので30分前になっても到着送信されなかったその日の予定の警備員には電話する運用があります。今までは電話担当が事務所でアプリの現地到着状況を確認しながら到着送信のない警備員に電話をしていましたが、そのほとんどが現地に到着しているのに送信を忘れていたことが原因であったため、この運用を自動化することにしました。要件は以下です。

- 警備員の電話番号は個人所有につき本人が専用フォームに入力する。
- 電話番号はデータベースには電話番号専用のキーで暗号化して保存する。
- 電話は自動発信する。

A. S3で電話番号と警備員番号を入力するフォームをデプロイする。Cognito IDプールを使用してDynamoDBテーブルに書き込むことができる権限を認証されていないIAMロールに設定してJavaScript SDKを使用して書き込む。DynamoDBテーブルではKMSのCMKを使用して暗号化を行っておく。到着送信のない警備員の電話番号を取得した定期実行Lambda関数は、実行ロールにCMKへのリクエストが許可されているので電話番号を復号できて、Amazon Connectから電話発信する。

B. S3で電話番号と警備員番号を入力するフォームをデプロイする。API Gatewayから電話番号がPOSTされてLambda関数に渡され、DynamoDBに保存される。DynamoDBテーブルではKMSのCMKを使用して暗号化を行っておく。到着送信のない警備員の電話番号を取得した定期実行Lambda関数は、実行ロールにCMKへのリクエストが許可されているので電話番号を復号できて、Amazon Connectから電話発信する。

C. S3で電話番号と警備員番号を入力するフォームをデプロイする。CloudFrontでフィールドレベルの暗号化を設定する。オリジンのAPI Gatewayに暗号化された電話番号がPOSTされてLambda関数に渡され、DynamoDBに保存される。到着送信のない警備員の暗号化された電話番号を取得した定期実行Lambda関数は、フィールド暗号化設定時に用意された秘密鍵を使って復号し、Amazon Connectから電話発信する。

D. S3で電話番号と警備員番号を入力するフォームをデプロイする。API Gatewayに電話番号がPOSTされてLambda関数に渡され、DynamoDBに保存される。到着送信のない警備員の電話番号を取得した定期実行Lambda関数は、Amazon Connectから電話発信する。すべてのリクエストはHTTPS通信によって行われる。

問題74

多様な飲食チェーン店を展開している企業では、すべてのお店のご利用のお客様向けの統合アプリを提供しています。モバイルオーダーやクーポン券の提供を行っています。そこで「今日の気分でメニュー診断」といういくつかの体調や気分のアンケートに答えることで、今日のオススメ店舗とメニュー候補を教えてくれるサービスをリリースしました。構成はシンプルでAPI Gateway、Lambda、DynamoDBです。外部のAI系サービスのAPIにリクエストした結果、返ってきたキーでDynamoDBから取得した内容を表示します。流行りのAI系サービスということもあり、朝のワイドショーで取り上げられて爆発的にアプリのインストールが広がったのはいいのですが、「今日の気分でメニュー診断」機能で大量のタイムアウトエラーが発生しました。原因は外部のAI系サービスのAPIのリクエスト数制限に達してしまったことです。もともとリクエスト数制限はないと聞いていたのですが、無制限リクエストに耐えられる設計というわけではなく、それほどリクエストは発生しないだろうと想定していたとのことでした。改善を求めましたが、すべてを外部に委託開発しているのですぐには改善できないとの回答でした。飲食チェーン企業側ではどのような対応が考えられますか？1つ選択してください。

A. LambdaをEC2に交換して、外部API側がリクエストを拒否している間、タイムアウトすることなくエクスポネンシャルバックオフアルゴリズムでリクエストを繰り返す。こうすることでメッセージのロストを防ぐ。

B. API GatewayからSNSトピックへパブリッシュしてSQSキューへメッセージを格納し、Lambdaのイベントトリガーとして設定する。Lambda関数がすぐに処理できない場合のためにデッドレターキューを用意する。デッドレターキューのコンシューマーとして追加したLambda関数にさらにポーリング処理をさせる。処理が完了し次第アプリにプッシュ通知やメール通知を行う。

C. DynamoDBをRDSインスタンスに交換して、処理できなかったメッセージを保存しておき、後で処理ができるようにする。

D. API GatewayとLambdaを、Application Load BalancerとECSコンテナに変更してリクエストが増えても処理ができるようスケーリング調整する。

問題75

留守中のペットの状態を生配信カメラで表示するアプリケーションがあります。動画はリアルタイム配信です。餌の残量やトイレの状態やペットのプロフィールは特定の時間の情報を表示しています。このアプリケーションのパフォーマンスの最適化を図るために最適な選択肢は以下のどれでしょうか？ 1つ選択してください。

A. ビデオカメラ映像はAWS Elemental MediaLiveでリアルタイムエンコーディングしたコンテンツを、AWS Elemental MediaStoreに保存し、CloudFrontを使用して配信する。ペットのプロフィール情報はElastiCache for MemcachedからGetCacheして表示する。

B. ビデオカメラ映像はAWS Elemental MediaLiveでリアルタイムエンコーディングしたコンテンツを、AWS Elemental MediaStoreに保存し、CloudFrontを使用して配信する。ペットのプロフィール情報はRDSインスタンスにクエリーした結果を表示する。

C. ビデオカメラ映像はAWS Elemental MediaConvertでリアルタイムエンコーディングしたコンテンツを、AWS Elemental MediaStoreに保存し、CloudFrontを使用して配信する。ペットのプロフィール情報はElastiCache for MemcachedからGetCacheして表示する。

D. ビデオカメラ映像はAWS Elemental MediaConvertでリアルタイムエンコーディングしたコンテンツを、AWS Elemental MediaStoreに保存し、CloudFrontを使用して配信する。ペットのプロフィール情報はElastiCache for MemcachedからGetCacheして表示する。キャッシュミスの場合はRDSインスタンスにクエリーした結果を表示する。

7-2

解答と解説

✔ 問題1の解答

答え：**C**

要件は「開発コストを抑え、移行期間を可能な限り短くしたい」「移行後のWebアプリケーションにはアベイラビリティゾーンレベルの障害に対応できる高可用性」です。現在はLAMP（Linux、Apache、MySQL、PHP）構成です。開発コストを抑えて、移行期間を可能な限り短くするために、カスタマイズが確実に発生する選択肢を除外します。「データベースのデータモデルへの制約は特にありません。キーでクエリーした結果を単一のマスターテーブルから取得するシンプルなルックアップテーブルです」とあるので最初の要件がなければDynamoDBを選択したくなりますが、MySQLからDynamoDBへ移行すると確実にアプリケーションのカスタマイズが発生します。ですので、AとBを除外します。

現在、Webアプリケーションサーバーは単一で、ローカルストレージに添付ファイルを保存しています。アベイラビリティゾーンレベルの障害に対応できる高可用性を実現するためにApplication Load Balancerでリクエストを分散するのに、EBSに添付ファイルを保存してしまうと、添付ファイルによってはどちらか一方にしか保存されていない状態になります。Dに比べてCであれば、複数のEC2インスタンスから共有ファイルシステムを使用できるので、どちらにリクエストがあってもアクセスできます。

✔ 問題2の解答

答え：**A**

「アカウント内の特定の一部のユーザーに対して」ですので、BのSCPではありません。SCPはアカウント全体に影響します。CのMFAはベストプラクティスではありますが、要件に必須ではありません。DのCloudTrailもベストプラクティスではありますが、要件に必須ではありません。

MFA、CloudTrailよりも「IAMロールの作成を許可」しつつ「ユーザー名をタグに設定しなければ作成できないように制限」しなければならない要件を満たすためには、アクセス権の境界設定ポリシーが必要です。アクセス権の境界設定ポリシーを設定することで、制限を超えた権限を持つIAMロールをEC2にアタッチしても、境界以上の権限は拒否できます。

✔ 問題3の解答

答え：**B、C、F**

改善するポイントは「スロットリングの発生」と「アクティビティのロスト」です。そして追加要件が「希望するユーザーに申し込み順の通話対応」です。スパイクリクエストに対してスロットリングをなるべく発生させないためにオンデマンドモードを採用します。想定外

のエラーなどの発生時に情報が失われないようにDLQ（Dead Letter Queue）をLambda、SQSで設定します。申し込み順の処理も必要なので希望するユーザーの情報をFIFOキューに送信することを検討します。

API GatewayのキャッシュはGETリクエストに対して有効にします。問題の要件では収集を目的としているのでGETリクエストではないことが想定されます。標準キューのDelaySecondsは遅延キューとして受信可能になる時間の調整ですので、送信順にメッセージを処理することはできません。DynamoDB AcceleratorはVPC内でキャッシュを持ち、応答を迅速にします。今回の要件には関係ありません。

✔ 問題4の解答

答え：**C**

マイクロサービスのエラー、ボトルネックの抽出にはX-Rayが最適です。サービスマップで指定した期間のエラー、スロットリング、呼び出し平均時間を確認できます。個別のトレース情報へのドリルダウンも可能です。監視対象のアクションが厳密に限定されていなくても、SDKのパッチ適用を使用することでサポートしている呼び出しやライブラリに対応できるので、AWSサービスの呼び出し、AWS外のAPI呼び出し、SQLリクエストなどのトレースをプログラムからX-Rayに送信して統計情報を確認できます。

AのCloudTrailはAWSサービスへのリクエストを記録します。AWSサービス外のAPIが対象外ですし、不特定問題を抽出するには向いていません。BのCloudWatch Logs Insightsもある程度エラー発生箇所が抽出できた状態で検索していくほうが効率的です。DのS3、Athena、QuickSightのケースでは事前に想定できていれば抽出できるかもしれませんが、すでにX-Rayで実現可能な機能ですのであえて作る必要はありません。

✔ 問題5の解答

答え：**B**

AのRDSクロスリージョンリードレプリカとDynamoDBのグローバルテーブルよりも、BのRDSの日次自動バックアップコピーとDynamoDBのオンデマンドバックアップコピーのほうがコストは低くなる可能性があります。CloudFormationテンプレートによる復元なのでRTO 2時間は達成できます。またRDSも日次バックアップですのでRPO 24時間も達成できます。Cはマルチサイトアクティブ/アクティブ、Dは最小構成ですが、両方ともApplication Load Balancer、EC2が常時稼働となり、Bよりもコストが発生することが懸念されます。

✔ 問題6の解答

答え：**D**

S3 RTC（Replication Time Control）を有効にすることで、ほとんどのオブジェクトは数秒でレプリケートされ、99.99%のオブジェクトは15分以内にレプリケートされます。15分の閾値を超えた場合と15分の閾値経過後にレプリケートされたオブジェクトのイベント通知を作成することができます。B、Cともにチェックしたいという目的は果たせるかもしれませんが、S3 RTCを有効化してイベント通知を受け取るDの方法が最も確実でシンプルです。

問題7の解答

答え：**B**

選択肢すべてが「バックアップを作成する」要件は満たせますが、「最もシンプルな方法」での実現を求められています。最もシンプルなのはBのData Lifecycle Managerです。AはEC2インスタンスでコマンドが正常に実行される前提が必要ですし、S3バケット、IAMロールの作成が必要です。CのAWS Backupでは「災害対策サイトへ自動コピー」がありますが、この問題では求められていません。Dは開発が含まれるのでシンプルではありません。

問題8の解答

答え：**A、D、E**

AWS Transfer FamilyでS3向けのSFTP対応サーバーで固定のIPアドレスを使用するためには、VPCホストで作成してElastic IPアドレスを関連付けます。SFTP対応サーバー用にENIが作成されるのでセキュリティグループも設定します。Bの方法ではIPアドレスが変更される可能性があります。Cのパブリックアクセス可能なSFTP対応サーバーではElastic IPアドレスは設定できません。FのS3バケットポリシーで店舗のグローバルIPアドレスを許可する必要はありません。

問題9の解答

答え：**A**

データ変換にはAWS Glueが最適です。CSVの区切り文字が一般的ではない場合でもCSVカスタム分類子を追加することでデータカタログテーブルを定義できます。Bのバッチオペレーションのオブジェクトコピー、バケットレプリケーションでは変換はできません。DのAthenaのALTER TABLE ADD COLUMNSステートメントはAthenaのテーブル定義に列を追加するので要件には関係ありません。

問題10の解答

答え：**B、C、E**

Amazon SESでエンドユーザーに対してメールを送信することができます。メールのイベントは設定セットを作成してメール送信時のパラメータで指定することで、イベントをKinesis Data Firehoseに送信できます。Kinesis Data FirehoseはS3バケットへデータを送信できます。S3バケットに送信されたデータはAthenaからSQLクエリーでの検索、抽出ができます。DのSNSトピックのサブスクリプションにはKinesis Data Firehoseは指定できません。FとAの組み合わせについては、RDSはKinesis Data Firehoseの送信先ではないのでFができません。よってAも除外されます。

問題11の解答

答え：**D**

User-Agentなどのパケットの内容はVPC Flow Logsでは調査できません。VPCトラフィックミラーリングを使用します。VPCトラフィックミラーリングの宛先はENIかNetwork

390

7-2 解答と解説

Load Balancerを選択することができます。CのようにCloudWatch Logsに送信することはできません。

✔ 問題12の解答

答え：**B**

　EC2ホストのリタイアについて「対応を自動化する最適な方法」が問われています。ホストのリタイアの対応はステートフルなアプリケーションでは、EBSボリュームを保持しなければならないので、EC2インスタンスを停止、開始することで対応できます。今回は問われませんでしたが、ステートレスなアプリケーションの場合はAMIから起動できればいいので、Auto Scalingグループで必要数のインスタンスを保持する構成も考えられます。

　Aでも実現できそうですが、S3バケットの作成、通知、Lambda関数の開発など作業が多くあります。BはAWS_EC2_PERSISTENT_INSTANCE_RETIREMENT_SCHEDULEDイベントが用意されていて、SSM AutomationのAWS-RestartEC2Instanceで要件は満たせますので、Bが正解です。EventBridge（CloudWatchイベント）でルールを作成するのですが、「Personal Health DashboardからCloudWatch Eventsリンクにアクセスして」という部分はあってもなくてもいい説明です。この記述を正誤の条件にしないように判断しましょう。CのService Health Dashboardはマネジメントコンソールにサインインしなくてもアクセスできるパブリックな公開ページです。EC2インスタンスのホストリタイアなどアカウント特定の情報は含みませんし、通知イベント機能もありません。DはイベントがAWS_EC2_OPERATIONAL_ISSUE（EC2サービスの遅延などサービスの問題）なので違います。

✔ 問題13の解答

答え：**B**

　人員が追加できず余裕もないので自動化を考えます。会社も安易に人員追加するのではなく、自動化を設計することにより、より整合性の高いセキュリティを求めたのかもしれません。それならそうと言ってくれればいいのにとも思いますが、ここは飲み込んでおきましょう。

　EC2インスタンスの脆弱性検査はAmazon Inspectorで実行できます。CはCloudWatchエージェントなので除外できます。AはInspectorエージェントのインストールを個別に手動で行うセットアップを提案しています。100もあるインスタンスに手動でセットアップする時点でそれを誰がやるのかとなり、この計画が進まない未来が見えます。もしかしたら外部協力会社はその作業で売上を上げるつもりかもしれませんが、もしそうだとするなら今後のお付き合いを考え直される可能性があります。BではエージェントのセットアップをRun Commandにより自動化し、検査結果をSNSトピックに通知してLambda関数で判定してからSSM Run CommandでOSの修復を実行します。最初から100インスタンスで実行しなくても数インスタンスでスモールなテスト運用を開始して影響確認した後に展開することができます。Bはすべての手順や設定を完全網羅していて、不要な手順もありませんので正解です。もしもLambda関数の実行IAMロールなどさらに詳細な手順が追加されている選択肢がある場合は、そちらが正解になるので注意してください。DはSNSトピックポリシーがSSM:SendCommandアクションを許可しているので不適切です。

7

模擬テスト

391

✔ 問題14の解答

答え：**D**

「ソフトウェアライセンスの有効期限は2年」「ホストを専有」「アクティベートしたホストで起動し続ける」「サーバーの停止」が要件です。「コストを最適化」との文言はありませんが、要件上予約オプションが利用できるのであれば利用できたほうが「適当」や「適切」に該当します。「ホストを専有」はDedicated HostsでもDedicated Instancesでも実現できますが、「サーバーを停止」しても「アクティベートしたホストで起動し続ける」にはDedicated Hostsのアフィニティオプションが必要です。AとBはDedicated Instancesなので除外できます。CはUse auto-placement（自動配置）オプションですので同じホストを使えない可能性があります。

✔ 問題15の解答

答え：**C**

「展開、運用のコストを低く」して「利用者が多くなることでコストが増大していくことは避けたい」かつ「利用者に料金を負担」ですので、S3バケットのリクエスタ支払いが利用できます。S3バケットのリクエスタ支払いを有効にするとリクエスト料金とデータ転送料金がリクエストを行ったAWSアカウントに請求されます。S3バケットを所有しているバンド側はストレージ料金の支払いは必要ですが、利用者が多くなってもバンド側のコストの増加には繋がりません。請求もAWSによって行われるのでそのための運用は発生しません。設定もS3バケットでリクエスタ支払いを有効にして、バケットポリシーで該当のAWSアカウントからのアクセスを許可するだけです。S3バケットでリクエスタ支払いを有効にすると、AWS認証とx-amz-request-payer:requesterをヘッダーに含めたリクエストが必須になります。DのようにバケットポリシーにConditionを追加する必要はありません。A、Bは構築の手間と、請求運用が発生するので、Cよりも「展開、運用のコスト」は高くなります。

✔ 問題16の解答

答え：**C**

「すばやく安全にデータベースのコピーを渡す」ことが目的です。A、Bもデータベースのコピーを渡すことはできますが、リスクがありデータ量に応じてとてつもなく時間がかかります。特にAのような受け渡し方法を提案される開発会社さんは見直しを検討したほうがいいかもしれません。Cのように、AuroraやRDSデータベースのスナップショットは、クラスタやインスタンスを暗号化しているKMSのCMK（カスタマーマスターキー）で暗号化されます。スナップショットから復元する際には、CMKを使用する権限が必要です。権限の適用は事業会社側からKMSキーポリシーで設定してあげる必要があります。CMKのエクスポートはできないのでDは誤りです。

✔ 問題17の解答

答え：**B**

7-2　解答と解説

「1年以上続ける」構成で「2230時間以上」起動しているので、3インスタンス分リザーブドインスタンスを購入していても十分に有効利用できます。31日ある月でも3インスタンスの合計時間は24時間×3×31で、2232時間だからです。Cは2インスタンスしかリザーブドインスタンスを購入していないのでコスト最適化になっていません。「処理の中断は避けたい」ことから本番環境ではスポットインスタンスは選択しないのでAは誤りです。検証環境は中断してもかまわないのでスポットインスタンスを使用するため、Dは除外します。

✔ 問題18の解答

答え：**B**

「アプリケーションパフォーマンスの見直し」を「アプリケーションカスタマイズは必要最小限」で実現することが目的です。DynamoDBの場合はDAXを使用することで最大10倍のパフォーマンスが期待できます。また、DynamoDB APIと互換性があるのでアプリケーションカスタマイズが最小限で済みます。Aはアプリケーションカスタマイズは発生しませんが、現在のオンデマンドモードでスロットリングが発生しているわけでもありませんのでパフォーマンスの向上が期待できません。DAXにSavings PlansはないのでCは誤りです。DのElastiCacheのケースはアプリケーションカスタマイズがDAXのケースよりも発生します。

✔ 問題19の解答

答え：**D**

「可能な限り顧客に影響を与えない移行」は「IPアドレスを変更したくない」という目的になります。BYOIPとして所有しているIPアドレスをElastic IPアドレスで使用することが可能です。よってElastic IPアドレスを使用できる選択肢を選びます。AのAPI Gateway、CのApplication Load BalancerはElastic IPアドレスをサポートしていません。DのNetwork Load Balancerを使用した構成が正解です。Bでも可能かもしれませんが、ソフトウェアルーターをデプロイしたEC2でアンマネージドな運用が発生します。このような要件は問題には含まれていませんが、2つの要件を完全に実現できる選択肢があり、よりマネージドな選択肢があったときにはそれを選択します。

✔ 問題20の解答

答え：**A**

「データセンター運用チームからVPCへの接続、ストレージサービスエンドポイントへの送信」が拒否されています。「TeradataからRedshiftへの変換」も必要です。SCTデータ抽出エージェントは、ソースデータベースとターゲットデータベースが大きく異なるケースでの追加の変換をサポートしています。SCTデータ抽出エージェントを使用してSnowballEdgeにデータを保管して送信することで、ネットワーク要件はクリアできます。異なるデータベース間の変換もSCTデータ抽出エージェントで実現可能です。BのDMSはVPC側からデータセンターに接続できないので不可です。Cは変換が実行されていないのでこのままでは移行ができません。DはS3への直接送信ですので、データセンター運用チームのネットワーク要件を満たしていません。

393

✔ 問題21の解答

答え：**B、C、E**

この問題の要件は「VMwareからの仮想マシンの移行」と「移行したEC2が問題なく起動するかをあわせて確認」です。それ以外はEC2を選択した理由が書かれているだけです。仮想マシンをAMIにレプリケーションするためには、Server Migration ConnectorをVMwareにインストールすることと、レプリケーションジョブの作成が必要です。レプリケーションジョブが完了するとAMI IDがイベントで送信できます。それをLambda関数が受け取ってEC2を起動するところまで自動化しています。AのCloudFormationでは先にAMI IDを知っておく必要があるので不正解です。DのCloudTrailはあったほうがいいですが、「最低限必要」ではありません。Fの「SMSサーバー移行EC2インスタンス起動イベント」はありません。SMSサーバー移行イベントはAMIを作成するまでを検知できます。

✔ 問題22の解答

答え：**C**

「すばやく簡単にコストをかけずにIPアドレスをブロック」ですのでネットワークACLでブロックします。ネットワークACLはステートレスですが、明らかにインバウンドリクエストをブロックしたいだけなので、Dのアウトバウンドに対しても設定する必要はありません。A、Bは追加コストが発生します。

✔ 問題23の解答

答え：**C**

「OSの管理をしない」「大量なリアルタイムストリーミングデータの処理」なのでKinesisファミリーを使用することが想定できます。Kinesis Data Analyticsを使用するとストリーミングデータを1秒未満のレイテンシーで処理できます。Kinesis Data Firehoseは大量のデータを送信先に取り込むことに適しています。Kinesis Data Firehoseではバッファインターバルとして最小でも60秒が必要ですが、今回は5分間の許容時間があるので問題ありません。AはOSの運用が必要なので対象外です。Bはプログラムの処理内容によっては、結局このサービスのデータ量が増えていけば、2つ目のLambda関数側でも問題が発生してくる可能性があります。DのKinesis Data AnalyticsからS3への直接送信はできません。

✔ 問題24の解答

答え：**C**

「データは暗号化」「リクエストに対してのパフォーマンスは一定」としてキャッシュを使用する要件です。Redisでライトスルー戦略を構築することで要件が実現できます。Redisは暗号化をサポートしていて、ライトスルーなのですべてのデータがキャッシュヒットするはずです。マルチAZ配置ができるのでノード障害時にもフェイルオーバーで対応できます。

AのDynamoDB AcceleratorをAuroraで使用することはありません。BのMemchaedは暗号化、レプリケーションをサポートしていないので要件を満たせません。Dの遅延読み込み戦略の場合、はじめてリクエストされたデータのキャッシュがないため初回のパフォーマンス

7-2　解答と解説

が悪く一定ではありません。

✔ 問題25の解答

答え：**A**、**D**、**F**

　MACアドレスとライセンスコードの紐付けが必要ですが、紐付け方法は明記されていないので気にする必要はありません。この問題はENIにMACアドレスが紐付いていることと、EC2 Auto Scalingグループのライフサイクルフックイベントを確認する問題です。

　ライセンスはEC2 Auto Scalingグループで最大のインスタンス数分を用意しておきます。ENIはEC2インスタンスの起動に関係なくサブネットに作成しておくことができます。EC2インスタンスが起動してアプリケーションとして利用するまでにはEC2 Auto Scalingのスケールアウトライフサイクルフックで待機状態にできます。ライフサイクルフックイベントからEC2インスタンスにENIをアタッチするLambda関数を起動すればこの要件は満たせます。B、CとFを組み合わせる運用も一見できそうに見えますが、ライフサイクルフックの待機時間の最大数は7200秒なので、最大3日待つことはできません。Auto ScalingグループでEC2インスタンスは、今現在の必要性か近い未来の必要性で起動するので、それほど長い時間待機状態にすることはありません。

✔ 問題26の解答

答え：**C**

　「会員のサインアップとサインイン」「動画の暗号化」が必要です。AのCloudHSMはキーハードウェアの専有ですし、DのSSE-Cはオンプレミス管理のキーなので、ただ暗号化したいという要件に対して特別要件でもないので過剰な気がします。そもそもAとDはCognitoがIDプールなので除外してもいいです。IDプールは外部認証でのサインインの後に一時的認証情報を与えることはできますが、サインアップなどユーザー属性情報の登録は提供していません。BのKMSはCloudFrontとの連携には使用できません。KMS.UnrecognizedClientExceptionになります。

✔ 問題27の解答

答え：**B**、**C**

　「期間ごとに異なる計画予算」に対して、「早めに予算に対しての請求料金を知る」ことと「施策ごとに発生状況」を確認する必要があります。AWS Budgetsを使用すれば月ごとに予算が設定でき、着地予測が確認できます。コスト配分タグを使用することで施策ごとのBudgetsでのフィルタリングが可能です。タグ付けルールをAWS Configルールにすることで非準拠リソースの監視ができます。AとEはそのときの状況であって、この先の予測を含みません。Dは組織全体予算なので、マーケティングチームにとっては不要な情報が含まれます。

✔ 問題28の解答

答え：**B**、**C**、**D**

　新規の25アカウントと既存アカウントをベストプラクティスな組織管理構成にするために、Control Towerを使用します。数が多いのであらかじめクォーターで拒否されるものがな

7

模擬テスト

395

いか確認しておき、必要に応じで引き上げ申請をします。既存のActive Directoryをそのまま使ってAWSアカウントとBoxなどのSaaS製品へのシングルサインオン環境を構築するには、AWS SSOとAD Connectorを使用します。各アカウントに追加のIAMロールの作成、一元管理をするにはCloudFormation StackSetsが最適です。

AはAD移行なので要件外です。Eは手作業が多いので設定を誤ります。少数の設定が異なるアカウントがあった場合、そこがセキュリティホールになったりします。Fのマスターアカウントだけに IAMロールを作成してもサードパーティ製品が各アカウントのリソースを読み取りたいという目的は達成できません。

✔ 問題29の解答

答え：**B**

CodePipelineでCodeBuildを実行して、コマンドの戻り値がエラーの場合はパイプラインが停止します。CodeBuildで「Buildspecはソースコードのルートディレクトリのbuildspec.ymlを使用」を選択しておくと、buildspec.ymlをソースコードのリポジトリに含むことができて、ソースコード開発時に変更することもでき、あわせてバージョン管理ができます。

Aは曖昧な表現となっています。コマンドでテストを実行するシェルスクリプトを用意するように読み取れますが、パイプラインを自作で作成しなくても、CodePipelineを使用することができます。Cではテストの実行までしか行っておらず、かつ、buildspec.ymlにテストコマンドの実行をしている意味もなさそうです。DはLambdaでパイプラインを自作しています。これもCodePipelineを使用することができます。

✔ 問題30の解答

答え：**B**、**D**、**E**

「一貫した帯域幅」と「複数リージョンのVPC」はDirect Connect Gatewayで対応できます。「オンプレミスの既存DNSサーバーを使用した名前解決」はRoute 53 Resolverアウトバウンドエンドポイントで対応できます。「PCからVPCへのマネージドなVPN接続」は、AWSクライアントVPNで対応できます。

AのRoute 53 Resolverインバウンドエンドポイントは、オンプレミスからAWSリソースへのプライベート名前解決のためですが、要件には入っていません。CのTransit Gatewayピアアタッチメントは別リージョンのTransit Gateway同士の接続なので要件に入っていません。FのソフトウェアVPNも要件にはありません。

✔ 問題31の解答

答え：**D**

この問題のヒントは「1/3の差」と「3つのアベイラビリティゾーン」です。3つのアベイラビリティゾーンなので、NATインスタンスは3つあります。EC2インスタンスも3つありますが、「いいね」ボタンの送信回数のうち1/3が外部サービスへ送信されていないということなので、アプリケーションサーバーは起動して、ユーザーリクエストが到達してボタンを押すところまではできています。その先の外部サービスへの送信ができないので、経路を疑います。経路上には、NATインスタンスとインターネットゲートウェイがあります。そしてすべて

ではなく1/3が届いてないので、1つのNATインスタンスが原因であることが想像できます。NATインスタンスはEC2インスタンスです。障害発生時には自動で復旧する仕組みをスクリプトレベルで構築しておく必要があります。それをするくらいならNATゲートウェイに変更します。

AはアプリケーションサーバーのEC2インスタンスを疑っていますが、「いいね」ボタンまでは押せているので除外できます。Bはデータベースを疑っていますが、データベースへのリクエストが該当処理に関係ある記述はないので除外します。CはNATインスタンスが攻撃を受けている可能性を疑っています。あるかもしれませんが、プライベートサブネットに移動してしまうとNATインスタンスの役割を果たしません。

✔ 問題32の解答

答え：**B**

BのCART（AWS Cloud Adoption Readiness Tool）を使って質問に答えることで、今の状態と対応するべき準備についての指標レポートが作成できます。Aは仮想サーバーの移行サービスです。計画段階で使うものではありません。Cはデータベースの移行サービスです。計画段階で使うものではありません。Dは丸投げです。組織がなぜクラウドへ移行するのか、その課題は組織のメンバーが一番よく知っているはずです。その課題に対しての最適解を設計し続けるためにも以降の準備、計画、設計を組織自身の手で行うことを推奨します。もちろんコンサルティングパートナーとの相談、アドバイスは非常に役に立ちます。

✔ 問題33の解答

答え：**C**

IPv6アドレスが必要な場合、VPC新規作成時に設定することで使用できます。プライベートサブネットからはEgress-Onlyインターネットゲートウェイを使用することでアウトバウンド専用のネットワークを構築できます。Egress-OnlyインターネットゲートウェイはVPCにアタッチします。A、BのElastic IPv6 IPアドレスはありません。Egress-Onlyインターネットゲートウェイはサブネットに配置するものではないのでDも不正解です。

✔ 問題34の解答

答え：**D**

「すべてIAMロールを使用してリクエスト」「MFA必須」ですので、IAMロールの信頼ポリシーでConditionを追加してMFAを必須にしておきます。初回のログイン時にパスワード設定とMFAデバイスの設定が必要になるので、権限をIAMポリシーで許可しておきますが、自分以外は変更できないようにaws:usernameポリシー変数で制御します。

AはMFAの設定がないので要件を満たすことができません。Bはパスワードポリシーの設定がないので要件を満たすことができません。CはIAMユーザーと同じアカウントにIAMロールを作成しても他のアカウントへのアクセスは許可されません。Dには「IAMユーザーを作成するAWSアカウントを1つ決めてID管理アカウントとして専用にする」記載はありませんが、そもそも要件ではないのでOKです。

✔問題35の解答

答え：**B**

　NATゲートウェイを見直しつつ「セキュリティと可用性は維持」が要件です。NATゲートウェイの料金は時間あたりの料金と処理データ1GBあたりの料金です。今現在の東京リージョンでは、0.062USD/時間と0.062USD/GBです。これに比較して、インターフェイスエンドポイントは今現在の東京リージョンでは、0.014USD/時間と0.01USD/GBです。特定のサービス専用として作成する必要はありますが、Kinesis Data Streamsのみであればコスト最適化ができそうです。

　Aはセキュリティが維持できてません。誰もセキュリティグループを変更しなければいいのですが、どんなに優秀な人でも間違いは起こします。誰にもセキュリティグループの変更権限を与えないということもできません。CはNATインスタンスにすることで可用性が維持できません。NATインスタンスはEC2インスタンスで、アンマネージドです。DのKinesis Data Streamsゲートウェイエンドポイントはありません。インターフェイスエンドポイントのみです。

✔問題36の解答

答え：**C**

　外部IDという機能が存在する理由を考えましょう。問題にあるような悪意あるユーザーによる課題があるためです。これを防ぐためにはIAMロールのARNをサードパーティ製品の管理画面に入力するだけではなく、一意の外部IDなしでAssumeRoleリクエストが許可されないようにすればいいのです。

　AもBもIAMロールARNが同じなら外部IDが同じになる仕様なので外部IDを使用する意味がありません。IAMロールARNが漏れれば同じく悪用されます。Dの場合は使用者が自由に設定できるので、設定した外部IDが悪意あるユーザーに漏れれば同じ結果になります。Cはランダムに登録ごとに生成されるので、悪意あるユーザーがARNを登録しても、IAMロールの信頼ポリシー Conditionに設定する外部IDは別なので、AssumeRoleリクエストは拒否されます。

✔問題37の解答

答え：**C**

　「なるべくリソースを増やさずに」すでにTransit Gatewayを使用している環境に「VPCで接続」ですので、Transit Gatewayの共有を使用します。Transit GatewayはResource Access Managerで他アカウントに共有します。

　AはすでにTransit Gatewayを使用している構成にVPCピア接続を追加して構成が複雑化するので避けます。BのTransit Gatewayピアリングでも実現できますが、「なるべくリソースを増やさずに」に反します。DのRDSインスタンスのパブリックアクセスは「インターネットに公開して接続数が増えることは避ける」なので除外します。セキュリティグループで制限されていても誰かがオープンにしないとは限りません。

398

7-2　解答と解説

✔ 問題38の解答

答え：**B**

　「運用は最小限」「現在の経路になるべく近い（言い換えると違っていてもいい）」「ユーザーはActive Directoryで管理」の要件を満たします。Aは証明書による相互認証なので、ユーザー作成だけでも手間がかかります。Cはログの出力が明記されていませんし、ADの移行もあり二重管理になります。Dはハードウェアとソフトウェアの運用が必要になります。

✔ 問題39の解答

答え：**B**

　長文でいろいろ書いてありますが、「各営業担当員ごとのアンケート情報を管理してAPIから作成」という要件です。選択肢をざっと見ると同じ文章が続きますので、Cognitoユーザープールでユーザー管理することで各営業担当員ごとの情報を識別しつつ、匿名ユーザーにいたずらされることを防ごうとしていると読み取れます。「API Gatewayの」の後ろが、Lambdaオーソライザー、Cognitoオーソライザー、IAM認証、VPCデプロイというAPI Gatewayのセキュリティ設定の選択肢になっています。ここから1つ選択するので、これ以上後ろはそれほど読む必要はありません。Cognitoユーザープールで認証したユーザーの識別情報を判別するにはCognitoオーソライザーを選びます。

✔ 問題40の解答

答え：**D**

　「サービスそのものの障害」が一時的にでも発生しないとは限りません。Aの高い回復性の他に、2つのロケーションとロケーションごとの専用接続の冗長化で実現する最大回復性もありますが、これはロケーションまたは専用接続に障害が発生したときの対応ですので今回の「サービスそのものの障害」には対応できません。Bの提案では制約についての説明がないので、障害時にクレームを受けることになるかもしれません。CはパブリックVIFについてのみ触れていますが、プライベートVIFの代わりとしてのVPN接続に触れていません。Dもすべてを説明しているわけではないですが、この選択肢の中では正解です。

✔ 問題41の解答

答え：**B**

　「CassandraクラスタからDynamoDBへの移行」には追加の変換が必要です。SCTデータ抽出エージェントによる移行が必要となります。DMSだけでは移行できないので、AとDが除外できます。スキーマの移行もCassandraからDynamoDBテーブルはサポートされていません。それができたとしても稼働中のCassandraクラスタに影響を与えることになるのでCは不正解です。

7

模擬テスト

399

✔ 問題42の解答

答え：**C**

Transit GatewayのVPN接続でEnable Accelerationを有効にすると、Global Accelerator を使用したVPNネットワークの高速化になります。AはS3バケットへのアップロードに使用します。今回の用途がS3とは明記がありません。Bはエッジロケーションでの加工や判定処理に使用します。今回の用途がLambdaでできるものとは限りません。DはCDNです。今回の用途がCDNで実現できるものとは限りません。

✔ 問題43の解答

答え：**A、D、E**

「オンプレミスにあるLinuxサーバー」からEFSマウントターゲットのENIのIPアドレスに「AWS上で設定したプライベートDNS」で名前解決したいという要件です。まず、EのRoute 53プライベートホストゾーンで、「AWS上で設定したプライベートDNS」が実現できます。VPCのDNSホスト名とDNS解決は必要ですが、FのDHCPオプションは必要ありません。次にAWSから見ると外部からのインバウンドなので、Route 53 Resolverはインバウンド設定になります。よって、アウトバウンドエンドポイントを作成するCは除外されます。Bは設定そのものが誤っています。オンプレミスのDNSサーバーから問い合わせ先として設定するのは、Route 53のインバウンドエンドポイントです。

✔ 問題44の解答

答え：**B**

SCPを使用するためには、Organizationsですべての機能を有効にする必要があります。一括請求のみが必要な場合はすべての機能を有効にする必要はありませんが、この問題では必要ですので、AとDは除外されます。BとCの違いは検証OUにAWSFullAccessが直接アタッチされているかどうかの違いです。OUには継承以外に1つ以上のSCPを直接アタッチすることが必要です。AWSFullAccessの直接アタッチを外して予約拒否ポリシーのみにした場合、検証OUは何もできないアカウントのためのOUになります。継承は上位で許可されている権限範囲で、その範囲のうち何を許可するのかをそのOUへの直接アタッチで定義します。この問題のケースでは「自由に検証」するため許可範囲が広いので、AWSFullAccessを継承と直接アタッチもしておいて、予約関連のみを拒否しています。

✔ 問題45の解答

答え：**B、C、D**

SCP、CloudTrail、Control TowerはFirewall Managerには必須ではありません。Firewall Managerでは、Organizationsですべての機能を有効化し、管理者アカウントを設定し、Configを有効化することが必須です。そして、WAFポリシー、Shield Advancedポリシー、セキュリティグループポリシー、Network Firewallポリシー、DNSファイアウォールポリシーをそれぞれ必要に応じて設定します。

7-2 解答と解説

✔ 問題46の解答

答え：**D**

　AWS Service Catalogを使用することでエンドユーザーにはService Catalogのポートフォリオ製品の利用権限だけとなり、それにより起動するリソースへの直接的な権限は適用されません。請求部門のユーザーはアドバイスレポートを作成したいのであって、EC2やRDSをコントロールしたいわけではないので、これが必要な最小権限となります。

　Aの自動実行ではタイミングが測れず、「必要な確認作業が完了次第」を満たすことができません。BのElastic Beanstalk、CのCloudFormationともに請求部門のIAMユーザーにリソース構築用の余計な権限を与えることになります。Bの場合はコマンドファイル実行マシンという余計なハードウェアまで登場して認証情報までが保存されています。

✔ 問題47の解答

答え：**D**

　Lambda関数に送信元Elastic IPアドレスを設定するには、NATゲートウェイ経由でアウトバウンドリクエストを実行します。A、Bのような方法はありません。CのようにパブリックサブネットでLambda関数を起動してもパブリックIPアドレスを使用することはできません。

✔ 問題48の解答

答え：**C**

　セキュリティチームから提示された3つの要件と「なるべくコストを発生させない」を実現するのがCです。kms:decrypt、ssm:getparameterはIAMポリシーで制御しています。KMSのCMKはローテーションできます。CloudTrailでリクエストのログが残ります。Parameter Storeは4KBまでの標準利用であれば追加コストは発生しません。AのRDSへのクエリーはIAMポリシーの制御、CloudTrailのログ対象外です。RDS利用料金で追加コストも発生します。Bのローカルファイルサーバーは IAMポリシーの制御、CloudTrailのログ対象外です。DのSecrets Managerは有料です。パスワードの自動ローテーション要件がある場合は選択しますがこの問題でローテーションが必要なのは暗号化キーです。KMSの機能でローテーション可能です。

✔ 問題49の解答

答え：**C**

　ポイントは「なるべく低コスト」で「スパイクアクセスに耐えられる」なので、リクエストの増減に対する強さとコストを最優先で考えます。案内ページは静的でリアルタイムに変化が発生するものでもないので、CloudFrontを使用して多数のリクエストにキャッシュで対応できます。CloudFrontを使用していないAは除外します。Application Load Balancer + EC2 + RDSよりも、S3、API Gateway、Lambda、DynamoDBのサーバーレスアーキテクチャのほうがコストは低くなる可能性が高いです。スモールスタートにも最適です。ですので、AとBは除外します。Dの「WAFで一般的な攻撃からブロック」は、現在特定の攻撃がない上での追加コストになります。まずはCの構成を選択して、攻撃による脅威が発生した際にWAFを追加する方法が考えられます。

7

模擬テスト

401

✔問題50の解答

答え：A、C

　RDS for Oracle自体はTDEをサポートしていますが、CloudHSMを使用するケースではサポートされません。CloudHSMでTDEプライマリ暗号化キーを使用するケースでは、EC2インスタンスにOracleデータベースをインストールして使用します。

✔問題51の解答

答え：D

　「今後の更新も既存のActive Directoryに対して行う」ですので移行はできません。B、Cは移行案件なので除外できますし、Simple ADはAWS SSOのIDソースとして対応していません。Aは既存のActive Directoryの認証情報を使ったADFSサーバーを介したシングルサインオンですが、AWSアカウントに対しての認証しか対応していません。BoxやSalesforceなどのSAML対応サービスやアプリケーションもあわせて一元管理できるのはAWS SSOです。AD Connectorは既存のActive DirectoryのゲートウェイのようにAWSサービスから連携できます。

✔問題52の解答

答え：B

　両者の意見を取り入れると、CDKが落ち着きどころのようです。CDKを使用することで、CloudFormationのテンプレートをJSON、YAMLで記述するのではなく、使い慣れた言語で構築することが可能になります。DのOpsWorksは問題の文脈とはまったく関係ないので無視できます。

✔問題53の解答

答え：B

　要件は、異なるAWSリージョンに日本から接続して少しでもレイテンシーを改善する方法です。ネットワークレイテンシーを改善する選択肢として会社に閉じたサービスであることも影響してか、この問の選択肢ではDirect ConnectかVPNの選択肢になっています。VPN接続はネットワーク経路の影響を受けやすいのでC、Dは除外できます。AのプライベートVIFのみを使用する方法では他のリージョンには接続できないので、Aも不正解です。BのDirect Connect Gatewayで複数リージョンのVPCにアタッチできます。

✔問題54の解答

答え：B、C、E

　Suricata互換ルールでの検査をマネージドで提供するサービスはAWS Network Firewallです。既存のVPCネットワークにNetwork Firewallを追加する手順を示しています。不正解の選択肢はすべてルートテーブルのターゲットが異なっているので注意してください。

7-2　解答と解説

✔問題55の解答

答え：**B**

　要件は、複数アカウントの制御と新規アカウント発生時の自動設定です。両方の要件を満たしているBが正解です。Aは、制御は個別のIAMユーザーで行うことにしているので、「誰も操作できない」が満たせていません。CではCloudFormationがStackSetsではなく個別です。アカウント作成時はいいかもしれませんが、後で設定を変更しなければならないときにそれぞれのアカウントへのアクセスが必要になります。その点、StackSetsを使えば一括で変更することも可能です。Dは、両方とも満たしていないので不正解です。

✔問題56の解答

答え：**A、B、C**

　SSHでのアクセスをやめる、アクセスキーを直接使うことをやめる、そうすれば漏れる可能性、不正アクセスの可能性は減ります。IAMロールを使うことでEC2のメタデータに一時的な認証情報が保存されますが、IMDSv2のみを使用することでサードパーティ製のWAFの脆弱性に影響されにくい運用が可能です。DはSSHポートを使用するのでAのほうがセキュリティレベルは高いです。E、Fはアクセスキーを直接使っているのでBのほうが安全です。

✔問題57の解答

答え：**A**

　「CloudFront経由にすること」「ダウンロードに認証をつけること」「推奨を選択すること」が要件です。CloudFront署名付きURLが使えるようにします。まずオリジンにするリソースはS3です。Application Load Balancerがオリジンではないので、CとDが除外されます。オリジンのS3に直接アクセスをされては意味がないので、OAI（オリジンアクセスアイデンティティ）を設定します。

　次に署名付きURLを作成する方法ですが、以前はrootユーザーによるCloudFrontキーペアを作成する方法しかありませんでした。しかし今は、IAMユーザーによるキーグループへのアップロードが可能です。rootユーザーを使用することは非推奨ですので、Aを選択します。ただし、キーグループの選択肢がなく、rootユーザーのCloudFrontキーペア作成しか選択肢がない場合は選択する可能性もあるので、他の選択肢も見てから決定しましょう。

✔問題58の解答

答え：**C**

　キューが処理するべきメッセージ数からEC2インスタンス1つあたりが処理するべきメッセージ数を算出してカスタムメトリクスとして送信し、CloudWatchアラームを設定してAuto Scalingを実現します。Aはキューのメッセージ数のみなので指標にはなりにくいです。B、Dはスケーリングするための判断にはなりません。

7

模擬テスト

403

✔ 問題59の解答

答え：**B**

「レイテンシーを低減」「各リージョンでランキングを表示」するためには、各リージョンにデータベースが必要です。DynamoDBにはグローバルテーブル機能があり、DynamoDBストリームを介して他のリージョンにレプリケーションできます。マルチマスターとして動作するので、書き込みは各リージョンで可能です。

Aはストリームの有効化が抜けています。より詳しく解説しているのがBなのでAは除外します。Cはセンターリージョンへ書き込むことによりレイテンシーが増加することが懸念されます。DのRedisも同様にレイテンシーの懸念があります。また、他リージョンへ非同期に書き込む機能開発が必要です。

✔ 問題60の解答

答え：**B、D**

リアルタイムな動画ストリーミングのアップロードと分析には、Kinesis Video StreamsとRekognition Videoが使用できます。他のKinesis Data Streamsなども組み合わせて使う可能性もありますが、まずはこの2つが必須になります。

✔ 問題61の解答

答え：**C**

「最適な方法」を聞かれているのでベストプラクティスの「自動化」を判断軸に加えます。CloudFormationテンプレートでカスタムリソースを設定することで、Lambda関数が起動できます。開発者がわかるようにタグ付けしておいてくれたAMI IDをLambda関数で取得できます。月次集計のエビデンスにRDSスナップショットを使用するのでDeletionPolicyで取得しておきます。

Aはゲーム開発者がタグ付けしていた意味がなくなりますし、リポジトリの存在も明記されていません。他に選択肢がなければ選択する可能性もあるかもしれませんが、今回はCがあるので除外します。Bは手入力があるので除外します。Dは手作業があるの除外します。

✔ 問題62の解答

答え：**C**

S3マルチパートアップロードを使用します。不完全なパートが残りっぱなしになってしまって、ストレージ容量が増えてコストが増えることを避けるために、ライフサイクルポリシーで不完全なパートを自動削除します。AのSnowballは総容量が大きいときに使用します。Bは説明が不完全です。CがあるのでCを選択します。DのTransfer Accelerationはアップロードの効率化です。

7-2 解答と解説

✔ 問題63の解答

答え：**D**

　エンドユーザーの認証に関連する一意の情報を使ってクエリできるようにする必要があります。エンドユーザーの認証はユーザープールで行い、DynamoDBへのAPIリクエストの認証はIDプールで行う構成です。また今回の要件には明記されていませんが、集中しづらい値をパーティションキーにすることでDynamoDBのパフォーマンスのベストプラクティスが実現できます。そのため、今後データが増え続けてもパフォーマンス改善のためのコントロールはしやすいと考えられます。

　AのIAMユーザーは上限がそもそも5000ですし、モバイルアプリケーションのサインイン時に少なくともアクセスキーIDとシークレットアクセスキーを入力してもらう必要があり非現実的です。BのIAMロールは上限がそもそも1000ですし、運用上非現実的です。Cは「認証されていないユーザー向け」なので要件外です。

✔ 問題64の解答

答え：**B、C、E**

　「安全に更新される」という要件ですので、ブルーグリーンデプロイを設定します。CodePipelineのソースステージには複数のリポジトリが設定できます。CodeCommitとECRの2つを設定します。CodeDeployでECSの設定にLoadBalancerターゲットを複数設定できます。ECSAllAtOnceはそれぞれのターゲットグループへのデプロイ方法を指定しています。CodePipelineデプロイステージでECS（ブルー/グリーン）を選択することでブルーグリーンデプロイが実行できます。Aは一方のリポジトリのみなので不正解です。Dはブルーグリーンデプロイを選択していません。FはプラットフォームがEC2です。

✔ 問題65の解答

答え：**B**

　必要な要件は、「ルートユーザーの認証に対して通知」「CloudTrailのログ集約と迅速な検索」「CloudTrailのログ改ざん検知」です。「ルートユーザーの認証に対して通知」はGuardDutyのRootCredentialUsageイベントで検知できます。「CloudTrailのログ集約と迅速な検索」は1つのアカウントに集約して、Athenaでデータのパーティション分割をしておくことですばやく検索が行えます。「CloudTrailのログ改ざん検知」は整合性検証オプションを有効にすることで可能です。

　AはログをGlacierに移動しています。移動してしまうとAthenaで検索できなくなります。Cは整合性検証ではなくS3バージョニングの有効化です。これだけではバージョンを指定した削除は可能です。DはGuardDutyではなくS3にログが作成された通知です。すべてのログ通知なので過剰です。

✔ 問題66の解答

答え：**D**

　Application Discovery Serviceは移行の判断や移行の計画を立てることに役立ちます。オンプレミスのサーバーにエージェントをインストールして情報を収集するエージェント型と、VMware向けのコネクタ型があります。Aは脆弱性検査です。Bはモニタリングです。CはMigration Hubへの情報収集はありません。

✔ 問題67の解答

答え：**B**

　コストが最優先で、ダウンタイムは次です。コストの低い順で並べると、B＝D＜C＜Aです。ダウンタイムがDよりも少ないのはBです。AはApplication Load Balancerなども含む環境がもう1つ起動します。Cの追加バッチは、たとえば合計4インスタンス起動していて2インスタンスずつデプロイするローリング更新のときに、4インスタンスを起動し続けるように2つインスタンスを足してデプロイします。Dは4インスタンス同時にサービス停止してデプロイします。

✔ 問題68の解答

答え：**C**

　番地がはっきりしている特定の場所にデータを保存しなければならず、そのデータに最も近い場所でAWSサービスを実行しなければならないので、AWS Outpostsを選択します。AのFSx for Lustreは高速な共有ストレージです。問われているのはデータとの距離なので違います。BのWavelengthは5Gネットワークの通信事業者のネットワークへの直接送受信です。DのLocal Zonesはリージョンの拡張でユーザーに近い場所を選択できる可能性がありますが、番地などはリージョン同様に公開されません。

✔ 問題69の解答

答え：**B**

　コスト最小限に対して、EMRで起動されるEC2インスタンスの料金オプションとS3ストレージクラスの料金の最適選択肢を求めます。EMRマスターノード、コアノードは中断されることなく実行される必要があります。タスクノードは中断されてもリトライができれば分析処理が最終的には可能です。

　Aはコアノードがスポットインスタンスのため、コストよりもそもそもの分析処理が不安定になる可能性があるため適切ではありません。CはEMRマスターノード、コアノードにリザーブドインスタンスを適用しています。全部あわせて相応の時間になればいいのですが、現在処理時間2時間ということもあり過剰なコストが発生することが想定されます。DはS3で最初から標準-IAで分析が終わり次第Glacierとあります。標準-IAは30日未満の保存オブジェクトは30日分の料金が発生するので無駄が生じます。

7-2 解答と解説

✔ 問題70の解答

答え：**A、C、D**

　転送時のデータ暗号化は、amazon-efs-utils（EFSマウントヘルパー）をインストールして、マウントヘルパーコマンドで–o tlsオプションをつけてマウントします。このときEFSファイルシステムIDを指定するので名前解決できている必要があります。Bは説明不足です。BよりもCのほうが正確です。EのコマンドではIPアドレスを指定しています。マウントヘルパーでIPアドレスの指定はできません。Fのコマンドには–o tlsオプションがないので転送中の暗号化が行われません。

✔ 問題71の解答

答え：**B**

　要件は「オンプレミス監視システムでのパフォーマンスと状態監視」ですが、制約が多くあります。「AWSとのプライベートネットワークはない」「エージェントからの通信はプライベート通信のみ」「パブリックなAPIリクエストを許可するのは1IPのみ」です。Lambda関数からNATゲートウェイのElastic IPアドレスを使用することで情報の送信を許可させます。EC2のステータス変更はEventBridgeのルールで設定します。パフォーマンス情報はCloudWatchメトリクスデータをGetMetricData APIアクションを実行して送信します。

　AのEC2ステータス変化へのCloudWatchアラームはありませんし、メトリクスに対して細かなCloudWatchアラームを設定するのも愚直すぎます。CのCloudTrailログではすべてのステータス変更はキャッチできませんし、EventBridgeのほうが設定しやすいです。Dは「エージェントからの通信はプライベート通信のみ」に反するので不正解です。

✔ 問題72の解答

答え：**B、C**

　RDS Proxyを作成して使用することで、データベース接続プールの作成と再利用により、多くのリクエストを調整処理できます。必要な手順はRDS Proxyの作成と、パスワード保存用のSecrets Managerシークレットの作成です。A、DはAurora ServerlessのData APIを使用する手順です。Aurora ServerlessはRDS Proxyを使用できませんが、Data APIが使用できます。Eはペアになる組み合わせがないので不正解です。

✔ 問題73の解答

答え：**C**

　要件の「電話番号専用のキーで暗号化」を満たすには、選択肢の中ではCloudFrontフィールドレベルの暗号化が必要です。DynamoDBテーブルやテーブルのCMKに権限のあるユーザーがマネジメントコンソールなどからDynamoDBテーブルの項目にアクセスをしても電話番号はキーペアで暗号化されているので漏れることもなく安全です。

　A、BはKMS CMKによる暗号化なので、電話番号専用ではありません。Dは通信の暗号化のみでDynamoDBテーブルに関しての記載がありません。

7

模擬テスト

407

✔ 問題74の解答

答え：**B**

　リクエスト拒否が発生してタイムアウトエラーが発生した原因は外部APIの性能不足でした。自社でできることは、同期的な処理を非同期処理に変更してエンドユーザーからのリクエストを止めないことです。

　Aの場合、EC2の障害でデータが失われる可能性があるので耐障害性が低くなってしまっています。Cは、DynamoDBはもともとメッセージ管理で使用していたわけではないので意味がありません。Dは、自社の処理側ではリクエストは受け付けられていたので、Lambdaをコンテナに変えても改善にはなりません。

✔ 問題75の解答

答え：**A**

　リアルタイム配信は、AWS Elemental MediaLive と AWS Elemental MediaStore と CloudFrontでできます。プロフィール情報は特定時間の情報なので、画面更新のたびにクエリーが実行されないようElastiCache for Memcachedから取得します。

　Bはデータベースクエリーを必ず実行しているので除外します。C、DはAWS Elemental MediaConvertという動画変換サービスなので除外できます。「キャッシュミスの場合はRDSインスタンスにクエリーした結果を表示します」はそれはそうなのですが、特に明記がなくてもそうだろうと想定できるので、この記述があるだけで他の記述が誤っているDが正解になることはありません。

索引

記号・数字

.ebextensions ディレクトリ	176
6つのR	226
7つのR	226

A

ABANDON	130
Accelerated サイト間VPN	73
ACM	18, 116
Active Directory Federation Services	36
AD Connector	33
ADFS	36
Alexa	10
Alexa for Business	10
AllAtOnce	168
Amazon Alexa	10
Amazon Alexa for Business	10
Amazon API Gateway	17, 304
Amazon AppStream 2.0	13
Amazon Athena	8, 212
Amazon Aurora	12
Amazon CloudFront	17, 296
Amazon CloudWatch	15
Amazon CloudWatch Anomaly Detection	288
Amazon Cognito	18, 117
Amazon Comprehend	14
Amazon DynamoDB	12, 161, 246
Amazon EBS	19
Amazon EC2	10
Amazon ECR	12, 320
Amazon ECS	11, 319
Amazon EFS	20
Amazon EKS	11, 322
Amazon Elastic Block Store	19
Amazon Elastic Container Registry	12
Amazon Elastic Container Service	11
Amazon Elastic File System	20
Amazon Elastic Kubernetes Service	11
Amazon Elastic Transcoder	16
Amazon ElastiCache	12, 302
Amazon EMR	8
Amazon EventBridge	15, 321
Amazon Forecast	14
Amazon FSx	20
Amazon FSx ファイルゲートウェイ	146
Amazon GuardDuty	18, 287
Amazon Inspector	19
Amazon Kinesis	9
Amazon Kinesis Data Analytics	138
Amazon Kinesis Data Firehose	136

Amazon Kinesis Data Streams	135
Amazon Kinesis Video Streams	140
Amazon Lex	14
Amazon Lightsail	11
Amazon Macie	19, 288
Amazon Managed Blockchain	10
Amazon MQ	9
Amazon Neptune	12
Amazon OpenSearch Service	8
Amazon QuickSight	9
Amazon RDS	12
Amazon Redshift	13
Amazon Rekognition	14
Amazon Route 53	18, 74
Amazon S3	20, 159
Amazon S3 Glacier	20
Amazon S3 ファイルゲートウェイ	145
Amazon SageMaker	14
Amazon SES	10
Amazon Simple Email Service	10, 215
Amazon Simple Notification Service	9
Amazon Simple Queue Service	10
Amazon SNS	9
Amazon SQS	10
Amazon Transcribe	14
Amazon Translate	14
Amazon VPC	18
Amazon WorkSpaces	13
API Gateway	17, 304
Application Discovery Service	197
AppSpec	167
appspec.yml	167
AppStream 2.0	13
AppSync	14
ARN	28
ArnNotLike	82
Artifact	18
ASN	50
Athena	8, 212
Aurora	12
Auto Scaling	15, 121
Automation	283
AWS Application Discovery Service	197
AWS AppSync	14
AWS Artifact	18
AWS Auto Scaling	15
AWS Backup	15, 147
AWS Batch	10
AWS Budgets	9, 253
AWS CDK	318

409

AWS Certificate Manager	18, 116
AWS Cloud Adoption Readiness Tool	196
AWS Cloud9	13
AWS CloudFormation	15, 169
AWS CloudHSM	114
AWS CloudTrail	15, 87
AWS CodeBuild	13
AWS CodeCommit	13
AWS CodeDeploy	13, 166
AWS CodePipeline	13
AWS Compute Optimizer	15, 261
AWS Config	15
AWS Control Tower	15, 90
AWS Cost Anomaly Detection	252
AWS Cost Explorer	9, 250
AWS Database Migration Service	17, 204
AWS DataSync	17
AWS Direct Connect	17, 55, 69
AWS Directory Service	18
Cognito	18
AWS Directory Service	33
AWS DMS	17
AWS Elastic Beanstalk	11, 175
AWS Elemental MediaConvert	299
AWS Elemental MediaLive	299
AWS Elemental MediaStore	299
AWS Fargate	11
AWS Firewall Manager	316
AWS Global Accelerator	18, 301
AWS Glue	9, 211
AWS Health API	276
AWS Health イベント	274
AWS Identity and Access Management	19
AWS Key Management Service	19
AWS KMS	19, 104
AWS Lambda	11
AWS License Manager	16
AWS Local Zones	223
AWS Migration Hub	17, 197
AWS Network Firewall	315
AWS Organizations	16, 78
AWS Outposts	12, 221
AWS Personal Health Dashboard	274
AWS PrivateLink	43
AWS Resource Access Manager	16
AWS Schema Conversion Tool	206
AWS SCT	206
AWS Secrets Manager	19, 309
AWS Security Hub	19
AWS Server Migration Service	17, 203
AWS Service Catalog	16, 89
AWS Shield	19, 314
AWS Single Sign-On	19
AWS Site-to-Site VPN	49
AWS SMS	17
AWS Snowball	17

AWS Snow ファミリー	199
AWS SSO	19, 38
AWS Step Functions	10
AWS Storage Gateway	20, 144
AWS STS	27
AWS Systems Manager	16
AWS Systems Manager エージェント	281
AWS Transfer Family	17, 217
AWS Transit Gateway	18, 66
AWS Trusted Advisor	16
AWS WAF	19, 311
AWS Wavelength	223
AWS Well-Architected Tool	16
AWS X-Ray	277
AWS::CloudFormation::Init	172
AWS-RestartEC2Instance	283
AWS アカウント	79
AWS 管理の CMK	104
AWS クライアント VPN	45

B

Backup	15, 147
Batch	10
batchoperations.s3.amazonaws.com	286
BGP	50
Budgets	9, 253
buildspec.yml	182

C

Canary	168
CART	196
CDK	318
Certificate Manager	18, 116
cfn-init	171
cfn-signal	171
Cloud Adoption Readiness Tool	196
Cloud9	13, 165
CloudFormation	15, 169
CloudFormation StackSets	86
CloudFront	17, 296
CloudFront Functions	300
cloudfront.net	296
CloudHSM	114
CloudTrail	15, 87
CloudWatch	15, 166
CloudWatch Anomaly Detection	288
CMK	104
CodeArtifact	166
CodeBuild	13, 165
CodeCommit	13, 165
CodeDeploy	13, 166
CodeGuru	165
CodePipeline	13, 165
CodeStar	165
Cognito	117
CompleteMultipartUpload	160

410

索引

Comprehend 14
Compute Optimizer 15, 261
Compute Savings Plans 242
Condition 81
Config 15
CONTINUE 130
Control Tower 15, 90
Cost Anomaly Detection 252
Cost Explorer 9, 250
CPUCreditBalance 153
CPUUtilization 153
CPU バーストパフォーマンス 152
CreateMultipartUpload 160
CreationPolicy 173

D

Database Migration Service 17, 204
DataSync 17
DAX 247
Decrypt 106
Dedicated Hosts 241
Dedicated Instance 242
DeletionPolicy 174
Direct Connect 17, 55, 69
Directory Service 18, 33
DMS 17, 204
DPD 52
DX 55
DynamoDB 12, 161, 246
DynamoDB Accelerator 247

E

eb clone コマンド 178
eb deploy コマンド 178
eb swap コマンド 178
EBS 19
EC2 10
EC2 Auto Scaling 121
EC2 Instance Savings Plans 242
ECMP 69
ECR 12, 320
ECS 11, 319
ECSAllAtOnce 168
ECSCanary10Percent5Minutes 168
ECSLinear10PercentEvery1Minutes 168
Effect:Allow 81
EFS 20
Egress-Only インターネットゲートウェイ 221
EKS 11, 322
Elastic Beanstalk 11, 175
Elastic Block Store 19
Elastic Container Registry 12
Elastic Container Service 11
Elastic File System 20
Elastic Kubernetes Service 11
Elastic Load Balancing 11

Elastic Map Reduce 8
Elastic Network Adapter 154
Elastic Network Interface 220
Elastic Transcoder 16
ElastiCache 12, 302
ElastiCache for Memcached 303
ElastiCache for Redis 303
Elemental Media Convert 16
Elemental MediaConvert 299
Elemental MediaLive 16, 299
Elemental MediaStore 16, 299
EMR 8
ENA 154
Enable Acceleration 73
Encrypt 105
ENI 220
Equal Cost Multipath 69
EventBridge 15, 321

F

Fanout 128
Fargate 11
FIPS 140-2 レベル3 114
Firewall Manager 316
Forecast 14
FSx 20
FSx for Lustre 158
FullAWSAccess 80

G

GenerateDataKey 105
GetSecretValue 310
Global Accelerator 18, 73, 301
Glue 9, 211
GuardDuty 18, 287

H

HalfAtATime 168
Health API 276
Health イベント 274

I

IAM 19
IAM ポリシー 27
IAM ユーザー 26
IAM ロール 27
Identity and Access Management 19
ID プール 119
IKEv2 51
Inspector 19
inspector.amazonaws.com 286
Inspector エージェント 286
Intel 82599 Virtual Function インターフェイス
.... 154
Intelligent-Tiering 244
Internet Key Exchange バージョン2 51

411

ip-ranges.json 298

K

Key Management Service 19
Kinesis 9, 134
Kinesis Data Analytics 9, 138
Kinesis Data Firehose 9, 136
Kinesis Data Streams 9, 135
Kinesis Video Streams 9, 140
KMS 19, 104

L

LAG 63
Lambda 11
LambdaAllAtOnce 169
LambdaCanary10Percent5Minutes 169
LambdaLinear10PercentEvery1Minute 169
Lambda@Edge 300
Landing Zone 90
LeaveOrganizatio 83
Lex 14
License Manager 16
Lightsail 11
Linear 168
Link Aggregation Group 63
LOA-CFA 56
Local Zones 223
Lustre 158

M

Macie 19, 288
Migration Hub 17, 197
MQ 9
MTU 155

N

NAT-T 51
NAT インスタンス 258
NAT ゲートウェイ 258
NAT トラバーサル 51
Neptune 12
Network Firewall 315
Network Load Balancer 219
NotAction 81

O

OAI 297
OneAtATime 168
OpenSearch Service 8
OpsCenter 285
OpsWorks 166
Oracle TDE 116
Organizations 16, 78
Organizations タグポリシー 249
OU 80
OU Sandbox 80

OU Security 80
Outposts 12, 221

P、Q

Personal Health Dashboard 274
POP 296
PrivateLink 43
QuickSight 9

R

RDS Proxy 294
Redshift 13
Refactor 226
Rehost 228
Rekognition 14
Relocate 229
Replatform 227
Repurchase 228
Resource 81
Resource Access Manager 16
Retain 229
Retire 229
Route 53 .... 18, 74, 131
Route 53 Resolver 75
RPO 142
RTO 142
Run Command 282

S

S3 .... 20, 159
S3 Glacier 20
S3 Intelligent-Tiering 244
S3-IA 243
S3 ストレージクラス 243
S3 標準 243
S3 マルチパートアップロード 159
SageMaker 14
SageMaker Savings Plans 243
SAM 180
Savings Plans 242
Schema Conversion Tool 206
SCP 80
SCT 206
SCT データ抽出エージェント 207
Secrets Manager 19, 309
Security Hub 19
Server Migration Service 17, 203
Serverless Application Model 180
Service Catalog 16, 89
Service Health Dashboard 276
SES 10, 215
Session Manager 282
Shield 19, 314
Simple AD 35
Simple Email Service 10, 215
Simple Notification Service 9

412

Simple Queue Service 10
Single Sign-On 19
Site-to-Site VPN 49
SMS 17, 203
Snowball 17
Snowball Edge 200
Snowball Edge Compute Optimized 203
Snowball Edge Compute Optimized with GPU
.... 203
Snowball Edge Storage Optimized 203
Snowcone 202
Snowmobile 203
Snow ファミリー 199
SNS 9
SQS 10
SR-IOV 154
SSE 113
SSM Agent 281
SSO 19, 35, 38
StackSets 86
Step Functions 10
Storage Gateway 20, 144
StringNotEquals 82
STS 27
sts assume-role 29
sts:AssumeRole 28
Systems Manager 16, 281

T

Transcribe 14
Transfer Acceleration 161
Transfer Family 17, 217
Transit Gateway 18, 66, 71
Transit Gateway Network Manager 72
Translate 14
Trusted Advisor 16

U

unset 29
UploadPart 160
UserData 172

V

VIF 60
VPC 18
VPC Flow Logs 279
VPC アタッチメント 66
VPC エンドポイント 42
VPC ピア接続 64
VPN CloudHub 53

W

WAF 19, 311
Wavelength 223
Well-Architected Framework 22
Well-Architected Tool 16

WorkSpaces 13

X

x-amzrequest-payer 245
X-Ray 166, 277

あ行

アウトバウンドエンドポイント 75
アウトバウンドルール 75
アカウント 79
アカウント固有のイベント 274
アタッチメント 66
一括請求 85
インターフェイスエンドポイント 43, 260
インバウンドエンドポイント 75
ウォームアップ 123
ウォームスタンバイ 149
エージェント型 197
エージェントレスコネクタ型 197
エッジ関数 300
エッジ最適化APIエンドポイント 305
エンベロープ暗号化 104
オフロード戦略 127
オンデマンドモード 246

か行

外部ID 32
回復性レベル 57
拡張ネットワーキング 154
加重ルーティング 132
カスタマー管理のCMK 104
カスタマーゲートウェイ 50
カスタマーマスターキー 104
カスタムヘッダー 297
カスタムリソース 170
仮想インターフェイス 60
仮想プライベートゲートウェイ 50
ガバナンスモード 146
キーストア 115
キーのローテーション 107
キャッシュ型ボリュームゲートウェイ 146
許可リスト戦略 80
拒否リスト戦略 81
クールダウン 122
クライアントVPN 45
クライアントサイド暗号化 112
クラウドジャーニー 209
クラスタプレイスメントグループ 157
クロスアカウントアクセス 26
ゲートウェイエンドポイント 43
検知的ガードレール 15
コスト配分タグ 249
コンソリデーティッドビリング 85
コンプライアンスモード 146

413

さ行

サードパーティサービス	45
サーバーサイド暗号化	113
サーバーレスアーキテクチャ	256
サービスコントロールポリシー	80
再購入	228
最大回復性	58
最大送信単位	155
再配置	229
試験ガイド	2
自動ローテーション	107
ジャンボフレーム	155
自律システム番号	50
シングルルートI/O仮想化	154
シンプルスケーリングポリシー	122
信頼アンカー証明書	115
信頼関係ポリシー	28
スイッチロール	27
スケーリングポリシー	122
スタックポリシー	174
ステートフル	291
ステートレス	292
ステップスケーリングポリシー	123
ストリーミングデータ	134
ストレージ	158
ストレージクラス	243
スプレッドプレイスメントグループ	158
スポットインスタンス	239
請求アラーム	254
静的ルーティング	51
専有ホスト	241
専用接続	56
疎結合化	293
ソフトウェアVPN	54
ソリューションアーキテクト	4

た行

ターゲット追跡スケーリングポリシー	123
第三者サービス	45
対称暗号化	104
ディストリビューション	296
データレイク	210
テープゲートウェイ	146
デッドピア検出	52
動的ルーティング	51
トラフィックミラーリング	279
トランジット仮想インターフェイス	63, 69

は行

バーストパフォーマンス	152
パーティションプレイスメントグループ	157
ハードウェア専有インスタンス	242
ハートビートタイムアウト	130
廃止	229
パイロットランプ	148
バックアップ	115

バックアップ＆リカバリー	143
バッチオペレーション	286
バッチ処理	134
パッチマネージャー	282
パブリックイベント	274
パブリック仮想インターフェイス	63
ピアリング接続	71
非対称暗号化	104
ファイルゲートウェイ	145
ファンアウト	128
プライベートAPIエンドポイント	305
プライベート仮想インターフェイス	61
プライベートホストゾーン	74
ブルーグリーンデプロイ	178
プレイスメントグループ	156
プロビジョンドキャパシティモード	246
ヘルスチェック	132
ボーダーゲートウェイプロトコル	50
保管型ボリュームゲートウェイ	146
保持	229
ホスト接続	56
ホストゾーン	74
ボリュームゲートウェイ	145

ま行

マルチサイトアクティブ/アクティブ	150
模擬試験	21

や行

ユーザープール	117
予測スケーリング	124
予防的ガードレール	15

ら行、わ

ライフサイクルフック	130
ランディングゾーン	15
リージョンAPIエンドポイント	305
リクエスタ支払い	245
リザーブドインスタンス	238
リザーブドキャパシティ	246
リファクタリング	226
リプラットフォーム	227
リホスト	228
ローテーション	107
ローリング更新	178
ワークロード	196

著者略歴

● 山下光洋（やましたみつひろ）

　開発ベンダーに5年、ユーザ企業システム部門通算9年を経て、トレノケート株式会社でAWS Authorized InstructorとしてAWSトレーニングコースを担当し、毎年1500名以上に受講いただいている。

　AWS認定インストラクターアワード2018・2019・2020の3年連続受賞により殿堂入りを果たした。

　2021 APN AWS Top Engineers（100名）選出。

　個人活動としてヤマムギ名義で勉強会、ブログ、YouTubeで情報発信している。その他コミュニティ勉強会やセミナーにて参加、運営、スピーカーなどをしている。

- ○ ブログ：　　https://www.yamamanx.com
- ○ Twitter：　　https://twitter.com/yamamanx
- ○ YouTube：　https://www.youtube.com/c/YAMAMUGI

本書のサポートページ

https://isbn2.sbcr.jp/09061/

本書をお読みいただいたご感想・ご意見を上記URLからお寄せください。本書に関するサポート情報やお問い合わせ受付フォームも掲載しておりますので、あわせてご利用ください。

AWS認定資格試験テキスト＆問題集
AWS認定 ソリューションアーキテクト-プロフェッショナル

2021年11月 1日	初 版 第1刷 発行
2021年11月30日	初 版 第2刷 発行

著　　　者		山下光洋
発　行　者		小川　淳
発　行　所		SBクリエイティブ株式会社
		〒106-0032 東京都港区六本木2-4-5
		https://www.sbcr.jp/
印　　　刷		株式会社シナノ
制　　　作		編集マッハ
装　　　丁		米倉英弘（株式会社細山田デザイン事務所）

※乱丁本、落丁本はお取替えいたします。小社営業部（03-5549-1201）までご連絡ください。
※定価はカバーに記載されております。

Printed in Japan　　ISBN978-4-8156-0906-1